新时代
技术
新未来

Profit Driven Business Analytics

A Practitioner's Guide to
Transforming Big Data into
Added Value

大数据
分析与变现
利润驱动

[比利时] **沃特·韦贝克**（Wouter Verbeke）

[比利时] **巴特·贝森斯**（Bart Baesens） ——著

[西班牙] **克里斯蒂安·布拉沃**（Cristián Bravo）

漆晨曦 —— 译

清華大学出版社
北京

北京市版权局著作权合同登记号　图字：01-2017-8961

图书在版编目（CIP）数据

　　大数据分析与变现：利润驱动 /（比）沃特·韦贝克，（比）巴特·贝森斯，（西）克里斯蒂安·布拉沃著；漆晨曦译. —北京：清华大学出版社，2020.8（2022.3重印）
　　（新时代·技术新未来）
　　书名原文：Profit Driven Business Analytics：A Practitioner's Guide to Transforming Big Data into Added Value
　　ISBN 978-7-302-53243-9

　　Ⅰ. ①大…　Ⅱ. ①沃…　②巴…　③克…　④漆…　Ⅲ. ①数据处理　Ⅳ. ①TP274

中国版本图书馆 CIP 数据核字（2019）第 129432 号

责任编辑：刘　洋
封面设计：徐　超
责任校对：王荣静
责任印制：朱雨萌

出版发行：清华大学出版社
　　　　网　　址：http://www.tup.com.cn, http://www.wqbook.com
　　　　地　　址：北京清华大学学研大厦 A 座　　邮　　编：100084
　　　　社 总 机：010-83470000　　　　　　　　邮　　购：010-62786544
　　　　投稿与读者服务：010-62776969, c-service@tup.tsinghua.edu.cn
　　　　质量反馈：010-62772015, zhiliang@tup.tsinghua.edu.cn
印 装 者：三河市金元印装有限公司
经　　销：全国新华书店
开　　本：187mm×235mm　　印　　张：21.5　　字　　数：383 千字
版　　次：2020 年 8 月第 1 版　　印　　次：2022 年 3 月第 3 次印刷
定　　价：99.00 元

产品编号：077691-01

内容简介

　　本书是为向领导团队提供如何将其组织转型为具盈利能力的前沿的大数据分析机制的方法和工具而写就。如何利用大数据分析增强商业决策的准确度并提升企业净利润，为此，本书详细讲述了一个以价值为中心的渐进式策略。这个基于作者团队在全世界范围的咨询经验和高质量研究之上的指南，为数据处理、特定公司的数据分析优化及整体流程的持续评估和提升，展开了一个分步骤的详细路线图。

献给鲁伊特、提图斯和费恩

献给我出色的妻子卡特琳，孩子们安-苏菲、
维克托和安内洛蕾
献给我的父母和岳父母

献给辛迪，因其一直未曾动摇过的支持

作者简介

　　沃特·韦贝克（Wouter Verbeke），博士，布鲁塞尔自由大学（Vrije Universiteit Brussel）（比利时）商业信息学和数据分析系助理教授。他于2007年作为土木工程师毕业，并于2012年在鲁汶天主教大学（KU Leuven）获得应用经济学哲学博士学位。他的研究主要是在预测、规范和网络分析等领域，由现实商业问题驱动，应用包括客户关系、信用风险、欺诈、供应链及人力资源管理等。特别地，他的研究专注于如何将成本和收益考虑进商业分析应用的开发和评估中。Wouter 针对商业系学生教授信息系统和决策的高级建模等方面的几门课程，并针对商业实践者提供客户分析、信用风险建模和欺诈分析等相关培训。他已经发表论文在《IEEE 知识和数据工程会报》（*IEEE Transactions on Knowledge and Data Engineering*）、《欧洲运营研究期刊》（*European Journal of Operational Research*）和《决策支持系统》（*Decision Support System*）等公认国际性科学杂志上。他也是由 Wiley 在2015年出版的《利用描述性、预测性和社交网络技术实现欺诈分析》（*Fraud Analytics Using Discriptive，Predictive & Social Network Techniques*）一书的作者。2014年，作为发表在《欧洲运营研究期刊》上的最佳论文，他获得"O. R. 创新型应用"类别的 EURO 奖。

　　巴特·贝森斯（Bart Baesens），博士，鲁汶天主教大学（比利时）教授，南安普顿大学（University of Southampton）（英国）讲师。他在大数据和分析、欺诈监测、客户关系管理、网络分析和信用风险分析等领域有广泛研究。他的发现已经发表在著名国际性期刊上［如《机器学习》（*Machine Learning*）、《管理科学》（*Management Science*）、《IEEE 神经网络会报》（*IEEE Transactions on Neural Networks*）、《IEEE 知识和数据工程会报》（*IEEE Transactions on Knowledge and Data Engineering*）、《IEEE 进化计算会报》（*IEEE Transactions on Evolutionary Computation*）、《机器学习研究期

刊》（*Journal of Machine Learning Research*），等等]，他还在国际顶级论坛上发表过演讲。他还是由牛津大学出版社于 2008 年出版的《信用风险管理》（*Credit Risk Management*）（http：//goo. gl/T6FNOn）、由 Wiley 于 2014 年出版的《大数据世界的分析》（*Analytics in a Big Data World*）（http：//goo. gl/k3kBrB）、由 Wiley 在 2015 年出版的《利用描述性、预测性和社交网络技术实现欺诈分析》（*Fraud Analytics Using Discriptive*，*Predictive & Social Network Techniques*）（http：//goo. gl/PLcYqe）及由 Wiley 于 2015 年出版的《Java 编程起步：对象导向的方法》（*Beginning Java Programming：The Object-Oriented Approach*）（http：//goo. gl/qHXmk1）等书的作者。他还提供有关信用风险建模（http：//goo. gl/cmC2So）及大数据世界的高级分析（http：//goo. gl/2xA19U）等 e-learning 课程。他的所有研究都汇总在 www. dataminingapps. com 上。他还对跨国公司有关他们大数据和分析战略进行定期指导、建议并提供咨询支持。

克里斯蒂安·布拉沃（Cristián Bravo），博士，担任南安普顿大学决策分析和风险系的商业分析讲师。之前作为研究员服务于比利时的鲁汶天主教大学，作为研究主管服务于智利大学（Universidad Chile）的金融中心。他的研究专注于针对大型、小型和中型企业中的信用风险问题的预测性、描述性和规范性分析的研发和应用。他的工作覆盖不同的主题和方法论，如半监督技术、深度学习、文本挖掘、社交网络分析、欺诈分析和多模型建模方法论等。他的作品已经发表在知名国际性期刊上，他在享有盛誉的科学期刊编辑过三个有关商业分析的专题，他定期教授信用风险和各种级别的分析方面的课程。他还在他的网站（www. sehablanalytics. com）用西班牙语写博客，可通过 Twitter @CrBravoR 找到他。

致谢

  很荣幸，向在这本书写作过程中各位同仁、朋友和分析爱好者给予的贡献和帮助致以感谢。本书是多年商业分析研究和教学的结果。我们首先要感谢我们的出版商 Wiley，感谢他们接受我们的出书申请。

  我们还要向商业分析社区表示感谢，社区积极而活跃，提供了大量的用户论坛、博客、在线课件和辅导，这些内容被证明非常有用。

  对于在过去的几年里我们与其合作过的很多同事、教授、学生、研究人员和朋友的直接的或间接的贡献，我们也要表示感谢。尤其要感谢弗罗里斯·戴夫连特和乔治·彼得里德斯，他们对有关提升建模和利润驱动分析技术等章节内容有所贡献。

  最后，但仍然很重要，我们要感谢我们的合作伙伴、我们的父母和我们的家庭，因为他们对我们的爱、支持和鼓励。

  我们尽可能让这本书完善、准确和令人愉悦，当然，真正起作用的是你们——读者们，你们对此的感受。请与我们联系，让我们知道你们的看法。作者们欢迎所有的反馈和评论——所以，让我们知道你们的想法，不要顾虑！

沃特·韦贝克

巴特·贝森斯

克里斯蒂安·布拉沃

序言

　　在当今的企业界，战略重点倾向于以客户和股东价值为中心。其后果之一是，分析过于聚焦在复杂技术和统计之上，而忽视了长期价值创造。在韦贝克、布拉沃和贝森斯的《大数据分析与变现：利润驱动》这本书中，他们适当地提出了一个亟须改变的重点，包括将分析转向成熟和带来增值的技术。本书在作者团队的广泛研究和行业经验的基础上创作而成，因此本书是每个要利用分析创造价值并获取可持续战略影响力的人的必读之书。当我们迈入一个可持续价值创造的新时代，在这个时代，企业要想持续强大，不得不驱动企业对长期价值的追求。而企业的员工也就作为文明演进和社会贡献的力量，不断进步，并成长为企业的关键战略基石。

桑德拉·威利金斯

总秘书长，负责客户服务请求（CSR）工作

法国巴黎银行富通银行执行委员会成员

目录 Contents

第 3 章
商业应用

第 4 章
建立提升模型

第 6 章
利润驱动的模型评估和实施

第 7 章
经济影响

1

第 1 章

以价值为中心
的分析方法

1.1　概述

　　在本章，我们将通过对利润驱动的商业分析进行更宽泛的介绍，从而为后面的内容做好准备。本书所提出的以价值为中心的分析，其定位与传统统计角度形成对照。要采纳以价值为中心的分析并应用在业务中，意义重大：需要来自管理者和数据科学家在开发、实施及运营分析模型中的观念的改变。然而，这也要求对高级分析方法内在原理的更深入的洞察。提供这样的洞察是我们写下本书的总体目标，更特别的是：

- 我们的目标是，对于商业应用的最新分析技术，为读者提供一个体系化概览。
- 我们想要从实践者的角度，帮助读者获取这些方法的内部工作和内在原理的更深入的操作性理解。
- 通过展示利用这些高级分析方法所提供的洞察如何产生巨大增值，或如何通过提升商业流程降低运营成本，以此希望促进读者理解高级分析的管理作用。
- 我们力图推进针对商业情境中需求和需要而定制的分析方法的应用的繁荣和便捷。

因此，我们希望本书，能够促进企业通过接受在本书后面章节中将要介绍的高级方法，在决策中能够对分析的使用再上一个台阶。要做到这个，需要企业在获取和发展相应知识和技能方面的投资，当然，这也将产生新增利润。本书讨论的方法有一个有趣的特点，它们通常是在学术和商业的交集处发展出来，通过学术和实践者共同投入力量，将大量不同方法调整为能够针对在不同商业场景中遇到的共同的具体需求和问题特征。

很多方法的出现只是在千禧年之后，这也不足为奇。自千禧年以来，我们已经见证了信息、网络和数据库技术的持续且不断获得进步的发展及其使用范围的不断扩展。关键技术演进包括万维网和互联网服务的高速增长和扩大、智能手机的采用、企业资源规划（ERP）系统的标准化及信息技术其他的大量应用。这些巨大的变化促进了分析的商业应用的繁荣，并成为一个科学和产业的迅速发展和欣欣向荣的分支。

为了达到既定目标，我们选择采用一个实用主义的方法来对技术和概念进行解释。我们没有将重点放在提供更宽泛的数学证明或更细节的算法之上，而是聚焦于与所探讨方法在相应商业情境中实践应用相关的关键洞察和内在推理及优劣势上。因此，我们将我们的探讨扎根于坚实的学术研究专业知识和多年来与数据科学专家紧密合作并鼎力完成的产业内分析项目的实践经验之上。贯穿全书，以例证说明方式探讨了大量示例和案例研究。在本书的同步网站（www. profit-analytics. com），为进一步支撑对所探讨方法的采用，还提供了示例数据集、编码和执行。

在本章，我们首先介绍商业分析；接着，会介绍将在本书要详细探讨的利润驱动的商业分析观点；然后，我们会介绍本书后面的章节及在这些章节所介绍的方法将如何支撑我们采用以价值为中心的方法，以将利润最大化，并因此提升大数据和分析的投资回报；接下来，要探讨分析流程模型，对一个企业内部的一个分析项目经细分的各个步骤按顺序进行介绍；最后，对商业数据科学家的理想的背景特征刻画进行总结。

1.1.1 商业分析

数据是新的石油，这是一句准确点明数据价值不断增长的最流行引述——正合我意——这也准确地表达了数据作为原材料的特征。数据被看作在真正被使用之前需要进一步处理的输入信息或基础资源。本章的后面部分，我们会介绍分析流程模型，内容有将**数据**转化为**信息**或**决策**的处理步骤的迭代链的描述，这个过程确实类似于石油提炼的过程。请注意上述句子中**数据**与**信息**之间细微但显著的差异。尽管数据从根本上可以被定义为 0 和 1 的序列，信息本质上一样，但对于**最终用户**和**接收者**来说还包含一定的用途或价值。所以，数据是否成为信息依赖于数据对于接收者来说是否有用。通常来说，原始数据要成为信息，数据首先需要处理、整合、汇总和对比。总之，数据通常需要被分析，添加洞察、理解和知识到数据中，这样数据才变得有价值。

　　对数据集进行基本操作的运算，可能已经能够对最终用户或接收者的决策提供有用的洞察和支撑。这些基本操作主要包括选择和整合，选择和整合两种操作都可以用很多种方式执行，以致能够从原始数据中提取出大量的指标或统计值。以下举例说明在一个销售情境中，如何生成一些销售指标的过程。

> **■ 举例**
>
> 　　出于管理目的，一家零售商需要开发实时销售报表。这种报表可能包括原始销售数据的各种各样的指标。事实上，原始销售数据，涉及交易数据的可以从零售商运营的在线交易处理（OLTP）系统抽取。一些示例指标及计算这些统计值所需要的选择和整合运算如下所述。
>
> - **过去 24 小时生成的收入总量**：选择过去 24 小时的全部交易并对付款数额进行加总，**付款**指的是促销优惠后的净价格。
> - **过去 7 天线上商店的平均支付金额**：选择过去 7 天全部线上交易并计算平均支付金额。
> - **1 个月内回头客率**：选择过去 1 个月的全部交易，选择出现超过一次以上的客户 ID，并计算 ID 的数量。
>
> 　　注：计算这些指标包括对相应特征或存储在数据库中交易维度的选择的基本操作，也包括加总、计数和平均等的基本整合运算。

　　通过定制报表提供洞察是商业智能（BI）相关的领域。通常来说，也通过用可视化以比较容易解释的方式来呈现指标及其随时间发生的变化。可视化所提供的支撑，充分促进了用户瞬间就能获取理解和洞察的能力。例如，个性化仪表盘被产业界广泛采用，管理者借此监测和跟踪业务绩效也就非常普及。由 Gartner 所提供的有关 BI 的正式定义如下（http：//www. gartner. com/it-glossary）：

商业智能是一个伞形术语①，包括应用、平台和工具，以及支撑信息访问和分析从而提升和优化决策和绩效的最佳实践。

注意，这个定义很明显地提到需要平台和最佳实践作为 BI 的基本构成部分，这些通常也由 BI 厂商和顾问作为整体打包的解决方案的一个构成部分而提供。更高级的数据分析才能进一步支撑用户并优化决策，而这也正是分析所能发挥作用的地方。**分析**是一个涵盖各种各样基本数据处理技术的无所不包的笼统术语。最广义来说，分析与数据科学、统计和诸如人工智能（AI）和机器学习等相关领域发生重度重叠。而对于我们来说，分析是包含了各种各样工具和方法论的工具箱，它支撑用户能够针对不同范畴的明确目标进行数据分析。表 1.1 列出了一些分析工具的类别，能够覆盖不同目标用户，即使得用户能完成不同范畴的任务。

表 1.1　从任务导向角度进行分析类别的划分

预测性分析	描述性分析
分类	聚类
回归	关联分析
生存分析	顺序分析
预测	

表 1.1 中所列的第一类主要任务组是有关预测。基于可观察变量，目标是准确估计或预测不可观察变量。预测分析的子类型的适用性依赖于目标变量的类型，因此我们试图通过一组预测因子变量函数作为模型进行建模。当目标变量是以特征分类时，意味着变量可能的取值（如流失者或非流失者、欺诈者或非欺诈者、违约者或非违约者）数量有限，而我们要解决的就是一个分类问题。当任务涉及的是对一个连续目标变量（如销售量、客户终生价值、欠费损失）的估计时，可能取值在一定范围内，我们就可用回归来处理。生存分析和预测很显然是通过对事件（如流失、欺诈和欠费）所发生的时间预测或目标变量在一定时间内的发展（如流失率、欺诈率和欠费率）来对时间维度问题做出解释。表 1.2 所示为针对表 1.2 所示目标的每一类预测性分析的简化版的数据集和预测型分析模型。

———————————

① 译者注：涵盖多个紧密相关事物的术语。

表 1.2　数据集和预测型分析模型

示例数据集					预测型分析模型

分类

ID	最近期	频率	金额	流失
C1	26	4.2	126	是
C2	37	2.1	59	否
C3	2	8.5	256	否
C4	18	6.2	89	否
C5	46	1.1	37	是
…	…	…	…	…

决策树分类模型：

回归

ID	最近期	频率	金额	CLV
C1	26	4.2	126	3817
C2	37	2.1	59	431①
C3	2	8.5	256	2187
C4	18	6.2	89	543
C5	46	1.1	37	1548
…	…	…	…	…

线性回归模型：
$CLV=260+11\cdot$ 最近期 $+6.1\cdot$ 频率 $+3.4\cdot$ 金额

生存分析

ID	最近期	流失或删失	流失或删失时间
C1	26	流失	181
C2	37	删失	253
C3	2	删失	37
C4	18	删失	172
C5	46	流失	98
…	…	…	…

一般参数化生存分析模型：
$\log(T)=13+5.3\cdot$ 最近期

预测

时间戳	需求
1 月	513
2 月	652
3 月	435
4 月	578
5 月	601
…	…

加权移动平均预测模型：
需求$_t=0.4\cdot$需求$_{t-1}+0.3\cdot$需求$_{t-2}+0.2\cdot$需求$_{t-3}+0.1\cdot$需求$_{t-4}$

---

① 译者注：疑原书有错。

第二类主要分析任务组是有关描述性分析，它们不是要对一个目标变量进行预测，而是意在确定具体的模式类型。聚类和细分的目标在于对特征相似的**实体**（如客户、交易、员工等）进行分组。关联分析的目标，是发现经常同时发生因此表现出具有关联关系的**事件**组。在本问题场景中所分析的基本观察对象包括事件变量组，如在某一特定时刻由同一客户所购买的不同产品的交易。顺序分析的目标与关联分析类似，但还涉及对经常按顺序发生事件的监测，而不是跟关联分析中所要求的事同时发生。因此，顺序分析很明确的是对时间维度的解释。表 1.3 是对每类描述性分析提供的简化版的数据集和描述型分析模型。

表 1.3　数据集和描述型分析模型

示例数据集			描述型分析模型
聚类			
ID	最近期	频率	K-means 聚类，$K = 3$：
C1	26	4.2	
C2	37	2.1	
C3	2	8.5	
C4	18	6.2	
C5	46	1.1	
…	…	…	
关联分析			
ID	商品		关联规则：
T1	啤酒、比萨、尿布、婴儿食品		如果婴儿食品和尿布，那么啤酒
T2	可乐、啤酒、尿布		如果可乐和比萨，那么薯片
T3	薯片、尿布、婴儿食品		
T4	巧克力、尿布、比萨、苹果		
T5	番茄、水、橙子、啤酒		
…	…		
顺序分析			
ID	商品		顺序规则：
C1	$< \{3\}, \{9\} >$		
C2	$< \{1\ 2\}, \{3\}, \{4\ 6\ 7\} >$		
C3	$< \{3\ 5\ 7\} >$		
C4	$< \{3\}, \{4\ 7\}, \{9\} >$		
C5	$< \{9\} >$		
…	…		

请注意，表 1.1～表 1.3 所列的用来完成每项特定任务的方法类别，是立足于技术而非应用的角度。这些不同的分析类型可被应用在不同的商业和非商业场景中，并进而引发了很多特定的应用。例如，预测分析，更确切地说，分类技术可被用于监测信用卡的欺诈交易、预测客户流失、评估贷款申请等。从应用角度说，这又分别导致各种各样的分析，如欺诈分析、客户或营销分析及信用风险分析。贯穿产业和商业界的更大范围的商业分析应用具体将在第 3 章讨论。

至于表 1.1，需要注意的是，这些不同类型的分析适用于**结构化数据**。结构化数据的例子如表 1.4 所示。表 1.4 中的行通常称为观察对象、实例、记录或线路，表示或收集的是客户、交易、账户或公民等基本实体的信息；表 1.4 中的列通常指的是（解释性或预测因子）变量、特征、属性、预测因子、输入数据、维度、效果或功能。对于一个特定实体来说，列所包含的信息是通过数据表中的行来表示的。如表 1.4 中，第二列表示客户的年龄，第三列是收入，等等。本书统一使用术语**观察对象**（observation）和**变量**（variable）（更特别的时候，会用解释性变量、预测因子变量或目标变量）。

表 1.4 结构化数据集

客户	年龄	收入	性别	持续时间	流失
John	30	1 800	男	620	是
Sarah	25	1 400	女	12	否
Sophie	52	2 600	女	830	否
David	42	2 200	男	90	是

因为在表 1.4 中所展示的数据表结构，加上对于行和列已设定好的含义，所以相对于分析如文本、视频或者网络之类的非结构化数据来说，分析这种结构化的数据集就容易得多。应用于非结构化数据分析的特定技术——如应用于情感分析的文本分析，应用于人脸识别和事件监测的视频分析，应用于社群挖掘和关系学习的网络分析（见第 2 章）。假设粗略估计全部数据中超过 90% 是非结构化数据，那么很显然将这些类型的分析应用到商业中，将具有很大的潜力。

然而，由于非结构化数据分析本来就很复杂，再加上通常存在非常重要的开发成本问题，企业看起来只愿意在易于应用的**结构化分析**情境中叠加运用这些技术，所以，当前我们几乎看不到（非结构化数据）商业应用的开发和应用。因此，本书主要着重在结构化数据的分析方法，更为特别的是，聚焦在表 1.1 所示的数据子集上。至于非结构化数据分析，可以参考具体文献（Elder IV，Thomas，2012；Chakraborty，Murali，Satish，2013；Coussement，2014；Verbek，Martens，Baesens，2014；Baesens，Van Vlasselaer，Verbeke，2015）。

1.2　利润驱动的商业分析

　　本书的前提是，在商业中运用分析是为了支撑**更好的决策**——"更好"意味着通过分析应用来从数据获得洞察，基于洞察进行决策而导致的净利润、收入、报酬或价值等实现最大化结果意义上的**优化**。所获收入可能来自效率升高、成本或损失降低及新增销售等。分析通常所采用的决策层面是运营层，在这个层面要制定的个性化决策本质上细致而且相似。在更高层面，可在企业战略和策略层面制定专题性决策，也可从分析获益，但是预期收益所达程度要小得多。

　　商业战略发展涉及的决策本质上非常复杂，并不能与表 1.1 所列的基本任务相匹配。为此目的，需要更高级的 AI，而这超出了我们的能力范围。然而，在运营层面，需要制定很多简单决策，这些决策则与表 1.1 中所列任务恰好匹配。这不足为奇，因为这些方法通过对具体应用的思考已经被开发出来。如表 1.5 所示，我们选择提供了一些应用示例，其中大部分会在第 3 章中加以详细阐述。

表 1.5　与分析相匹配的分析示例

利用预测分析进行决策	
分类	信贷部门需要筛选贷款申请，基于所隐含风险决定是接受还是拒绝申请。根据过去贷款申请的绩效历史数据，通过分类模型，利用申请及申请者的一些选定特征，可以从坏的贷款申请中学习如何筛选出好的申请。分析，更确切地说，分类技术通过更精准的风险估算及降低坏账损失，使得我们能够优化贷款批准流程（VanGestel，Baesens，2009；Verbraken，et al.，2014）。基于分类技术的类似决策应用，包括客户流失预测、响应建模和欺诈监测，将在本书第 3 章进行更详细的探讨
回归	回归模型支撑我们对连续性目标值进行估算，通过对回归的应用实践，如估算客户终生价值。对于一个客户将产生的收入或利润等方面的未来价值有相应的预期指引，对于围绕定价进行的营销能力个性化支持非常重要。正如在第 3 章将详细探讨的，分析客户历史数据，利用回归模型可以对当前客户的未来净价值进行估算。 类似应用还包括将在第 3 章讨论的违约损失建模，以及软件开发成本估算（Dejaeger，et al.，2012）

利用预测分析进行决策	
生存分析	生存分析应用于预测性维护应用中，用来估算机器组件失灵的时间。这类认知支撑我们对机器维护相关决策进行优化——如以最优方式计划什么时候替换基本组件。这个决定需要对机器运行中失灵成本和组件成本两个成本之间进行平衡，因为大家都希望组件在替换之前运行尽可能长时间（Widodo，Yang，2011）。 生存分析其他的商业应用包括流失和欠费时间预测，与分类相比，重点在于预测事件什么时候发生而不是事件是否会发生
预测	预测的一个典型应用是需求预测，支撑我们优化产品规划和供应链管理决策。例如，一个电力供应商需要能够平衡电力产品和消费者需求，因此需要采用预测或时间序列建模技术。 这些方式支撑基于历史需求模式对短期需求容量能够进行准确预测（Hyndman，et al.，2008）
利用描述性分析进行决策	
聚类	聚类应用于信用卡欺诈监测，以实时阻止可疑交易，或以准实时方式选定可疑交易以供调查。聚类促成自动决策，通过将一个新的交易与历史无欺诈交易的聚类或集群进行对比，若它与这些群体差别太大，则被贴上可疑标签（Baesens，et al.，2015）。 聚类还可被用于对相似客户群体的区分，这能够完善营销活动的定制
关联分析、顺序分析	关联分析通常应用于对经常购买产品的交易数据的模式监测。另外，顺序分析则支撑对于哪些产品经常按顺序购买的监测。这类关于关联关系的知识支撑更聪明决策的制定，如哪些产品要做广告、哪些产品要做捆绑及要在店中摆放在一起等（Agrawal，Srikant，1994）

　　分析促进了对表 1.5 中所列的精准决策行动的优化，导致更低成本或损失及更高收益和利润。优化程度取决于预测、估算及从数据中所获得模式的准确性和有效性。另外，正如我们在本书所强调的，数据驱动决策的质量依赖于预测、估算或模式所真正应用的程度，而这又取决于分析方法的开发和运用程度。我们认为，在商业环境中产生利润应该成为真正的目标，而当运用分析以进一步提升分析的回报时，这个目标应该是中心。因此，需要采用**利润驱动的分析**（profit-driven analytics），尤其在商业情境下，应该采用这些技术并进行相应配置。

■ 举例

　　以下例子表现的是统计分析方法与利润驱动方法之间的本质不同。表 1.5 已经表明如何运用分析，更具体地说，如运用分类技术对哪些客户会流失进行预测。有了这些知识，我们就能够决定在存量保持活动中要把目标定位在那些客户，与随机或随意选择的客户对比，并因此提升活动所带来的效率和收益。通过对那些可能离开的客户提供财务激励——如临时的月费减免——他们可能就被留下来了。积极的客户保持策略已经被很多研究表明，替换那些不忠诚客户较获取新客户的成本更低廉（Athanassopoulos，2000；Bhattacharya，1998）。

然而，需要注意的是，并不是每个客户所产生的收益都是一样的，因而他们对于公司代表的价值也不同。因此，对于最高价值的客户监测其流失也就更重要得多。在一个基本的客户流失设置中，采用我们称为一种统计的视角，当对分类模型进行学习以监测未来流失可能时，对于高价值客户和低价值客户之间的差别并不进行区分。然而，当分析数据并对分类模型进行学习时，应该考虑到，损失一个高价值流失者的代价高过一个低价值流失者的离开。所以，目标要定在对最终预测模型进行控制或调整，这样它考虑进了价值因素，因此才能最终真正应用在商业情境下。

对于分类和回归建模方法的运用，统计和商业视角之间的另外一个差别还包括**解释**和**预测**之间的差别（Breiman，2001；Shmueli，Koppius，2011）。模型估算的目标可能包括以下两个目标之一：

①建立特征变量或自变量与可观察的目标因变量或结果值之间的关系，或监测两者之间的依赖性；

②**估算**或**预测**作为自变量函数的目标变量的不可观察值或未来值。

例如，在一个医学情境设置中，数据分析的目的可能是建立抽烟行为对于个体预期寿命的影响关系。经回归模型的可能估算，对所观察的一些对象的死亡年龄特征方面的**解释**是，如性别和抽烟的年限多少。这样通过模型可创建并量化每个特征和观察结果之间的影响或关系，并支撑对影响的统计显著性的测试和结果的非确定性的测算（Cao，2016；Peto，Whitlock，Jha，2010）。

如表 1.5 所示，在诸如对软件能力预测时，对回归模型的评估存在明显差别。在一个主要目标在预测的应用中，对于要开发新的软件将付出多少能力，其所能提供**解释**的驱动力到底是什么，基本上我们并不感兴趣，虽然这方面的结果可能是有用的。相反，我们主要希望对完成项目所需要的能力进行尽可能准确的预测。既然模型的主要作用是生成支撑成本规划和计划的估算，那么起作用的是预测的正确性或准确性及误差的大小，而不是项目特性和投入能力之间的确切关系。

通常来说，在一个商业环境中，为了促进决策提升或自动化能力，目标是落在预测上的。就像对于软件能力预测情况中所指出的，解释性即使有用，也是因为可获得有用的洞察。例如，从预测模型可以发现依照完成项目所需能力，项目团队中包括或多或少或高级或低级程序员的确切影响会是什么，因此可对作为项目特征函数的团队构成进行优化。

在本书中，要讨论一些通用的强大的利润驱动方法。这些方法推动分析采用以价值为中心的业务视角，以提高回报。表 1.6 提供了本书的结构全视图。首先，我们在第 2 章提供分析的总体介绍，奠定基础，并在第 3 章详细探讨最重要和最流行的商业应用。

表 1.6　本书概览

本书结构
第 1 章：以价值为中心的分析方法
第 2 章：分析技术
第 3 章：商业应用
第 4 章：建立提升模型
第 5 章：利润驱动的分析技术
第 6 章：利润驱动的模型评估和实施
第 7 章：经济影响

第 4 章探讨提升模型建立的方法，本质上这是关于对决策净效果（net effect）的获取和估算，然后与替代方案的预期结果进行对比。例如，这就使得通过对接触渠道和营销响应激励形式的定制，优化营销能力，从而生成最大回报。也许可采用标准分析方法建立提升模型。然而，围绕提升模型的具体问题特征进行调整的专业方法也已经被开发，这些将在第 4 章进行讨论。

如上，第 4 章构成了通向本书第 5 章的桥梁，其重点在于可采用各种高级分析方法开发利润驱动模型，因此使得我们在学习或应用预测性或描述性模型时考虑利润因素。用于分类和回归的利润驱动的预测分析将在第 5 章的第一部分进行探讨，接下来的第二部分会聚焦在描述性分析，介绍利润导向的细分和关联分析。

接下来第 6 章着重介绍对预测模型的业务导向评估进行调整的方法——如就利润来说。需要注意的是，传统统计测算，如当运用于客户流失预测模型时，并不对不准确的预测或客户错误分类进行区分，尽管从商业角度来看，当对模型进行评估时考虑客户价值显然很有意义。例如，对一个将要流失的较高价值客户的错误预测相对于一个将要流失的较低价值客户的错误预测，则意味着更大的损失或代价。然而，更确切地说，非商业性的、非利润导向的评估测算方法对两者是不加区分的同等考虑。第 4 章和第 6 章使得在第 2 章探讨的标准分析方法，通过采用以利润为中心的设定，或者利润驱动评估法，实现利润最大化目标。对于利润最大化目标来说，模型具体的商业应用将成为一个重要因素。

最后，在第 7 章通过考察分析的经济影响及将分析放大到一些包括与企业分析研发、实现和运营相关的实践方面，将在企业的应用分析采用一个更宽广的视角来对全书进行总结。

1.3 分析流程模型

图 1.1 对分析流程模型进行了一个高度概括（Hand，Mannila，Smyth，2001；Tan，Steinbach，Kumar，2005；Han，Kamber，2011；Baesens，2014）。该模型分别定义了一个企业内部分析的研发、部署和运营的各个步骤。

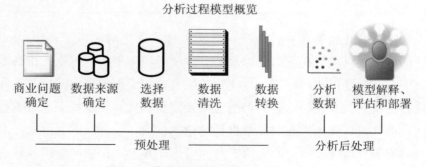

图 1.1 分析过程模型（Baesens，2014）

第一步，需要解决的是对商业问题进行一个全面定义。分析应用的目标需要被明确定义，如贷款产品组合的客户细分、后付费电信业务订购模型的建立或信用卡欺诈监测。要对分析建模实践范围进行界定，需要数据科学家和业务专家之间的紧密合作。双方需要对一系列的关键概念达成一致，其中包括我们如何界定客户、交易、流失或欺诈。尽管这可能看起来是不言自明的，但可确保所有相关参与方对目标和一些关键概念达成共同理解，这似乎才是成功的关键因素。

接下来，需要确定所有可能具有潜在作用的源数据。因为数据是任何分析实践的关键构成要素，数据的选择对于将依次按步骤建立的分析模型具有决定性影响，所以这是一个非常重要的步骤。这里的黄金准则是：数据多多益善！分析模型本身稍后会决定，对于手头任务而言，哪些数据是相关的，哪些不是。所有数据被采集整理和暂存在数据仓库、数据集市，甚或只是一个简单电子表格文件中。然后可以考虑用诸如多维分析的 OLAP 工具进行一些基本的探索性分析（如汇总、钻取、切片和切块）。接下来要做的是数据清洗步骤，消除如缺失值、异常值和重复数据等所有的不一致性。还要考虑另外的转换，如数据预处理、字母数字转为数字编码、地理信息整合、对一些特征及从原始数据派生出的通常称为特性的附加特征进行命名。举一个简单的例子，如从出生日期获得年龄；还有更复杂的例子，见第 3 章。

在分析过程中，分析模型基于已预处理和已经转换过的数据进行评估。根据商业目标和手头的确切任务，数据科学家将选择和执行具体分析技术。如表 1.1 所示，提供的是不同任务和各种类型的分析概览。另外，数据科学家要解决手头问题时，可以考虑将表 1.1 中的不同分析类型作为基本的建构模块或解决方案组件。换言之，商业问题需要根据表 1.1 所列举的现有工具重新进行表达。

最后，一旦得到结果，结果就要被业务专家进行解释和评估。结果可能是聚类、规则、模式或关系等，所有这些结果都可被称为来自分析应用的分析模型结果。分析模型可以监测到不太重要的模式（如从关联规则发现，表明意粉和意粉酱经常被一起购买），当该模式有助于论证模型的有效性时，该模式就是有意义的。但是当然，关键问题是发现有意义和可执行的未知模式（有时也被称为知识钻石），这些模式因对数据提供新的洞察而被转换成新的利润机会。在将最终模型或模式付诸运营之前，需要有重要评估步骤，以考虑真正收入或利润的生成，并将其与不做任何行动的决策或不做任何改变的决策等相关基准场景进行比较。接下来的部分，会提供对不同评估标准的概述，探讨这些以论证分析模型的有效性。

分析模型一经证明其有效性和正确性，就可作为一个分析应用［如决策支撑系统、计分引擎（scoring engine）］投入生产。这里，重点考虑的是如何将模型输出并以用户友好的方式呈现出来，如何与其他应用（如营销活动管理工具、风险引擎）进行整合，如何确保分析模型被正确监测并被持续性地进行反向测试。

需要特别注意的是，表 1.1 中所列的程序模型本质上是迭代的，即在操作过程中不得不返回到之前的步骤。例如，在分析步骤中，如果另外的数据选择、清洗和转换有必要，就需要对另外的数据进行界定。通常最耗时间的步骤是数据选择和预处理过程，这需要花费整个分析模型创建的全部精力的 80%左右。

1.4　分析模型评估

在基于所获的聚类、规则、模式、相关或预测等结果采用分析模型和制定运营决策之前，需要对模型进行全面评估。根据输出结果的具体类型、情境或商业环境，以及具体的使用特征，评估过程中需要对不同方面进行估算，以确保模型具备实现的**可接受性**。

表 1.7 是对成功分析模型所具备关键特征的相应界定和解释。根据确切的应用情境，这些宽泛定义的评估标准可能被运用，也可能不被运用，要在具体实践中进一步确定。

表 1.7　成功商业分析模型的关键特征

准确性	准确性指的是分析模型的预测能力或准确性。一些统计评估标准可用于对这方面进行评估，如命中率、提升曲线或 AUC，第 6 章会详细探讨一些利润-驱动评估指标。准确性也可能指统计显著性，意思是在数据中找到的模式必须是真实的、稳固的而不是碰巧的结果。换言之，我们需要确保模型**通用性**好（推广到其他实体、推广到未来等）并且对用于生成并评估模型的历史数据集不会出现过拟合
解释性	当需要对回溯模式有一个更深入理解——如在模型采用之前论证其有效性——模型就需要可解释性。这方面包括一定程度的主观性，因为解释性一般依靠用户的知识或技能。模型的解释性依赖其形式，即由所采用的分析技术来决定。使用户能够理解模型为什么能达到一定结果的内在原因的模型称为白盒子模型，而更复杂的不可解释的数学模型通常被称为黑盒子模型。例如，白盒子方法包括决策树和线性回归模型，表 1.2 中已经提供相关举例。典型的黑盒子方法包括神经网络，这将在第 2 章进行探讨。在一些商业情境中，黑盒子模型是可接受的，也挺好，虽然在大多数情况下，要对模型有信心才允许模型的有效运行，所以管理需要一定程度的理解以及由可解释性所促成的实际有效性
运营效率	运营效率指的是评估模型所需要的时间，换言之，就是根据模型输出结果进行决策所需要的时间。当决策需要实时或准实时制定时，如对信用卡可能存在的欺诈进行提示，或对网站广告的费率或横幅的决策，运营效率很关键，在模型性能评估中是一个主要考虑因素。运营效率也包含需要用来采集和预处理数据、评估模型、监测和反向测试模型及当有必要时重新评估模型的能力

续表

合规性	根据具体情况,对于模型的开发和应用来说,可能有些内部的或企业特定的及外部的规范和法律需要遵守。显然,模型需要遵照和符合所有适用的规范和法律——如在网络浏览器的个人隐私或 Cookie 的使用方面
经济成本	对于企业来说,要开发和实施一个分析模型,涉及很高的成本。全部成本包括数据采集、预处理和分析成本、最终分析模型投产的成本。另外,还要考虑软件成本及人力和计算资源。可能的话,需要购买外部数据,以丰富现有的内部数据。另外,作为模型采用的结果,收益也是可以预期的。显然,在项目之初要执行一个全面的成本收益分析,对于建立一个更高级系统的投资回报的构成因素,要获得相关洞察。运用分析所带来的好处是本书的中心主题。在最后一章,通过详述分析的经济效果而进行全书总结

　　在模型开发和实施中会出现各种挑战,因此可能导致在满足表 1.7 中所列成功分析模型所具关键特征的目标时而表现出困难。这样的一个挑战可能涉及从数据所回溯的相关关系或模式的动态特征本身,这影响到模型的可用性和生命周期。例如,在欺诈监测场景中,可观察到欺诈者经常通过开发新的策略和方法,试图破解监测和预防系统(Baesens, et al., 2015)。因此,需要自适应式分析模型和监测及预防系统,以尽可能快地监测和解决欺诈问题。在这样一种情况下,密切监测模型性能是完全有必要的。

　　另外一个常见的挑战是,客户流失预测的二元分类中涉及类别分布不平衡的问题,也就意味着,一种分类或类型的实体较另一种分布更广泛得多。当创建一个客户流失预测模型时,在历史数据集中,通常表现出非流失者较流失者多得多。因此,监测或错判任何一个类别相关的成本和利益,通常都会导致不平衡的加剧,所以需要在具体商业情境中考虑决策优化的问题。本书中,会探讨各种不同方法以处理这些具体的挑战。也会出现其他问题,通常需要足够的智慧和创造力方可解决。因此,两者均是数据科学家必须具备的关键特征,正如将在下面所要探讨的内容。

1.5　分析团队

1.5.1　人员背景

　　分析过程基本上是一个需要很多不同工作背景紧密合作的多个专业的实践。首先，要有一个数据库或数据仓库的管理员（DBA）。最理想的 DBA 是对企业内部现有的所有数据都了解，包括存储细节和数据定义。因此，数据作为分析模型建立实践中的重要输入成分，DBA 则扮演着一个关键角色。既然分析是一个迭代的过程，DBA 在建模的过程中也就持续扮演着一个重要角色。

另外一个非常重要的人物是业务专家。例如，这可能是一个信用产品组合经理、品牌经理、欺诈调研员或电子商务经理。业务专家具备深厚的业务经验和业务常识，这被证明对于成功来说可能极具价值且十分关键。这些业务知识显然有助于引导和控制分析建模实践，并对其关键发现予以解释。这里的一个关键挑战是，大量的专业知识是不可言喻的，可能在建模之初很难加以表达。

因为诸如隐私和歧视等因素，所以不是所有的数据都可用在分析模型中，法律专家的地位也更为重要。例如，在信用风险建模中，通常不能基于性别、信仰、原属种族或宗教区分好客户和坏客户。网络分析中，通常通过 Cookie 的手段采集信息，Cookie 是存储在用户浏览器计算机端的文件。然而，当使用 Cookie 采集信息时，用户应该被适当告知。这在不同层面（区域的和国家的，以及超越国家的，如在欧洲层面）要受相应规范的管制。这里的关键挑战是，隐私及其他规范问题会因不同的地域而存在很大不同，因此，法律专家应该具备相应良好的知识，即法律专家要知道哪些数据什么时候能用，以及哪些法律适用在哪些地方。

作为分析团队的重要构成，软件工具厂商也应该被考虑。不同类型的工具厂商在这里应该有所区分，一些厂商只对分析建模过程特定步骤的自动化提供工具（如数据预处理），一些厂商销售的软件覆盖了整个分析建模过程；还有一些厂商对于特定应用领域也提供基于分析的解决方案，如风险管理、营销分析或营销活动管理。

数据科学家、建模人员或分析人员是负责真正做分析的人。数据科学家应该对所有有关的大数据和分析技术都要有一个全面了解，知道在商业场景中如何利用合适的技术完成分析。接下来的部分，我们将探讨一个数据科学家的理想背景。

1.5.2 数据科学家

我们在前面探讨了一个好的分析模型所需具备的特征，在这部分我们详细阐述从雇主角度看，一个好的数据科学家所应具备的关键特征。这些都基于我们就大数据和分析这个主题而与全球许多公司所进行合作的有关咨询和研究经验之上总结而成。

1. 一个数据科学家应该具备坚实的量化技能

显然，一个数据科学家应该在统计、机器学习和/或数据挖掘方面具备全面了解的背景。这些不同专业之间的区别已经越来越模糊，所以确实也没多大关系。它们都能提供一系列量化技术分析数据，并在诸如欺诈或信用风险管理的具体情境中发现业务相关模式。一个数据科学家应该了解什么技术什么时候可以如何使用，不应该太过聚焦于内在的数学细节（如优化），而要对一项技术能够解决什么分析问题及它的结果应该如何解释要有良好的理解能力。在这种情况下，在计算机科学和/或商业/产业工程等方面的工程师教育应该放眼于一个综合的多学科视野上，培养既懂技术运用又具商业头脑的并致力于产生新成果的毕业生。同样重要的是投入足够的时间对所获分析结果进行证实，以避免出现通常被称为数据篡改（data massage）或数据扭曲（data torture）的情况，也即数据被（故意）曲解和/或花太多时间耗费在伪相关关系等的问题探讨上。在选择最优量化技术时，数据科学家应该考虑到情况的特殊性和手头的商业问题。对于业务模型的关键需求，在前面部分已经探讨过，数据科学家应该对这些有一个基本了解，并具有一定的直觉力。在综合这些需求的基础上，数据科学家应该能够选择最好的分析技术以解决特定的商业问题。

2. 一个数据科学家应该是一个好的程序员

根据定义，数据科学家是和数据打交道的人，包括抽样和数据预处理、模型评估和后处理［如敏感性分析、模型部署、反向测试（backtesting）、模型验证］等大量活动。虽然当前市面上很多用户界面友好的软件工具都有，可用来对上述任务进行自动化支撑，但每个分析实践仍需要定制步骤，以处理具体商业问题和所处情境的特异性。为了这些步骤能够执行成功，需要编写相应程序。因此，一个好的数据科学家应该对 SAS、R 或 Python 等诸如此类的软件具备良好的编程能力。编程语言本身倒不是那么重要，只需数据科学家对编程的基本概念熟悉，知道如何利用这些程序对重复任务实现自动化或执行特定的例程。

3. 一个数据科学家应该在沟通和可视化技能方面表现出色

无论喜不喜欢，分析都是一项技术性工作。当前，分析模型和业务用户之间还存在巨大的鸿沟。因此沟通和可视化能力非常关键。因此，数据科学家应该知道如何以用户友好的方式呈现分析模型及其相应的统计数据和报告，如可以通过使用交通灯方法、OLAP（在线分析程序）能力或"如果—那么"（if-then）业务规则等进行结果呈现。一个数据科学家应该能对适量的信息进行沟通，而不至于丢失复杂的（如统计的）细节，否则这将阻碍一个模型的成功实施。只有做到这些，业务用户才能更好地理解他们的（大）数据中的特征和行为，因此将提升他们对最终分析模型的认可和接受程度。教育研究机构必须学习如何实现对理论和实践之间的平衡，因为据说很多获得相应学位的典范学生要么太偏分析，要么太偏实务知识。

4. 一个数据科学家应该具备坚实的商业理解

虽然这看起来显而易见，但我们依然见过很多（太多）的数据科学项目因其数据科学家不理解手头商业问题而导致失败。对于**商业**来说，我们指的是专门的应用领域。表 1.5 中我们已经介绍了这些应用领域的一些示例。这种领域中的每一个都有其特殊性，为了能够设计和实施一个定制化的解决方案，数据科学家知道并理解这些特殊性非常重要。根据表 1.7 中所探讨的每个维度或标准所进行的评估，解决方案越符合商业情境，其表现效果也就越好。

5. 一个数据科学家应该具备创造力

数据科学家需要至少在两个层面具备创造力。第一，技术层面，对于特征选择、数据转换和清洗，具备创造力很重要。这些标准分析流程的步骤需要针对每个具体的应用进行调整，而**正确的猜想**经常表现出很大的不同。第二，大数据和分析是一个快速发展的领域，新的问题、技术和相应的挑战不断涌现。因此，一个数据科学家应该跟上这些新的发展和技术并具备足够的创造力以发现他们可以如何创造新的机会。图 1.2 总结了构成理想数据科学家背景的关键特征和优势。

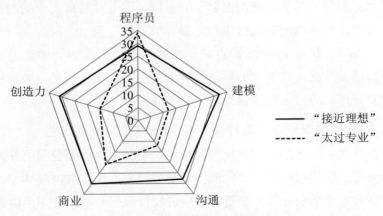

图 1.2 数据科学家的背景特征

总　　结

利润驱动的商业分析，指的是分析数据以支撑商业运营决策的更优制定。在本章中，我们探讨了如何区别于纯粹的技术或统计视角，采用商业视角的分析工作。采用这样的商业视角，数据科学家能够考虑到商业情境的特定性，从而落实到方法的真正需求上。因此，本书的目的为对所选定的这类方法系列提供一个深入的概览，使其能够服务到不同的范围更广的商业目标。本书采取的是立足分析实践者的角度，通过数据集实例、编码和与本书同步网站 www. profit-analytics. com 提供的操作，详细阐述如何在具体实践中应用并实施这些方法。

复　习　题

一、多项选择题

1. 以下 （　　） 不是进行分析模型评估时的可能评估标准。

　　A. 可解释性　　　　　　　　　B. 经济成本

　　C. 运营效率　　　　　　　　　D. 以上都是可能的评估标准

2. 以下说法 （　　） 是错误的。

　　A. 聚类是一种预测模型

　　B. 预测本质上是关于时间的回归函数

　　C. 关联分析是一种描述性分析

　　D. 生存分析本质上是关于对一件事件预测其发生时间

3. 以下说法 （　　） 是正确的。

　　A. 客户终生价值评估是分类法的例子

　　B. 需求估算是分类法的例子

　　C. 客户流失预测涉及回归

　　D. 信用卡交易欺诈监测涉及分类法

4. 以下（　　）不是一个好的数据科学家应该具备的特征。

    A. 具备坚实的商业理解

    B. 具备创造力

    C. 对于分析应用具备全面的法律方面的知识

    D. 在沟通和对结果可视化方面表现出色

5. 以下说法（　　）是正确的。

    A. 当被应用于商业情境中，所有分析模型都是利润驱动的

    B. 只有预测模型是利润驱动的，而描述性分析并不是

    C. 分析数据在解释性或预测性两种目的之间存在区别

    D. 描述性分析意在解释所观察到的，而预测性分析意在尽可能预测准确

二、开放性问题

1. 讨论就分析来说，统计视角和商业视角之间的不同。

2. 讨论解释建立模型和预测建立模型的不同。

3. 列举并讨论一个分析模型的关键特征。

4. 列举并讨论一个数据科学家应该具备的理想特征和技能。

5. 画出分析流程模型并依次简要讨论其步骤。

参 考 文 献

Agrawal, R., and R. Srikant. 1994, September. "Fast algorithms formining association rules." *In Proceedings of the 20th international conference on very large data bases*, VLDB (Volume 1215, pp. 487-499).

Athanassopoulos, A. 2000. "Customer Satisfaction Cues to Support Market Segmentation and Explain Switching Behavior." *Journal of Business Research*, 47 (3): 191-207.

Baesens, B. 2014. *Analytics in a Big Data World: The Essential Guide to Data Science and Its Applications*. Hoboken, NJ: John Wiley and Sons.

Baesens, B., V. Van Vlasselaer, W. Verbeke. 2015. *Fraud Analytics Using Descriptive, Predictive, and Social Network Techniques: A Guide to Data Science for Fraud Detection*. Hoboken, NJ: John Wiley and Sons.

Bhattacharya, C. B. 1998. "When Customers Are Members: Customer Retention in Paid Membership

Contexts. " *Journal of the Academy of Marketing Science*, 26 (1): 31-44.

Breiman, L. 2001. "Statistical Modeling: The Two Cultures. " *Statistical Science*, 16 (3): 199-215.

Cao, B. 2016. "Future Healthy Life Expectancy among Older Adults in the US: A Forecast Based on Cohort Smoking and Obesity History. " *Population Health Metrics*, 14 (1): 1-14.

Chakraborty, G., P. Murali, and G. Satish. 2013. *Text Mining and Analysis: Practical Methods, Examples, and Case Studies Using SAS*. SAS Institute.

Coussement, K. 2014. "Improving Customer Retention Management through Cost-Sensitive Learning. " *European Journal of Marketing*, 48 (3/4): 477-495.

Dejaeger, K., W. Verbeke, D. Martens, and B. Baesens. 2012. "Data Mining Techniques for Software Effort Estimation: A Comparative Study. " *IEEE Transactions on Software Engineering*, 38: 375-397.

Elder IV, J., and H. Thomas. 2012. *Practical Text Mining and Statistical Analysis for Non-Structured Text Data Applications*. Cambridge, MA: Academic Press.

Han, J., and M. Kamber. 2011. *Data Mining: Concepts and Techniques*. Amsterdam: Elsevier.

Hand, D. J., H. Mannila, and P. Smyth. 2001. *Principles of Data Mining*. Cambridge, MA: MIT Press.

Hyndman, R. J., A. B. Koehler, J. K. Ord, and R. D. Snyder. 2008. "Forecasting with Exponential Smoothing. " *Springer Series in Statistics*, pp: 1-356.

Peto, R., G. Whitlock, and P. Jha. 2010. "Effects of Obesity and Smoking on U. S. Life Expectancy. " *The New England Journal of Medicine*, 362 (9): 855-857.

Shmueli, G., and O. R. Koppius. 2011. "Predictive Analytics in Information Systems Research. " *MIS Quarterly*, 35 (3): 553-572.

Tan, P.-N., M. Steinbach, and V. Kumar. 2005. *Introduction to Data Mining*. Reading, MA: Addison Wesley. Van Gestel, T., and B. Baesens. 2009. *Credit Risk Management: Basic Concepts: Financial Risk Components, Rating Analysis, Models, Economic and Regulatory Capital*. Oxford: Oxford University Press.

Verbeke, W., D. Martens, and B. Baesens. 2014. "Social Network Analysis for Customer Churn Prediction. " *Applied Soft Computing*, 14: 431-446.

Verbraken, T., C. Bravo, R. Weber, and B. Baesens. 2014. "Development and Application of Consumer Credit Scoring Models Using Profit-Based Classification Measures. " *European Journal of Operational Research*, 238 (2): 505-513.

Widodo, A., and B. S. Yang. 2011. "Machine Health Prognostics Using Survival Probability and Support Vector Machine. " *Expert Systems with Applications*, 38 (7): 8430-8437.

2

第 2 章

分析技术

2.1 概述

数据无处不在。IBM 推断，每天我们产生 2.5 百万兆比特数据。相对而言，这就意味着世界上 90% 的数据是在最近两年所创造的。这些大量数据获得了前所未有的内部知识宝库，有待利用高水平的分析技术进行分析，并通过配合新的战略识别新的商业机会，从而更好地理解并充分利用客户或员工等有关行为。在本章中，我们聚焦在**分析技术**上。因此，本章为接下来的所有其他章节提供了主干式的支柱作用。我们所建构的作为"概述"一章总结的分析流程模型，作为本章展开相应探讨的结构，而我们的探讨从数据预处理过程中的一些最应关注的关键活动开始。接下来，详细探讨数据分析步骤。我们将关注点集中在预测分析并探讨线性回归、逻吉斯回归、决策树、神经网络和随机森林。再接下来的部分详细探讨描述性分析，如关联规则、顺序规则和聚类。还会探讨生存分析技术，其目标是对事件发生时间进行预测，而非仅仅预测事件是否会发生。本章以对社交网络分析的探讨作为总结，社交网络分析目标为将网络信息融于描述性或预测模型。贯穿全章，我们讨论了对上述这些不同类型的分析技术进行评估的标准方法，正如在分析流程模型最后步骤所强调的那样。

2.2　数据预处理

对于任何分析实践来说，数据都是关键构成成分。因此，在开始一个分析之前，对于有可能有用和相关的全部数据源进行全面考察和采集非常重要。不同领域的大量实验和广泛经验表明，当问题有关数据时，那么就应多多益善。然而，因为非连续性、不完善性、重复性、汇总性及很多其他问题，现实的生活数据（通常来说）可能很浑浊。因此，贯穿全部分析建模步骤中，运用不同数据预处理核查清洗数据并将数据减少到一个可管理的相关规模。这里值得一提的是，**垃圾进垃圾出**（garbage in，garbage out，GIGO）原则所表达的本质是，基于垃圾数据之上建立的一定是垃圾分析模型。因此，最重要的是，在进行更深入的分析之前，需要认真调整、执行、验证每个数据预处理步骤并形成文档。每个最轻微的错误都可能使数据完全不可用作进一步分析，并导致结果完全无效。接下来，我们简单介绍一些最重要的数据预处理活动。

2.2.1　分析数据的去标准化

分析应用通常需要或先要假定数据存在于一张单独的数据表中，数据表能以结构化的方式包含和表示所有的数据。就像在第 1 章所探讨的，结构化数据表支持直接处理和分析。通常，数据表的行代表对其进行分析运算的基本实体（如客户、交易、公司、索赔或事例），也可指观察对象、实例、记录或线路（lines）。数据表中的列包含有关基本实体的信息。大量同义词被用于表示数据表的列，如（解释性或预测因子）变量、输入、字段、特征、属性、指标和特性等。在本书中，以保持一致，我们将使用术语观察对象（observation）和变量（variable）。

一些标准化的源数据表必须进行合并，以构成整合的非标准化数据表。合并数据表包括从有关单个实体的不同数据表中选择相应信息，并将信息复制到整合数据表中。通过使用（主）关键词，可在不同数据表中识别和选择单个实体。关键词是指将其特别包含进数据表中，以使得能从不同源数据表中识别和关联观察对象并归到同一实体的属性。如图 2.1 所示，通过使用关键属性 ID，将两张数据表合并，也即交易数据和客户数据合并到单独一张非标准化数据表的过程，这能为交易表中的观察对象与客户表中的观察对象建立连接。按照同样的方法，可以将所需要的尽可能多的数据表进行合并，但是显然，越多数据表合并，数据表中就包括越多重复数据。在这个过程中不出错非常关键，所以需要对结果数据进行一些核查管控，确保所有的信息都被正确整合。

客户数据		
ID	年龄	开始时间
XWV	31	01-01-15
BBC	49	10-02-15
VVQ	21	15-02-15

交易		
ID	时间	金额（欧元）
XWV	02-01-15	52
XWV	06-02-15	21
XWV	03-03-15	13
BBC	17-02-15	45
BBC	01-03-15	75
VVQ	02-03-15	56

非标准化数据表				
ID	时间	金额（欧元）	年龄	开始时间
XWV	02-01-15	52	31	01-01-15
XWV	06-02-15	21	31	01-01-15
XWV	03-03-15	13	31	01-01-15
BBC	17-02-15	45	49	10-02-15
BBC	01-03-15	75	49	10-02-15
VVQ	02-03-15	56	21	15-02-15

图 2.1　将标准化数据表汇总成非标准化数据表

2.2.2　抽样

抽样的目标是获得历史数据（如过去的交易）的一个子集，然后利用数据子集创建分析模型。首先要考虑的显而易见的问题涉及抽样的要求。显然，因为具备高性能计算设备（如网格和云计算），一个人也可以尝试直接对整个数据库进行分析。然而，对一个好的抽样的关键要求是，它应该对于分析模型将运行其上的未来实体具有代表性。因为今天的交易与明天的交易较昨天的交易与明天的交易更相似，所以时效性因素也变得很重要。选择样本的最优时间窗口，包括对大量数据（因此成就更健壮的分析模型）和最近数据（可能更具代表性）之间的平衡。样本也应该从一个平均商业周期（average business period）获取，以对目标人群达到尽可能准确的刻画。

2.2.3　探索性分析

要了解数据是否处于"非正式（informal）"的方式，探索性分析是非常重要手段之一。探索性分析能够在数据中获得一些初始洞察，然后这些洞察贯穿整个分析建模阶段，并且都能被采用。在这里，如条形图、饼图、散点图等不同的图形/图表都很有用。下一步是通过运用一些描述性统计对数据进行总结，可以对所有数据进行总结，也可以就数据的某一特定方面的特征提供相应信息。因此，它们应该放在一起进行评估（即互相支持并相辅相成）。基本的描述性统计是连续变量的平均值和中位数值，中位数对于极端值不太敏感，但是对整体分布也不能提供足够的信息。作为对平均值的补充，变异值和标准差能够对数据围绕平均值的分布范围如何提供相应洞察。同样地，如 10th、25th、75th 和 90th 等百分位的百分位数对于分布情况及作为对于中位数的补充等方面，提供了更深入的信息。对于分类变量来说，需要考虑诸如众数或更为频繁出现的数值等其他的测算方式。

2.2.4　缺失值

缺失值（见表 2.1）的发生有各种不同原因。可能是信息不适用，如当对欺诈额度进行建模时，信息只对欺诈账户可用；而对于非欺诈账户，因为信息不适用，所以不可用（Baesens, et al. , 2015）。也可能是因为信息不公开，如一个客户因为隐私决定不公布其收入信息，也可能因为合并过程中出错（如对名称或 ID 的输入错误）而发生缺失值。从分析角度看，缺失值也可能是非常有意义的，因为它们表明了一种特定模式。例如，对于收入的缺失值可能意味着失业，这可能又跟欠款或流失等相关。一些分析技术（如决策树）能够直接对缺失值进行处理，其他分析技术需要一些额外的预处理。通常的缺失值处理方案是移除观察对象或变量，和替换（如对于连续性变量通过平均值/中位值方式，对于分类变量则通过众数的方式）。

表 2.1　数据集中的缺失值

客户	年龄	收入	性别	持续年限	流失
John	30	1 800	?	620	是
Sarah	25	?	女	12	否
Sophie	52	?	女	830	否
David	?	2 200	男	90	是
Peter	34	2 000	男	270	否
Titus	44	?	?	39	否
Josephine	22	?	女	5	否
Victor	26	1 500	男	350	否
Hannah	34	?	女	159	是
Catherine	50	2 100	女	352	否

2.2.5　异常值监测和处理

异常值指的是与其余个体差别非常大的极端观察值。需要考虑两类异常值：有效的观察值（比如老板的工资是 100 万欧元）和无效的观察值（如年龄是 300 岁）。应对异常值的两个重要步骤是监测和处理。对于异常值的第一个明确核查是，对每个数据元素计算最小值和最大值。各种图表工具，如直方图、盒子图和散点图也可被用于监测异常值。一些分析技术（如决策树）就异常值问题来说，也极为强大。其他的（如线性/逻吉斯回归）对于异常值也更为敏感而有效。有各种不同方法可用来处理异常值，这极大依赖于异常值是代表的有效观察值抑或无效观察值。对于无效观察值（如年龄是 300 岁）来说，可以利用前面部分提到的任何用于处理缺失值的方法（即移除或替换），将异常值作为缺失值进行处理；对于有效观察值（如老板的工资是 100 万欧元）来说，需要用其他的诸如对所有数据元素定义上下限加以限制的方法。

2.2.6　主成分分析

主成分分析（Principal Component Analysis，PCA）是一种通过对线性相关进行研究并对复杂数据集进行可视化的用来实现降维的流行技术。此项技术自 20 世纪开始为人所知（Jolliffe，2002），技术基于对初始数据集进行不相关和正交架构的概念之上。

在这整个部分，我们将假设观察矩阵 X 经标准化后成为 0 均值，即 $E[X]=0$。这么做是因为 X 的协方差矩阵正好等于 $X^{\mathrm{T}}X$。如果矩阵不进行标准化，那么唯一的结果就是计算有一个额外的（常数）项，所以对中心化数据集（centered dataset）的假设将简化整个分析。

PCA 的想法很简单：是否有可能将数据植入一个椭圆球中？如果可以，那个椭圆球看起来应该像什么？我们需要具备以下四个属性。

①每个主成分应该获得尽可能大的方差。

②每个主成分所获得的方差在每个步骤应该会降低。

③转换应该满足观察对象之间的距离及其间所形成的角度（即应该具有正交性）。

④坐标不应该存在相互相关关系。

以上问题的答案存在于数据矩阵的特征向量和特征值之中。一个矩阵的正交基是一组特征向量（坐标），这样每一个都是正交的，或者从一个统计的角度来说，是互不相关的。成分的排序来自协方差矩阵 $X^{\mathrm{T}}X$ 的一个属性：如果特征向量由 $X^{\mathrm{T}}X$ 的特征值进行排序，那么最高的特征值将与代表最大差异性的坐标存在关联。特征值和特征向量另外一个有趣的属性是，如下所证，$X^{\mathrm{T}}X$ 的特征值等于 X 特征值的平方，而 X 和 $X^{\mathrm{T}}X$ 的特征向量相同。这将简化我们的分析，就像求出 X 的正交基就相当于求出 $X^{\mathrm{T}}X$ 的正交基。

X 的主成分转换，然后将从 X（或 $X^{\mathrm{T}}X$）的特征向量计算出一个新的矩阵 P。如果 V 是带有 X 特征向量的矩阵，那么这个转换就将计算出一个新的矩阵 $P=XV$。问题是如何以有效方式计算出这个正交基。

初始数据集 X 的**奇异值分解**（Singular Value Decomposition，SVD）是获得其主成分的最有效的方式。SVD 的想法是将数据集（矩阵）X 分解成一组三个矩阵（U、D 和 V），即 $X=UDV^{\mathrm{T}}$，这里 V^{T} 是矩阵 V^{1} 的转置矩阵，而 U 和 V 是**单式矩阵**，所以 $U^{\mathrm{T}}U=V^{\mathrm{T}}V=I$。矩阵 D 是对角矩阵，因此每个元素 d_i 是矩阵 X 的**奇异值**。

现在我们能够计算从 X 到 P 的主成分转换。如果 $X=UDV^{\mathrm{T}}$，那么 $P=XV=UDV^{\mathrm{T}}V$。但是，从 $X=UDV^{\mathrm{T}}$，我们可以计算出表达式 $X^{\mathrm{T}}X=VDU^{\mathrm{T}}UDV^{\mathrm{T}}=VD^2V^{\mathrm{T}}$。从识别项我们可以看到，矩阵 V 由 $X^{\mathrm{T}}X$ 的特征向量构成，其与 X 的特征向量相等，而正如我们之前所提，X 的特征值等于 $X^{\mathrm{T}}X$、D^2 的特征值的平方根。因此，

$P=UDV^{\mathrm{T}}V=UD$，D 的特征值是 X 和 U 的特征向量，或者是 X 的左奇异向量。

矩阵 U 的每个向量将包含对于数据集 X 中每个变量相应的权重，这对具体的成分提供了其相关性的解释。每个特征值 d_i 都将提供由其成分所解释的一个总体方差数值，因此成分 j 的可解释方差的百分比就等于 $\mathrm{Var}_j = \dfrac{d_j}{\sum_k d_k}$。

为了展示 PCA 如何帮助我们的数据分析，假设一个包括两个变量 x 和 y 的数据集，如图 2.2 所示。假设这个数据集以一个椭圆形来简单展示一个 2D 的椭圆球，相对 x 轴旋转成 45°角，长短轴之间的比例是 3∶1。我们希望研究 x 和 y 之间的相关关系，以获得它们之间存在不相关的成分，并计算这些成分能够得到多大方差。

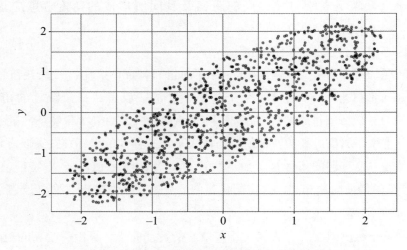

图 2.2　表现为一个旋转 45°椭圆形的数据集示例

计算数据集的 PCA，得出以下结果：

$$D = \begin{bmatrix} 1.527 \\ 0.487 \end{bmatrix} \quad U = \begin{bmatrix} 0.70 & -0.71 \\ 0.71 & 0.71 \end{bmatrix}$$

这些结果表示，第一个成分是

$$PC1 = U_1 \cdot \begin{bmatrix} x \\ y \end{bmatrix} = 0.70x + 0.71y$$

第二个成分是

$$PC2 = U_2 \cdot \begin{bmatrix} x \\ y \end{bmatrix} = -0.71x + 0.71y$$

正如在第一个成分中所显示的两个变量，在 x 和 y 数值之间存在一些相关性（在图 2.2 中可以很容易看到）。对于任何一个主要成分，其对可解释方差的百分比可以通过奇异值进行计算：$Var_1 = 1.527/(1.527 + 0.487) = 0.7582$，所以第一个成分解释全部方差的 75.82%，余下的成分所解释的则为 24.18%。这些数值并不太让人吃惊：数据来自一个主轴和次轴之间的比例为 3∶1 的旋转 $45°$ 的椭圆形表面上的 1 000 个模拟点，这就意味着旋转必然遵照 $\cos(\pi/4) = \sqrt{2}/2 \approx 0.707$，而方差必须符合3∶1的比例。我们还能将 PCA 算法的结果进行可视化。我们希望数值之间不存在相关性（所以没有旋转）且成分够大，所以第一个成分更重要（所以不是椭圆，而正好是圆）。图 2.3 展示的是最终旋转结果。

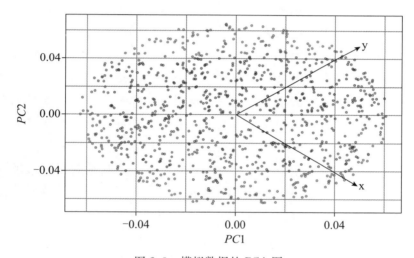

图 2.3 模拟数据的 PCA 图

图 2.3 展示的恰好是我们所希望的，其能看出算法是如何工作的。只需旋转 $45°$，我们就可创建对初始 x 和 y 轴的重叠。在本书的同步网站，我们提供了生成这个示例的相应编码，并通过不同的旋转和调整方差比例来进行实验。

PCA 是数据分析重要的技术之一，应该放在每个数据科学家的工具箱中。尽管它处理的是线性相关，只是一个非常简单的技术，但它能够帮助我们快速观察数据，获得数据集里最重要的变量。以下是 PCA 的一些应用领域：

■ **降维**：通过每一个 PCA 成分所解释的方差百分比是对数据集进行降维的一种方式。可以对初始数据集计算 PCA 转换，然后通过设置方差的阈值 T 使

用首要的 k 个成分，这样 $D_K = \arg \min_k \left\{ \sum_i^k \mathrm{Var}_i < T \right\}$。我们可将降维后的数据集作为进一步分析的输入。

■ **输入选择**（input selection）：对矩阵 $\boldsymbol{P}$ 的输出进行研究，可以从方差角度对哪些输入更具相关性提供相应意见。如果变量 j 不是首要成分的构成部分，对于所有的 $k' \in \{1, \cdots, k\}$ 来说，$v_k = 0$，因为 k 个成分的方差解释被认为已经足够，无疑，那个变量就可以被剔除。注意，这个对于数据中的非线性关系并不适用，所以应该慎重使用。

■ **可视化**：PCA 的一个流行应用是对复杂数据集的可视化。如果最初的两个或三个成分能够准确代表方差的大部分，那么就可对数据集进行绘图，因此可以用 2D 或 3D 图的方式观察多维关系。例如，第 5 章对利润驱动分析技术的探讨中有一个相关例子。

■ **文本挖掘和信息检索**：对于文档分析的一个重要技术是潜在语义分析（latent semantic analysis）（Landauer，2006）。这项技术对术语—文档矩阵进行（主成分）SVD 转换测算，矩阵对于一系列文档总结了不同词语的重要性，并且已经去除比较没有关系的成分。这样，具有几千字的复杂文本就被减少为一组非常小的重要成分。

PCA 对于数据集的分析来说是一个强大的工具，尤其是对于探索性和描述性分析而言。也可以将 PCA 的做法延伸到非线性关系中。例如，Kernel PCA（Scholkopf，et al.，1998）是一个能够利用 kernal 函数进行复杂非线性空间转换的程序，其次是类似支持向量机 Support Vector 的方法论。Vidal 等（2005）还将 PCA 的概念推广到多个空间细分，以构建更复杂的数据分区。

2.3 分析类型

预处理步骤一经完成，我们就可以转向下一个步骤，即进入分析阶段。分析的同义词是数据科学、数据挖掘、知识发现和预测或描述性建模。这里的目标是从已经预处理过的数据集中抽取出既有效且有用的商业模式或数学决策模型。根据建模实践的不同目标，可以使用来自诸如机器学习和统计等各种不同背景专业的不同分析技术得以实施。接下来，我们要讨论预测分析、描述性分析、生存分析和社交网络分析。

2.4　预测分析

2.4.1　概述

在预测分析中，目标是建立分析模型以对所关注对象的目标值进行预测（Hastile，Tibshirani，et al.，2011）。然后在一个优化程序过程中，通常将目标值用来引导学习程序。可将预测模型区分为两类：回归法和分类法。在回归法中，目标变量是连续的。通常的例子是对客户终生价值、销售量、股票价格或违约损失进行预测。而对于分类法来说，目标值是类别。通常的例子是对流失、响应、欺诈和信用违约的预测。不同种类的预测分析技术在各种文献中均有讲述，接下来，我们将特别聚焦于实践者的视角有选择地对预测技术进行探讨。

2.4.2　线性回归

线性回归无疑是用来对连续性目标变量进行建模的最常用技术。例如，在一个客户终生价值（customer life-time value，CLV）情境下，可用线性回归模型根据客户年龄、收入、性别等对 CLV 建立模型：

$$CLV = \beta_0 + \beta_1 \text{ 年龄} + \beta_2 \text{ 收入} + \beta_3 \text{ 性别} + \cdots$$

线性回归模型通用的公式变为

$$y = \beta_0 + \beta_1 x_1 + \cdots + \beta_k x_k$$

式中，y 为目标变量；x_i，$\cdots$，x_k 为解释性变量；参数 $\beta = [\beta_1, \beta_2, \cdots, \beta_k]$，测算每个解释性变量各自对目标变量 y 的影响。

假设我们从一个有着 n 个观察对象和 k 个解释性变量所构成的数据集 $D = \{(x_i, y_1)\}_{i=1}^{n}$ 开始，如表 2.2 所示。

表 2.2　线性回归的数据集

观察对象	x_1	x_2	$\cdots$	x_k	Y
x_1	$x_1(1)$	$x_1(2)$	$\cdots$	$x_1(k)$	y_1
x_2	$x_2(1)$	$x_2(2)$	$\cdots$	$x_2(k)$	y_2
$\cdots$	$\cdots$	$\cdots$	$\cdots$	$\cdots$	$\cdots$
X_n	$X_n(1)$	$X_n(2)$	$\cdots$	$X_n(k)$	Y_n

线性回归模型的参数 β 可以通过以下对平方误差函数的最小化进行测算：

$$\frac{1}{2}\sum_{i=1}^{n} e_i^2 = \frac{1}{2}\sum_{i=1}^{n}(y_i - \widehat{y_i})^2 = \frac{1}{2}\sum_{i=1}^{n}\left[y_i - (\beta_0 + \beta^\mathrm{T} x_i)\right]^2$$

式中，y_i 为观察对象 i 的目标值；$\widehat{y_i}$ 为通过线性回归模型对观察对象 i 进行预测的值；x_i 为带预测变量向量。

用图来表示，全部误差平方和的最小化的相应思想如图 2.4 所示。

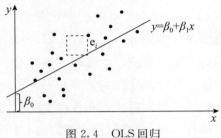

图 2.4　OLS 回归

经过简单数学微积分计算，可以得到以下对于权重参数矩阵 $\widehat{\pmb{\beta}}$ 的封闭式算式：

$$\widehat{\pmb{\beta}} = \begin{bmatrix} \widehat{\beta_0} \\ \widehat{\beta_1} \\ \vdots \\ \widehat{\beta_k} \end{bmatrix} = (\pmb{X}^\mathrm{T}\pmb{X})^{-1}\pmb{X}^\mathrm{T} y$$

式中，$\pmb{X}$ 为带解释性变量值的矩阵，并辅以额外的列来表示截距项 β_0。

这个模型及相应参数最优程序通常被称为普通最小平方（ordinary least squares，OLS）回归。OLS 回归的关键优势在于简单且容易理解。参数一经估算，模型就可进行直接评估，因此大大促进了其运行效率。要注意，文献中有提到更复杂的变异模型如脊回归（ridge regression）、时间序列模型（ARIMA、VAR、GARCH）和多元自适应回归样条法（MARS）。这些模型通过额外的转换大多数放松了线性假设条件的要求，尽管代价是增加了复杂性。

2.4.3　逻吉斯回归

1. 基本概念

在一个响应建模情境中，考虑一个分类数据集，如表 2.3 所示。

表 2.3　分类数据集示例

客户	年龄	收入	性别	…	响应	y
John	30	1 200	男	…	否	0
Sarah	25	800	女	…	是	1
Sophie	52	2 200	女	…	是	1
David	48	2 000	男	…	否	0
Peter	34	1 800	男	…	是	1

当使用线性回归对二元响应目标进行建模时，可得到：

$$y = \beta_0 + \beta_1 \text{年龄} + \beta_2 \text{收入} + \beta_3 \text{性别}$$

利用 OLS 进行评估，出现两个关键问题：

■ 误差/目标不是正常分布，而是遵循只有两个值的伯努利分布（Bernoulli distribution）。

■ 不能保证目标值在 0～1，但因为目标值可被解释为概率，所以也很方便。

现在来看以下边界函数（bounding function）：

$$f(z) = \frac{1}{1 + e^{-z}}$$

正如图 2.5 所示，对于每个可能的 z 值，结果总是在 0～1。因此，通过将线性回归和边界函数进行合并，我们得到以下逻吉斯回归模型：

$$P(\text{响应} = \text{是} \mid \text{年龄}, \text{收入}, \text{性别}) = \frac{1}{1 + e^{-(\beta_0 + \beta_1 \text{年龄} + \beta_2 \text{收入} + \beta_3 \text{性别})}}$$

无论对年龄、收入和性别所使用的值是什么，上述模型的结果总是被限制在 0～1，因此可以被解释为概率。

逻吉斯回归模型的通用公式即变为（Allison，2001）

$$p(y = 1 \mid x_1, \cdots, x_k) = \frac{1}{1 + e^{-(\beta_0 + \beta_1 x_1 + \cdots + \beta_k x_k)}}$$

因为 $p(y = 0 \mid x_1, \cdots, x_k) = 1 - p(y = 1 \mid x_1, \cdots, x_k)$，我们就有

$$p(y = 0 \mid x_1, \cdots, x_k) = 1 - \frac{1}{1 + e^{-(\beta_0 + \beta_1 x_1 + \cdots + \beta_k x_k)}} = \frac{1}{1 + e^{(\beta_0 + \beta_1 x_1 + \cdots + \beta_k x_k)}}$$

因此，$p(y = 0 \mid x_1, \cdots, x_k)$ 和 $p(y = 1 \mid x_1, \cdots, x_k)$ 都被限制在 0～1。对概率公式形式重新转换，模型变为

$$\frac{p(y = 1 \mid x_1, \cdots, x_k)}{p(y = 0 \mid x_1, \cdots, x_k)} = e^{(\beta_0 + \beta_1 x_1 + \cdots + \beta_k x_k)}$$

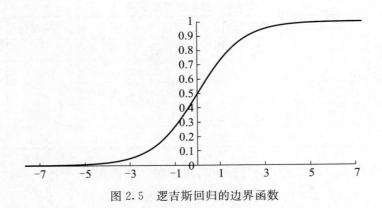

图 2.5　逻吉斯回归的边界函数

或者以对概率求 log 的形式进行转换，也被称为 logit：

$$\ln\left(\frac{p\,(y=1\mid x_1,\cdots,x_k)}{p\,(y=0\mid x_1,\cdots,x_k)}\right)=\beta_0+\beta_1 x_1+\cdots+\beta_k x_k$$

然后利用最大似然法对逻吉斯回归模型中的参数 β 进行估算。最大似然优化法所选择的参数是通过将手头样本获得最大概率的方式来进行计算的。首先，建构似然函数。对于观察对象 i 来说，观察其所属两种类型中的任一类型，其概率等于：

$$p\,(y=1\mid x_i)^{y_i}\big[1-p\,(y=1\mid x_i)^{1-y_i}\big]$$

式中，y_i 为观察对象 i 的目标值（0 或者 1）。

所以，对于全部观察对象 n 来说，概率函数就变为

$$\prod_{i=1}^{n} p\,(y=1\mid x_i)^{y_i}\big[1-p\,(y=1\mid x_i)^{1-y_i}\big]$$

要对优化进行简化，可以采取似然函数的对数转换，然后对应的 log-似然性就能够利用如最小平方法的迭代再加权的方法进行优化（Hastie, Tibshirani, et al.，2011）。

2. 逻吉斯回归的特性

既然逻吉斯回归在对概率进行对数转换（logit）中是线性的，所以它对两个不同类别的线性决策界限基本上也就可以测算。如图 2.6 所示，这里的 Y（N）对应的是响应＝是（响应＝否）。

要对逻吉斯回归模型进行解释，需要计算机会比率（odds ratio）。假设变量 x_i 增加一个单位，其他所有的变量保持不变[①]，然后新的 logit 就等于原有的 logit 增加 β_i。

---

① ceteris paribus，译者注：拉丁语的其他条件保持不变。

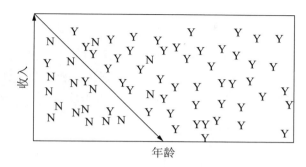

图 2.6　逻吉斯回归的线性决策边界

因此，新的机会（odd）就变成原有的机会乘以 e^{β_i}，后者则代表机会比率，即当 x_i 增加一个单位时，机会所增加的乘数比率（其他条件保持不变），因此：

- $\beta_i > 0$ 就意味着 $e^{\beta_i} > 1$，且机会和概率随着 x_i 增长。
- $\beta_i < 0$ 就意味着 $e^{\beta_i} < 1$，且机会和概率随着 x_i 下降。

逻吉斯回归模型另外一种解释是通过计算双倍数量（doubling amount）的方式，这代表将主要的结果概率翻倍所改变的数量。对于具体的变量 x_i，可以很容易看到数量要翻倍，变化就等于 $\log(2)/\beta_i$。

3. 线性回归和逻吉斯回归的变量选择

变量选择的目的意在减少模型中变量的数量。通过降低共线性，可使模型更简洁，因此更好理解，可更快评估且更健壮或更稳定。线性回归和逻吉斯回归都有内置程序执行变量选择。这些均基于统计假设检验，以验证变量 i 的系数是否显著区别于 0：

$$H_0：\beta_i = 0$$

$$H_A：\beta_i \neq 0$$

在线性回归中，检验统计变为

$$t = \frac{\widehat{\beta_i}}{s.e.(\widehat{\beta_i})}$$

并遵循自由度为 $n-2$ 的学生（Student's）t-分布。

而在逻吉斯回归中，检验统计就变为

$$x^2 = \left(\frac{\widehat{\beta_i}}{s.e.(\widehat{\beta_i})}\right)^2$$

并遵循自由度为 1 的卡方分布。

注意，两个检验统计都很直观，如果评估系数 $\hat{\beta_i}$ 绝对值较其标准误差 $s.e.(\hat{\beta_i})$ 高，则可拒绝零假设 H_0。后者作为优化程序的伴生产品可以很容易得到。基于检验统计值，可以计算 p-值，它代表的是得到较观察值更极端值的概率。如图 2.7 所示，假设对数值 3 进行检验统计，注意，因为假设检验是双边的，所以 p-值所添加的区域是在 3 的右边和 -3 的左边。

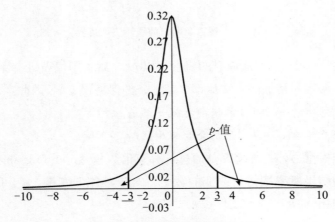

图 2.7　计算学生 t-分布的 p-值

换言之，一个较低（高）的 p-值代表的是一个（非）显著变量。从实践的角度来看，p-值是与显著水平相对比而言的。表 2.4 所示为确定变量显著程度的一些常用值。基于 p-值，现在有不同的变量选择程序可基于 p-值进行使用。假设有四个变量 x_1、x_2、x_3 和 x_4（如收入、年龄、性别和交易次数）。优化变量子集的数量等于 2^4-1，或者 15，如图 2.8 所示。

表 2.4　变量显著性的参考值

p-值<0.01	高显著性
0.01<p-值<0.05	显著
0.05<p-值<0.10	低显著性
p-值>0.10	不显著

如果变量数目比较小，就可执行对全部变量子集的全面搜索；然而，当变量数目增加，搜索空间呈指数式扩大，就需要启发式搜索程序。通过利用 p-值，可以用三

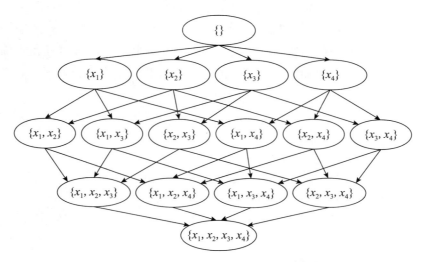

图 2.8　对于四个变量 x_1、x_2、x_3 和 x_4 的变量子集

种可能的方式探索变量空间。前移回归法（forward regression）从空模型开始，并基于较低的 p-值不断增加变量；后退回归法（backward regression）从全模型开始，并基于较高 p-值不断减少变量；逐步回归法（stepwise regression）则是对前两者的综合，它开始于前移回归法，一旦第二个变量被增加，它就总是检查模型中其他变量，如果根据 p-值表明它们并不显著，那么就将它们移除。显然，三种程序都对预设显著性水平进行了假设，在变量选择程序启动之前应该由用户来加以设定。

　　在很多客户分析的情境下，认识到统计显著性是进行变量选择的唯一评价标准非常重要。就像之前所提到的，可解释性也是一个重要的评价标准。无论在线性回归还是逻吉斯回归中，通过对回归系数的符号（正负）进行检查，可能比较容易评估。一个系数如果与业务专家所预期的具有相同的符号，那么解释可能性就很高；否则，他/她也就不愿意用这个模型。因为多重共线性问题、噪声问题或小样本效果问题，系数可能出现意想不到的正负号。在一个前移回归中，通过对避免带着错误符号的系数进入模型的设置，可以很容易执行对符号的限制。变量选择的另外一个标准是运行效率，指的是对一个变量的选择和预处理所需要资源的数量。例如，虽然趋势变量通常具有很强的预测性，但它们需要大量计算能力，而且可能不适用于如信用卡欺诈监测等在线实时计分环境。外部数据也是同样的应用问题，因为时间延迟可能成为决策的障碍。还有，需要考虑变量的经济成本。从外部（如从信用管理局、数据池商家等）获得的变量可能很有用并具预测性，但是通常需要花钱才能买到，在进行模型评估时，这必须作为考虑因素。当考虑运行效率和经济效益时，有时反而找那些预测性稍差但采集更容易且更便宜的具相关性变量更值得。最后，法律问题也需要适当加以考虑。例如，因为有关个人隐私和歧视问题考虑，一些变量不能用于欺诈监测和信用风险应用中。

2.4.4 决策树

1. 基本概念

决策树是递归分区算法（recursive partitioning algorithms，RPAs），其特征是通过树形结构表达潜在数据集中的模式（Duda，Hart，et al.，2001）。图 2.9 所示为在响应建模过程中一个决策树示例。

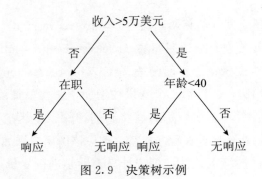

图 2.9 决策树示例

顶节点是指定测试条件的根节点，在该条件下，结果对应一个通向内部节点的分支。树的终节点用来分配类别（在本案例中是响应标签），也称叶节点。很多文献已经对如何构建决策树提出了很多算法建议，其中最流行的算法是 C4.5（见第 5 章）（Quinlan，1993）、CART（Breiman，Friedman，et al.，1984）和 CHAID（Aartigan，1975）。这些算法在构建树的过程中对关键决策的制定方法各有不同，如下：

- **拆分决策**：哪个变量在什么值时要进行分拆（如收入是否大于 5 万美元，年龄是否小于 40，是否在职等）？
- **停止决策**：什么时候应该停止对树再增加节点？树的最优规模是什么样子的？

■　**分配决策**：对于一个树节点应该分配什么类别（如响应或不响应）？

通常，分配决策的制定最直接，因为通常找到叶节点中最大的类别就可依此做出决策。这条原则也称为赢家通吃学习法（winner-take-all learning）。另外，可以通过其在类别中所观察到的占比来评估类别成员出现在一个叶节点的概率。另外两种决策没那么直接，将在下面接着详细讨论。

2. 拆分决策

为了完成拆分决策，需要对杂质或混乱概念进行定义。例如，如图 2.10 所示中的三个数据集，每个里面都包括由空心圆表示的好客户（比如，响应者、非流失者、合法者等）和由实心圆表示的坏客户（如非响应者、流失者、欺诈者等）。[2] 当所有客户要么是好客户要么是坏客户时，存在杂质最小；当包含好客户和坏客户数量相同时，则杂质最大（也即，中间的数据集）。

图 2.10　用于计算杂质的示例数据集

决策树现在的目的就在于将数据中的杂质最小化。为了正确地开展工作，需要测算，对杂质进行量化。文献中最流行的测算方法如下：

■　**熵法**：$E(S) = -P_G\log_2(P_G) - P_B\log_2(P_B)$［C4.5（见第 5 章）］。

■　**基尼法**：$Gini(S) = -2P_GP_B$（CART）。

■　**卡方分析法**（CHAID）。

P_G（P_B）分别代表好和坏的属性。两种测算方法对比如图 2.11 所示。从图 2.11 中可以很清晰地看到，当所有客户要么好要么坏时，熵（基尼）值都最小；而当好客户和坏客户数量相等时，则值最大。

为了支撑拆分决策，根据杂质降低对不同拆分备选方案进行评估。例如，图 2.12 考虑的是对年龄的一个拆分。

原始数据集具有最大的熵值，因为好的和坏的数量相等。熵值计算如下：

■　顶节点熵值 $= -\dfrac{1}{2}\log_2\left(\dfrac{1}{2}\right) - \dfrac{1}{2}\log_2\left(\dfrac{1}{2}\right) = 1$。

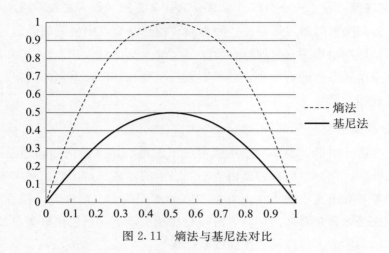

图 2.11 熵法与基尼法对比

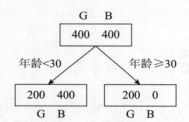

图 2.12 对于年龄拆分计算熵值

- 左节点熵值 $= -\dfrac{1}{3}\log_2\left(\dfrac{1}{3}\right) - \dfrac{2}{3}\log_2\left(\dfrac{2}{3}\right) = 0.91$。

- 右节点熵值 $= -1\log_2(1) - 0\log_2(0) = 0$。

熵在权值上的降低，也被称为增益（Gain），可用以下方法计算：

$$增益 = 1 - \frac{600}{800} \times 0.91 - \frac{200}{800} \times 0.32$$

增益测算的是得益于拆分熵的权值的下降。从其自身看来，增益越高则越可作为首选。决策树算法现在将考虑对其根节点的不同拆分备选方案，并采用贪婪策略（greedy strategy）选择最大增益的那个方案。一旦根节点已经确定，程序就以递归的方式运行，每次添加拆分，获得增益最大。实际上，这可以完全并行开展，两边的树都可并行成长，因此提高了树建构算法（tree construction algorithm）的效率。

3. 停止决策

第三种决策是有关停止的标准。显然，如果将树持续拆分，就会变得太过仔细，叶节点可能只包括寥寥几个观察对象。在最极端的情况下，树将只出现一个观察对象，即一个叶节点，因此能够非常完美地拟合数据。然而，这样做的结果是，树将开始拟合数据的特异性或噪声，这也被称为**过拟合（overfitting）**。换言之，树已经变得过于复杂而不能对数据中的无噪声（noise-free）的模式或趋势进行准确建模。因此，停止决策对于未曾见过的数据的推广性很差。为了避免发生这种情况，数据集将被拆分为训练集和验证集。训练集将被用于拆分决策的制定；验证集则是一个独立样本，放在一边，当树成长时，用来监测错误分类的误差（或者如基于利润测算的其他任何性能指标）。通常使用 70％ 的训练集和 30％ 的验证集的拆分方法，然后如图 2.13 所示进行相应模式观察。

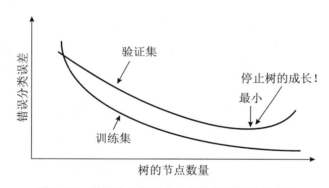

图 2.13 利用验证集阻止一棵决策树的继续成长

随着拆分变得越来越仔细，并趋于定制化，训练集中的错误将持续降低。在验证集中，错误开始呈下降趋势，这表明树的拆分推广性较好。然而，因为对于训练集来说，拆分变得太过特异，当树要开始记住它时，在一些点上错误就在增加。在验证集曲线到达其最小值的地方时，程序就应该停止，否则将会出现过拟合。注意，正如之前提到过的，除了分类错误，也可以用 y 轴上的准确率或基于利润的测算指标制定停止决策。有时还需注意的是，简单性更高于准确性，所选择的树可以不必有最小验证集错误，但是应具有更少节点数或层级数。

4. 决策树的特性

图 2.9 所示的示例中，每个节点都只有两个分支，这样的优势是测试条件只需

回答简单的是/否的问题就可执行。多路拆分则允许超过两个分支，所提供的树更宽但更短。在一个"只读一次"（read-once）的决策树中，每一条具体的树径中特定的属性只可用一次。每棵树也能用一个规则集来表达，因为每条路径都是从根节点到叶节点，因此构成一个简单的"如果—那么"（if-then）规则。如图 2.9 所示的树，相应规则如下：

- 如果收入＞5 万美元且年龄＜40，那么响应＝是。
- 如果收入＞5 万美元且年龄≥40，那么响应＝否。
- 如果收入≤5 万美元且在职＝是，那么响应＝是。
- 如果收入≤5 万美元且在职＝否，那么响应＝否。

这些规则在所有软件包（如微软的 Excel）中都能很容易执行。决策树本质上是对坐标轴成正交的决策边界进行建模。图 2.14 所示为一个决策树示例。

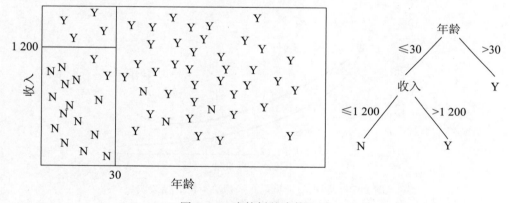

图 2.14　决策树的决策边界

5. 回归树

决策树也可用于对连续性目标变量的预测。如图 2.15 所示，这里的回归树用于预测欺诈百分比（fraud percentage，FP）。后者可被表示为诸如基于最大交易量之上预设的百分比界限。

因为要用另外一种方式测算杂质，所以需要用其他标准来进行拆分决策。如下计算均方差的方式是测算节点杂质的一种方式：

$$MSE = \frac{1}{n} \sum_{i=1}^{n} (y_i - \bar{y})^2$$

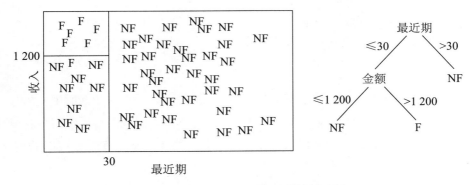

图 2.15　欺诈百分比预测的决策树示例

这里，n 代表在叶节点中观察对象的数量，y_i 是观察对象 i 的值，而 $\bar{y}$ 则是叶节点中全部值的平均。显然，在一个叶节点中有一个很低的 MSE 是令人开心的，因为这表明节点更具同质性。

另外一种制定拆分决策的方法是，通过开展一个简单的方差分析检验，然后计算出 F-统计的方法，如下：

$$F = \frac{ss_{其间}/(B-1)}{ss_{其中}/(n-B)} \sim F_{n-B,B-1}$$

这里，

$$ss_{其间} = \sum_{b=1}^{B} n_b \left(\bar{y}_b - \bar{y} \right)^2$$

$$ss_{其中} = \sum_{b=1}^{B} \sum_{i=1}^{n_b} \left(y_{bi} - \bar{y}_b \right)^2$$

式中，B 为所拆分分支的数量；n_b 为在分支 b 的观察对象数量；$\bar{y}_b$ 为在分支 b 的平均值；$\bar{y}_{bi}$ 为分支 b 的观察值 i；$\bar{y}$ 为总体平均值。

好的分拆表现为一个节点内部的同质性（$ss_{其中}$ 值低）和节点之间的异质性（$ss_{其间}$ 值高）。换言之，好的分拆应该有一个较高的 F-值，或者较低的对应 p-值。

可以通过与分类树类似的方式进行停止决策的制定，只是要通过在 y 轴上利用基于回归的性能测算［如均方（误）差、平均绝对偏差、决定系数等］方法。分配决策则可以通过将平均值（或中位数）分配给每个树叶节点来制定。注意，对于每个树叶节点，还可以计算标准偏差并因此计算置信区间。

2.4.5 神经网络

1. 基本概念

第一个关于神经系统起源的观点认为神经网络是由人类大脑功能所激发的数学表达式。虽然该观点听上去很吸引人，但另外一个更理想化的观点将神经网络看成现有统计模型的推广（Zurada，1992；Bishop，1995）。让我们来举逻吉斯回归的例子：

$$p(y=1 \mid x_1, \cdots, x_k) = \frac{1}{1 + e^{-(\beta_0 + \beta_1 x_1 + \cdots + \beta_k x_k)}}$$

我们可以将该模型进行可视化，如图 2.16 所示。

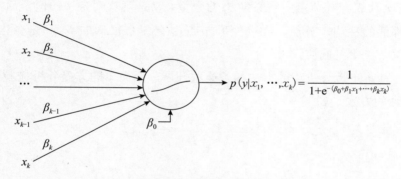

图 2.16　逻吉斯回归的神经网络表征

图 2.16 中，位于中间的处理元素或神经元基本上执行两种操作：获取输入，并将输入通过设置权重［包括截距项（intercept term）β_0，在神经网络中也被称为偏置项（bias term）］进行相乘，然后将此转化为类似我们在逻吉斯回归中所讲述过的非线性变换函数（nonlinear transformation function）。所以，逻吉斯回归是具备一个神经元的神经网络。类似地，我们可以通过确定变换函数 $f(z) = z$，将线性回归作为一个单神经元神经网络进行可视化。我们现在就可以通过添加更多层次和神经元而将图 2.16 推广生成图 2.17 所示的多层感知（multilayer perceptron，MLP）神经网络（Bishop，1995；Zurada，1992；Bishop，1995）。

图 2.17 中的示例是一个具有一个输入层、一个隐藏层和一个输出层的 MLP。隐藏层的作用本质上类似于特征采集器，通过将输入整合成特征，然后提供给输出层，以制定最优预测；隐藏层有一个非线性变换函数 f；输出层则有一个线性变换函

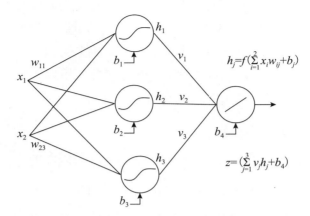

图 2.17　多层感知神经元（MLP）的神经网络表征

数。最通用的变换函数〔也称压缩（squashing）或激活（activation）函数〕如下。

- 逻吉斯函数，$f(z) = \dfrac{1}{1 + e^{-z}}$，取值范围为 0～1。

- 双曲正切函数，$f(z) = \dfrac{e^z - e^{-z}}{e^z + e^{-z}}$，取值范围为 −1～1。

- 线性函数，$f(z) = z$，取值范围为 −∞～∞。

　　虽然从理论上来说，每个神经元的激活函数都可能不同，但对于每一层来说，它们通常是固定的。对于分类问题（如流失）来说，在输出层采用逻吉斯变换函数是常见做法，因为这样输出可以作为概率被解释（Baesens，et al.，2002）；对于回归问题（如 CLV）来说，可以使用上面所列的任何变换函数。通常来说，在隐藏层可以使用双曲正切激活函数。

　　对于隐藏层来说，有理论研究显示，具备隐藏层的神经网络可视为通用逼近器（universal approximator），其逼近任何函数的能力在一个紧致区间（compact interval）可达任何希望所达到的准确度（Hornik，et al.，1989）。只有对于非连续性函数来说（如一个锯齿形模式）或当处于深度学习情境中，尝试更多的隐藏层可能才有意义。然而，要注意，这些复杂模式在现实生活中非常罕见。在一个客户分析情境中，建议利用一个隐藏层来进行分析。

2. 权重学习

　　正如之前所探讨的，诸如对于线性回归的简单统计模型来说，对于最优参数值存在封闭式数学公式。然而，对于神经网络来说，优化则要复杂得多，而处于不同连接处的权重还需要利用迭代算法进行估算。算法的目标是找到对成本函数，也被称为目标函数或误差函数进行优化的权重。与线性回归类似，当目标变量是持续的时，均方误差（mean squared error，MSE）成本函数能用如下所示方式进行优化：

$$\frac{1}{2}\sum_{i=1}^{n} e_i^2 = \frac{1}{2}\sum_{i=1}^{n}(\bar{y}_i - \hat{y}_1)^2$$

式中，y_i为对观察对象 i 的神经网络预测值。

对于二元目标变量来说，可以进行如下相似成本函数优化：

$$\prod_{i=1}^{n} p(y=1\mid x_i)^{y_i}[1-p(y=1\mid x_i)]^{1-y_i}$$

式中，$p(y=1\mid x_i)$ 为从神经网络得到的对观察对象 i 的条件正向类别概率（conditional positive class probability）预测。

优化过程通常从一组随机权重（从一个标准正态分布获取）开始，然后通过优化算法不断迭代调整，以符合数据中的模式。对神经网络学习的流行优化算法是反向传播学习（back propagation learning）、共轭梯度和麦夸特（levenberg-marquardt）等算法［详见 Bishop（1995）］。这里要注意的一个关键问题是，成本函数的曲线不是单纯外凸的，而可能是图 2.18 所示的多峰式。这样，成本函数就有多个局部最小值，通常只有一个全局最小值。因此，如果以次优的方式选择初始权重，可能会在局部最小值上受阻，而因为得到的是次优性能，显然这就不是我们所希望得到的。处理这种问题的一种方式是，尝试用不同的初始权重启动优化程序，几个步骤之后，再使用最佳中间解继续进行下去。这种方法有时也指预备训练。然后继续进行优化程序，直到成本函数表现得再也没什么可改进，权重不再有实质上的变化，或者也可以是在一个固定数量的优化步骤（也称为次数）之后停止程序。

虽然可以使用多个输出神经元（如同步预测响应和数量），但还是强烈建议只使用一个神经元，确保优化的任务能够得以很好地聚焦。然而，应该依据数据中的非线性模式认真调试隐藏神经元。更复杂的情况是，非线性模式需要更多的隐藏神经元。虽然科学文献已经建议可以利用多个程序（如级联相关法、基因算法、贝叶斯方法）来做这个，但最直接的也是最高效的程序如下（Moody and Utans，1994）。

①将数据分拆成训练集、验证集和测试集。

②在一个或多个步骤中，从 1 到 10 改变隐藏神经元的数量。

③用训练集训练一个神经网络，用验证集测算其性能（也可能训练多个神经网络

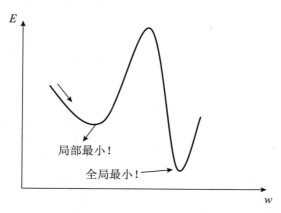

图 2.18　局部最小值和全局最小值对比

以处理局部最小化问题）。

④对于隐藏神经元的数量，选择具有最优验证集性能的。

⑤基于独立测试集进行性能测算。

注意，在很多客户分析情境中，隐藏神经元的数量通常在 6～12 变化。

神经网络能够对非常复杂的模式和数据中的决策边界进行建模，因此非常强大。就像决策树一样，它们非常强大，甚至能够对训练集中的噪声进行建模，而这显然是应该避免的事情。要避免这种过拟合的一个方式是，通过以类似决策树的方式使用验证集。如图 2.19 所示，在这里使用训练集测算权重，而又可用验证集来决定什么时候停止训练的独立数据集。

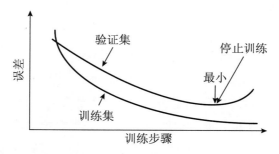

图 2.19　利用验证集决定停止神经网络训练

避免神经网络过拟合的另一个方法是权重正则化（weight regularization），这里的观点是，将权重保持在一个绝对意义上的较小值，因为否则的话它们就会拟合数据中的噪声。这个观点与拉索回归（Lasso regression）非常近似（Hastie，Tibshirani，et al.，2011），通过为神经网络的成本函数添加一个权重规模项（weight size term）而加以补充（Bartlett，1997；Baesens，et al.，2002）。对于连续性输出值来说（这样可计算均方误差），成本函数因此变为

$$\frac{1}{2}\sum_{i=1}^{n}e_i^2 + \lambda\sum_{j=1}^{m}w_j^2$$

式中，m 为网络中权重的个数；λ 为权重衰减（也称权重正则化）参数，以对误差重要性进行加权，并与权重最小化进行权衡。

λ 值设置过低会导致过拟合，而设置过高则会导致欠拟合。对于一个独立验证集测试不同的值，确定 λ 的一个方法是，选择性能最好的那个。

2.5 综合法

综合法，目标为对多个分析模型进行评估，而不再只使用一个模型。这里的观点是，多个模型可以覆盖数据输入空间的不同部分，因此互相取长补短。为了成功达到目的，分析模型需要对潜在数据的变化足够敏感。这尤其适用于决策树情况，这也是它们在综合法中很常见的原因。下面，我们讨论装袋法（bagging）、推进法（boosting）和随机森林法（random forests）。

2.5.1 装袋法

装袋法（bagging），又称自举聚合法（bootstrap aggregating），通过对基础样本运用 B 次自举法（bootstrap）开始（Breima，1996）。要注意，一次自举就是对样本进行一次重置（参见预测模型评估部分）。想法就是要对每次自举创建一个分类器（如决策树）。对于分类来说，通过让所有的 B 个分类器投票，如使用多数投票方案（少数服从）以解决连结（tie）的问题，从而对一个新的观察对象进行分类。对于回归来说，预测则是 B 个模型（如回归树）结果的平均值。这里还要注意的是，也可以计算标准误差及相应的置信区间。自举程序的次数 B 既可以是固定的（如30），也可以通过独立验证集进行相应调整。

装袋法的关键成功因素在分析技术上具有不稳定性。如果通过自举程序使数据集受到扰动,那么也就可以改变模型的架构,然后装袋法也就促进了准确性(Breiman,1996)。然而,对于就潜在数据集本身很稳定的模型来说,并不能带来更多增值。

2.5.2 推进法

推进法(boosting)通过利用数据的加权样本对多个模型进行评估而完成工作(freund,Schapire,1997;1999)。从单一权重着手,推进法根据分类错误并对错误分类的个例赋予更高权重,而进行不断迭代,再进行加权。这里的观点是,那些更难的观察对象应该获得更高的关注。分析技术要么可以直接对加权观察对象进行工作,如果不可以,我们就可以根据权重分布而只进行一个新数据集的抽样。然后,最终的综合模型是对所有单个模型的加权合并。实现这些的流行方法是自适应推进法(Adaptive Boosting)或 AdaBoost 程序,其工作过程如算法 2.1 所示。

算法 2.1　AdaBoost（自适应推进法）

1：假定一个数据集 $D = \{(x_i, y_i)\}_{i=1}^{n}, y_i \in \{1, -1\}$

2：如下面这样对权重初始化:$w_1(i) = \dfrac{1}{n}, i = 1, \cdots, n$

3：$t = 1, \cdots, T$

4：利用权重 w_t 训练弱分类器（如决策树）

5：获得弱分类器 C_t,分类误差为 ε_t

6：选择 $a_t = \dfrac{1}{2}\ln\left(\dfrac{1 - \varepsilon_t}{\varepsilon_t}\right)$

7：对于每一个观察值 x,如下这样更新权重:

如果 $C_t(x_i) = y_i$,那么

$$w_{t+1}(i) = \frac{w_t(i)}{z_t}e^{-a_t}$$

如果 $C_t(x_i) \neq y_i$,那么

$$w_{t+1}(i) = \frac{w_t(i)}{z_t}e^{a_t}$$

8：输出最后综合模型:

$$E(x) = \text{sign}\left\{\sum_{t=1}^{T}\left[a_t c_t(x)\right]\right\}$$

注意,在算法 2.1 中,T 代表推进法运行的次数;a_t 测算的是配置到分类器 C_t 的

重要性程度，其随 ε_t 变小而增大；z_t 是需要确保步骤 t 中的权重分布构成总和能够等于 1 而对权重进行标准化的因子；$C_t(x)$ 代表对观察对象 x 在步骤 t 所建立分类器进行的分类。虽然错误分类率毫无疑问最受欢迎，但还可以使用多个损失函数计算误差 ε_t。在步骤 d 的子步骤 i 中，可以看到正确分类的观察对象所获得权重更低，而子步骤 ii 对错误分类的个体分配了更高的权重。再次强调，推进法运行次数 T 可以是固定的，也可以通过利用一个独立的验证集而进行调整。

要注意，这种 AdaBoost 程序存在不同的形式变体，如有 AdaBoost.M1 和 AdaBoost.M2（两者都用于多类别分类），以及 AdaBoost.R1 和 AdaBoost.R2（二者都用于回归）。（参见 Freund，Schapire，1997；1999，可见更多细节）推进法的一个关键优点是，操作确实简单。一个潜在的缺点是，对于数据中比较硬（潜在的噪声大）的个例来说，因为在算法过程中会获得较高权重，所以可能存在过拟合的风险。

2.5.3 随机森林法

随机森林法（random forests）的概念最早由 Breiman（2001）提出。他创建了如算法 2.2 所简单显示的决策树森林的概念。

算法 2.2　随机森林

1：假定一个数据集具有 n 个观察对象和 k 个输入变量
2：$m=$ 事先选定的常数
3：$t=1, \cdots, T$
4：以 n 个观察值的推进法样本为例
5：借此建立一个决策树，对于树的每一个节点，随机选择 m 个变量并就此制定拆分决策
6：在子集的最好部分进行拆分
7：不修剪，让每棵树完全生长

对于 m 通常的选择是 1、2，或者也推荐 $\text{floor}[\log_2(k)+1]$。随机森林既可用于分类树，也可用于回归树。这个方法的关键在于与基础分类器（如决策树）存在的差异性，这可以通过执行自举程序对个体基础分类器选择训练集，在每个节点选择随机属性子集，以及选择每个基础模型的权重而获得。因此，基础分类器的多样性所创建的综合体，其在性能上较单个模型更优。

2.5.4 综合法的评估

不同的标杆研究已经表明，随机森林法的预测性能可以达到优秀水平。确实，对于范围宽广的预测任务来说，它们通常可列为最佳性能模型（Dejaeger, et al., 2012）。它们也特别擅长处理只有几个观察对象但是有很多变量的数据集。当需要高性能分析方法时，它们总是被高度推荐。然而，这里的代价就是，它们本质上是黑匣子模型。因为由多个决策树构成综合模型，所以很难明白最后的分类是怎样完成的。揭示综合模型的内部工作原理的一个方法是，计算变量的重要性。以下是执行这个方法的通常程序。

①在验证集或测试集的考虑条件下（如 x_j）置换变量值。

②对于每一棵树，对初始的未被置换的数据误差和对 x_j 被置换的数据误差之间计算差异，方法如下：

$$VI(x_j) = \frac{1}{ntree} \sum_t \left[\text{error}_t(D) - \text{error}_t(\widetilde{D}_j) \right]$$

式中，$ntree$ 为综合模型中树的数量；D 为初始数据；$\widetilde{D}_j$ 为变量 x_j 被置换的数据。在回归情境中，误差可能是均方误差（MSE）；而在一个分类情境中，误差可能是错误分类率。

③根据它们的 VI 值，对所有变量进行排序。具有最高 VI 值的变量，其重要程度最高。

2.6 预测模型评估

2.6.1 数据集拆分

在对预测模型进行评估时，需要做出两个决策。第一个决策与数据集的拆分有关，这也决定着将被用来测算性能的是哪一部分数据；第二个决策与性能指标有关。接下来，我们对两者进行详细探讨。

如何拆分数据集以进行性能测算的决策，依赖于数据集的规模大小。对于大数据集（假设观察对象超过 1 000 个）来说，数据可以被拆分为训练集和测试集。训练集（也称研发和估算样本）将被用来建立模型，而测试集［也称保留集（hold out set）］将被用来计算其性能（见图 2.20）。最常用的拆分比例是，70％的训练集和 30％的测试集。在训练集和测试集之间还应该有比较严格的区分。在建模中使用过的数据不应该用于独立测试中。要注意，对于决策树或神经网络来说，因为验证集被用于建模过程中（也即，以制定停止决策），所以验证集是单独分开的样本。在这种场景中，典型的拆分情况是 40％训练集、30％验证集和 30％测试集。

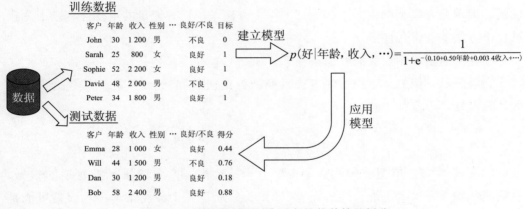

图 2.20　训练集和测试集进行性能估算的拆分

对于小规模数据集（假设观察对象少于 1 000 个）来说，需要采用特别的方案，其中一个非常流行的方案是交叉验证，如图 2.21 所示。在交叉验证中，数据拆分成 K 份（如 5 份或 10 份），然后用 $K-1$ 训练份数进行分析模型训练，用剩下的验证份数数据进行模型测试。对于全部可能的验证份数的数据重复上述过程，结果有 K 个性能估算值，然后将它们进行平均。还要注意的是，如果需要，可能要计算标准偏差和/或置信区间。在最极端的情况下，交叉验证变成"留一个出来"（leave-one-out）的交叉验证，因此每一个观察对象都被轮流留出来，而模型就对剩下的 $K-1$ 个观察对象进行估算。这就总共产生了 K 个分析模型。

要回答什么时候进行交叉验证的一个关键问题是：从程序输出的最终模型是什么样的？既然交叉验证给出的是多个模型，这显然不成问题。当然，可以通过使用（加权）投票程序将所有模型综合进一个组合模型中。例如，一个更实用的答案是，进行"留一个出来"的交叉检验，随机选择一个模型。既然模型只是对一个观察对象

$$\boxed{\!\!\!\!\!\!\!\!}\ 验证组\qquad \square\ 训练组$$

图 2.21　性能测算的交叉验证

不同，无论如何，它们还是非常相似的。另外，也可以选择基于所有观察对象之上建立一个最终模型，只是将从交叉验证程序得出来的性能报告作为最佳独立测算结果。

对于较小的数据集来说，也可以采用自举程序（Efron，1979）。在自举法中，从数据集 D 中采取置换样本的抽样法（见图 2.22）。

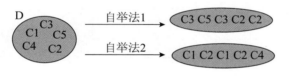

图 2.22　自举法

一个客户被抽样的概率等于 $1/n$，n 是数据集中观察对象的个数。因此，一个客户不被抽到样的概率是 $1-1/n$。假设一个有 n 个抽样对象的自举法，单个客户不被抽中的概率等于

$$\left(1-\frac{1}{n}\right)^{n}$$

然后得

$$\lim_{n\to\infty}\left(1-\frac{1}{n}\right)^{n}=\mathrm{e}^{-1}=0.368$$

对于小数值 n 来说，似然性已经能很好地起作用，所以，0.368 是客户不会出现在样本中的概率，而 0.632 则是客户出现在样本中的概率。如果将自举样本作为训练集，测试集则取在 D 中而不在自举集中的全部样本（如对于图 2.22 中第一次执行自举法，测试集中包括 C1 和 C4），就可以采用如下方法进行性能估算：

误差估算＝0.368・误差（训练）＋0.632・误差（测试）

显而易见，测试集性能被赋予了更高权重。如图 2.22 所示，可以考虑进行多次自

举法，以获得误差估算的分布情况。

2.6.2 分类模型的性能测算

例如，考虑以下对于五个客户数据集的流失预测举例。表 2.5 中的第二列标明了流失状态，第三列则标明了从逻辑斯回归、决策树、神经网络及其他方法所得到的流失得分。

通过采用 0.5 作为默认划界的得分，将得分转化为预测类别，如表 2.5 所示。可以计算出一个混合矩阵，如表 2.6 所示。

表 2.5　供性能测算的示例数据集

客户	流失	得分		预测分类
John	是	0.72		是
Sophie	否	0.56	分界值＝0.50	是
David	是	0.44	→	否
Emma	否	0.18		否
Bob	否	0.36		否

表 2.6　混 合 矩 阵

	事实阴（没有流失）	事实阳（有流失）
预测阴（没有流失）	真阴（TN）（Emma、Bob）	假阴（FN）（David）
预测阳（有流失）	假阳（FP）（Sophie）	真阳（TP）（John）

根据混合矩阵，可以计算出以下性能指标：

- 分类准确度（classification accuracy）＝（TP ＋ TN）/（TP ＋ FP ＋ FN ＋ TN）＝3/5
- 分类错误率（classification error）＝（FP ＋ FN）/（TP ＋ FP ＋ FN ＋ TN）＝2/5
- 敏感度（sensitivity）＝查全率＝命中率＝TP/（TP＋ FN）＝1/2
- 特异度（specificity）＝ TN/（FP＋TN）＝ 2/3
- 精准度（precision）＝ TP/（TP＋FP）＝ 1/2
- F－测算度（F-measure）＝ 2 · （精准度·查全率）/（精准度＋查全率）＝ 1/2

分类准确度是被准确分类的观察对象所占百分比。分类错误率是补充指标，也称错误分类率。敏感度、查全率或命中率测算的是流失用户中被模型准确贴流失用户标签的占比。特异度测算的是非流失用户中被模型准确贴上非流失用户标签的占比。精准度显示的是被预测为流失用户中有多少是真实的流失用户。

注意，所有这些分类指标都依赖于分界值。例如，对于 0（1）分界值来说，分类准确度为 40%（60%）、错误率为 60%（40%）、敏感度是 100%（0）、特异度是 0（100%）、精准度 40%（0），而 F-测算度为 57%（0）。鉴于这种依赖性，具备一个独立于分界线的性能测算指标才更好。我们可以将不同的分界线的敏感度、特异度和 1-特异度等指标构成一张表，如表 2.7 所示的接受者运行特征（receiver operating characteristic，ROC）曲线分析。

表 2.7　接受者运行特征（ROC）分析

分界值	敏感度	特异度	1-特异度
0	1	0	1
0.01	0.99	0.01	0.99
0.02	0.97	0.04	0.96
…	…	…	…
0.99	0.04	0.99	0.01
1	0	1	0

ROC 曲线描绘的是敏感度与 1-特异度的对比情况，如图 2.23 所示（Fawcett，2003）。

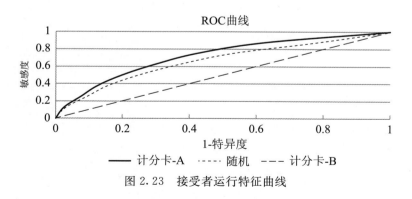

图 2.23　接受者运行特征曲线

要注意，最完美的模型同时监测到所有的流失用户和非流失用户，这导致敏感度为 1 和特异度为 1 的结果，因此可由左上角来表示。曲线越接近这个点，性能就越好。如图 2.23 所示，模型 A 较模型 B 具备更好的性能。然而，一旦曲线相交，就出现问题了。在这个案例中，可以计算 ROC 曲线下面的面积（area under the ROC curve，AUC）并将其作为性能指标。AUC 为所构成分类器的性能提供了一个简单的高质量指标，AUC 越高，性能越好。AUC 总是在 0～1 的界限范围内，因此可以作为概率来进行解释。事实上，它表示的是随机选择一个流失用户其得分总是高过随机选择一个非流失用户的概率（Hanley，McNeil，1982；DeLong，DeLong，et al.，1988）。要注意，对角线表示的是对于所有分界值点而言敏感度等于 1-特异度的随机得分卡。因此，一个好的分类器应该具有高过对角线的 ROC，而且 AUC 大于 50%。

提升曲线是另外一个重要的性能评估手段。它通过从人数进行从高到低的排序开始。假设现在前 10% 最高得分的人里面有 60% 的流失者，因此就全部人来说，有 10% 的流失者。最前面的十分位的提升值就变成 60%/10%，或者是 6。换句话说，提升曲线代表每个十分位上的流失者的累积百分比除以流失者占全部人数的百分比。不用模型，或只是随机排序，流失者将均匀地分布在全部人群中，而提升值则一直等于 1。当百分位逐渐累加变得更大时，提升曲线通常都是呈指数式下降，直到变成 1，如图 2.24 所示。注意，提升曲线也可以表示为非累计方式，但通常还是通过对前面百分位的提升报告来进行总结。

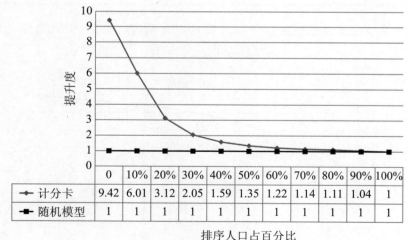

	0	10%	20%	30%	40%	50%	60%	70%	80%	90%	100%
◆ 计分卡	9.42	6.01	3.12	2.05	1.59	1.35	1.22	1.14	1.11	1.04	1
■ 随机模型	1	1	1	1	1	1	1	1	1	1	1

排序人口占百分比

图 2.24 提升曲线

累计准确率概貌（cumulative accuracy profile，CAP）（见图 2.25）、洛伦兹（Lorenz）或能力曲线（Power curve）都与提升曲线非常近似，都是通过从对人数由高到低的排序开始，然后在 y 轴对每一个百分位测算流失者的累积百分比。最完美的模型对样本流失率给出的是一个线性增长曲线，然后变平。对角线再次代表随机模型。

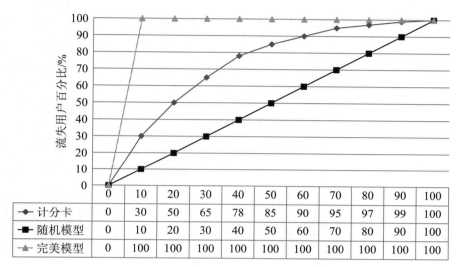

	0	10	20	30	40	50	60	70	80	90	100
计分卡	0	30	50	65	78	85	90	95	97	99	100
随机模型	0	10	20	30	40	50	60	70	80	90	100
完美模型	0	100	100	100	100	100	100	100	100	100	100

图 2.25　累计准确率概貌

CAP 曲线可以用准确率（accuracy ratio，AR）来进行总结，如图 2.26 所示。

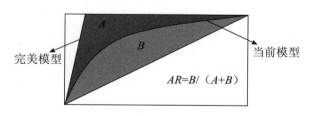

图 2.26　累计准确率

准确率的定义：①模型能力曲线下面的面积减去随机模型能力曲线下面的面积的面积差；②最完美模型能力曲线下面的面积减去随机模型能力曲线下面的面积的面积差的比率。因此，最完美模型得到 AR 为 1，而随机模型的 AR 为 0。注意，准确率也通常被称为基尼系数。在 AR 和 AUC 之间存在如下线性关系：

$$AR = 2AUC - 1$$

作为对这些统计指标的替代，在第 6 章将深入探讨利润驱动性能指标，这样可以以成本敏感性的方式对分类模型进行评估。

2.6.3　回归模型的性能测算

对于回归模型的预测性能进行评估的第一种方法是，利用散点图，通过将预测目标值与真实目标值进行比较，并将其可视化（见图2.27）。图形越接近通过原点的一条直线，回归模型的性能越好。这可以通过计算如下皮尔逊相关系数来加以概括：

$$\text{corr}(\hat{y}, y) = \frac{\sum\limits_{i=1}^{n} (\hat{y}_i - \overline{\hat{y}})(y_i - \overline{y})}{\sqrt{\sum\limits_{i=1}^{n} (\hat{y}_i - \overline{\hat{y}})^2} \sqrt{\sum\limits_{i=1}^{n} (y_i - \overline{y})^2}}$$

式中，$\hat{y}_i$ 为对观察对象 i 的预测值；$\overline{\hat{y}}$ 为预测值的平均；y_i 为观察对象 i 的真实值；$\overline{y}$ 为真实值的平均。

皮尔逊相关系数总在 $-1 \sim +1$ 变化。值越接近 $+1$，表示一致性越好，因此表示目标变量的预测值和真实值得到了越好的拟合。

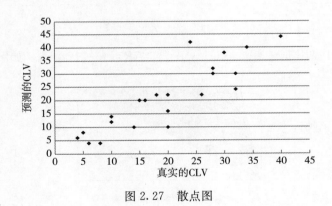

图 2.27　散点图

另外一个关键性能指标是判定系数，或如下所定义的 R^2：

$$R^2 = \frac{\sum\limits_{i=1}^{n} (\hat{y}_i - \overline{y})^2}{\sum\limits_{i=1}^{n} (y_i - \overline{y})^2} = 1 - \frac{\sum\limits_{i=1}^{n} (y_i - \overline{y}_1)^2}{\sum\limits_{i=1}^{n} (y_i - \overline{y})^2}$$

式中，R^2 总是在 $0 \sim 1$ 变化，值越大越受欢迎。

基本上来说，该指标告诉我们，通过利用分析模型计算 $\hat{y}_i$ 较通过利用平均值 $\overline{y}$ 作为预测值来进行预测效果有多好。为了更好地对模型中的变量进行补充，建议计

算如下调整 R^2，即 $R_\mathrm{adj}{}^2$：

$$R_\mathrm{adj}{}^2 = 1 - \frac{n-1}{n-k-1}(1-R^2) = 1 - \frac{n-1}{n-k-1} \frac{\sum\limits_{i=1}^{n}(y_i - \widehat{y_1})^2}{\sum\limits_{i=1}^{n}(y_i - \bar{y})^2}$$

式中，k 为模型中的变量数量。

要注意，虽然 R^2 是在 0～1 的数，但是当模型预测较利用从训练集中的平均值作为预测值效果更差时，对非普通最小平方（non-OLS）模型来说，它也可能是负值。

其他两个常用的测算指标是平均平方误差（mean squared error，MSE）和平均绝对偏差（mean absolute deviation，MAD），定义如下：

$$MSE = \frac{\sum\limits_{i=1}^{n}(y_i - \widehat{y_i})^2}{n}$$

$$MAD = \frac{\sum\limits_{i=1}^{n}|y_i - \widehat{y_i}|}{n}$$

一个完美模型的 MSE 和 MAD 均为 0。MSE 和 MAD 的值越高，表示性能越不好。要注意，MSE 有时也可作为均方根误差（root mean squared error，RMSE）被报告，这里 $RMSE = \sqrt{MSE}$ 。

2.6.4 预测分析模型的其他性能测算指标

前面已经提到过，统计性能只是模型性能的一个方面，其他重要的标准是可理解性、合理性和运行效率等。虽然可理解性很主观，依赖于业务人员的背景和经验，但是线性回归、逻吉斯回归及决策树通常都被称为白匣子，是容易理解的技术（Baesens, et al., 2003；Verbeke, et al., 2011）。神经网络和随机森林法本质上是不透明模型，因此更难以理解（Baesens, et al., 2011）。然而，就统计性能优于可解释性方面来说，它们却是值得选择的方法。合理性则更进一步，验证建模所揭示的关系与以前业务知识和/或预期相符合到什么程度。在实际场景中，其通常可归结为一个变量对于模型输出结果所造成单变量影响进行的验证。

例如，对于线性/逻吉斯回归模型来说，回归系数的符号是可以被验证的。最后，运行效率也是当选择最优分析模型时一个需要考虑的重要评估标准。运行效率代表着对最终模型部署、使用和监测的难易程度。例如，在一个（准）实时欺诈环境中，对于欺诈模型能够迅速评估非常重要（Baesens, et al., 2015）。而在部署方面，即使在电子表格软件中，因为对于规则部署可以很容易完成，所以基于规则的模型更具优势。线性模型也非常容易部署，而非线性模型的部署则困难得多，因为模型所使用的转换非常复杂。

2.7 描述性分析

2.7.1 概述

在描述性分析中，目标是描述客户行为模式。与预测性分析不同，这里不存在可获得的现实目标变量（如流失、响应或欺诈指标）。因此，描述性分析通常被称为非监督学习，因为没有目标变量来引导学习过程。描述性分析最常见的三种类型是关联规则、顺序规则和聚类。

2.7.2 关联规则

1. 基本设定

关联规则通常从一个交易数据集 D 开始。每个交易包括一个交易识别码和来自所有可能物品 I 的一组物品 $\{i_1, i_2, \cdots\}$。物品可能是产品、网页或课程。表 2.8 所示为一个超市情境下的交易数据集示例。

表 2.8　交易数据集示例

ID	物品
T1	啤酒、牛奶、尿布、婴儿食品
T2	可乐、啤酒、尿布
T3	香烟、尿布、婴儿食品
T4	巧克力、尿布、牛奶、苹果
T5	番茄、水、苹果、啤酒
T6	意面、尿布、婴儿食品、啤酒
T7	水、啤酒、婴儿食品
T8	尿布、婴儿食品、意大利面
T9	婴儿食品、啤酒、尿布、牛奶
T10	苹果、红酒、婴儿食品

关联规则是形式为 $X \rightarrow Y$ 的蕴涵式，这里 $X \subset I, Y \subset I$ 且 $X \cap Y = \varnothing$。其中，X 为前项规则（rule antecedent），Y 为后项规则（rule consequent）。关联规则示例如下：

- 如果客户持有一份汽车贷款和一份汽车保险，那么客户有 80% 的可能持有一个支票账户。
- 如果客户购买意面，那么客户有 70% 的可能购买红酒。
- 如果客户访问了网页 A，那么客户将访问网页 B 的可能是 90%。

这里需要非常注意的是，关联规则本质上是随机的。这就意味着它们应该能够被解释为一个普遍真理，并以对关联强度的量化统计指标作为其特征。另外，规则测算的是相关关系，不应该以因果关系对此进行解释。

2. 支持度、置信度和提升度

支持度和置信度是对关联规则进行量化的两个关键测算指标。一个物品集的支持度的定义是，数据集的全部交易中包含这个物品集的百分比。因此，如果 D 中有 $100s\%$ 包含有 $X \cup Y$，那么规则 $X \rightarrow Y$ 的支持度是 s，其正式定义如下：

$$支持度(X \cup Y) = \frac{支持交易(X \cup Y) 的数量}{总体交易数量}$$

假设考虑表 2.8 中的交易数据集，婴儿食品和尿布 $\rightarrow$ 啤酒的关联规则的支持度是 3/10，即 30%。

惯常物品集是其支持度高于阈值（minsup）的物品集，它们通常由业务用户或数据科学家预先进行假设指定。较低（高）的支持度显然产生的就是（非）惯常物品集。置信度测算的是关联关系强度，也被定义为，假定前项规则条件下后项规则出现的条件概率。如果交易集 D 中既包含 X 又包含 Y 的可能是 $100c\%$，那么规则 $X \rightarrow Y$ 的置信度为 c，其正式定义如下：

$$置信度(X \rightarrow Y) = p(Y \mid X) = \frac{支持度(X \cup Y)}{支持度(X)}$$

再次强调，为了使得关联规则被认为有意义，数据科学家需要指定一个最小置信度（minconf）。假如考虑表 2.8，婴儿食品和尿布 $\rightarrow$ 啤酒的关联规则置信度为 3/5，即 60%。

现在来看表 2.9 所示的来自一家超市交易数据集的例子。

表 2.9 提升度测算

	茶	非茶	合计
咖啡	150	750	900
非咖啡	50	50	100
合计	200	800	1 000

我们现在来评估关联规则茶→咖啡，这个规则的支持度是 100/1 000，即 10%；规则置信度是 150/200，即 75%。乍一看，因其高置信度，这个关联规则看起来很吸引人。然而，进一步查看，发现购买咖啡的先验概率（prior probability）等于 900/1 000，即 90%。因此，一个购买了茶的客户较另一个未知的客户更不可能购买咖啡，而对于这个客户我们并没有相应信息进行更多的了解。提升度也称收益测算指标，通过后项规则的先验概率进行综合考虑，定义如下：

$$提升度(X \rightarrow Y) = \frac{支持度(X \cup Y)}{支持度(X) \cdot 支持度(Y)}$$

提升度值小于（大于）1 表示负（正）依赖性或替代（补充）效果。在本例中，提升度值等于 0.89，显然意味着在咖啡和茶之间存在互相替代影响。

3. 关联规则后处理

通常来说，关联规则挖掘工作会获得很多关联规则，因此，后处理将成为一项关键工作。例如，包括如下示例步骤。

- 过滤掉包括已知模式的没有太大价值的规则（如购买意面和意面酱）。应该与业务专家一起合作做这项工作。
- 通过改变支持度阈值和置信度阈值，执行敏感度分析。尤其对于稀有却有利的物品（如劳力士表），如果降低支持度阈值并发现有价值的关联关系，会更有意义。
- 利用合适的可视化手段（如基于 OLAP 工具）发现在数据中可能代表新的及可行行为的无法预测的规则。
- 测算关联规则的经济效益（如利润和成本）。

2.7.3 顺序规则

假定客户交易数据集 D，挖掘顺序规则的问题是，在所有具备一定用户指定最小支持度和置信度的顺序中发现最大的顺序。如下是在网络分析情况下网页访问顺序的一个例子：

首页→电子产品→相机和摄影机→数字相机→购物篮→订购确认→返回购物

重要的是要注意，交易时间或顺序字段被包括进分析中了。关联规则所关心的是什么商品同一时间出现在一起（交易内模式），顺序规则关心的则是在不同时间出现了什么商品（交易间模式）。

考虑以下在一个网络分析情境中一个交易数据集的例子（见表 2.10），字母 A、B、C、…代表网页。表 2.10 所示是可以得到的一个顺序的版本。

表 2.10　交易数据集示例（左）和供顺序规则挖掘用的顺序数据集（右）

会话 ID	页面	顺序
1	A	1
1	B	2
1	C	3
2	B	1
2	C	2
3	A	1
3	C	2
3	D	3
4	A	1
4	B	2
4	D	3
5	D	1
5	C	1
5	A	1

会话 ID	页面
1	A、B、C
2	B、C
3	A、C、D
4	A、B、D
5	D、C、A

可以采用两种不同的方式计算支持度。例如，对于顺序规则 A→C。第一种方法是根据可能出现在顺序的任何后续步骤中的后项规则计算支持度。因此，这里的支持度是 2/5（40%）。另外一种方法是仅仅考虑后项刚好出现在前项之后的会话。这种情况下，支持度变成 1/5（20%）。对于置信度来说，可以跟着有类似的推论，它们分别是 2/4（50%）和 1/4（25%）。

要记住，规则 $A_1 \rightarrow C_2$ 的置信度定义为

$$概率\ p(A_2 \mid A_1) = 支持度(A_1 \bigcup A_2) / 支持度(A_1)$$

对于多个物品的规则来说，$A_1 \rightarrow A_2 \rightarrow \cdots \rightarrow A_{k-1} \rightarrow A_k$，置信度定义为

$$p(A_k \mid A_1, A_2, \cdots, A_{k-1}) = 支持度(A_1 \bigcup A_2 \bigcup \cdots \bigcup A_{k-1} \bigcup A_k)/$$
$$支持度(A_1 \bigcup A_2 \bigcup \cdots \bigcup A_{k-1})$$

2.7.4　聚类

聚类或者细分的目标是将一组观察对象进行分拆，因此群内具有最大同质性（聚合性），群间具有最大异质性（分散性）。聚类技术可被分类为分层法和非分层法两种（见图2.28）。

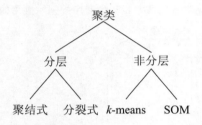

图2.28　聚类技术的分层法和非分层法对比

1. 分层聚类法

接下来，我们要先探讨分层聚类法。分裂式分层聚类将整个数据集作为一个群开始，然后每次以更小群的方式分裂，直到每个群只剩一个观察对象为止（如图2.29所示，从右往左）；聚结式分层聚类则是以另外一种方式工作，将所有的观察对象都作为一个群开始，不断与最相似的对象进行合并，直到所有的观察对象组成一个大群为止（如图2.29所示，从左往右）。最优聚类方案分别存在于最左端到最右端之间的各处。

为了对合并和分拆做出决定，需要进行距离测算。通常的距离测算指标是欧几里得距离（Euclidean distance）和曼哈顿（城市街区）距离（Manhattan distance）。例如，图2.30中的两种距离的计算方法如下：

- 欧几里得距离：$\sqrt{(50-30)^2 + (20-10)^2} = 22$
- 曼哈顿距离：$\mid 50-30 \mid + \mid 20-10 \mid = 30$

显然，欧几里得距离总是较曼哈顿距离要短。

现在可以采用不同的方案计算两个群之间的距离（见图2.31）。单一连接法

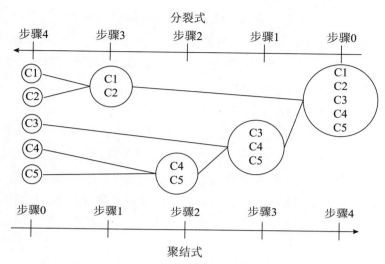

图 2.29 分裂式分层聚类和聚结式分层聚类对比

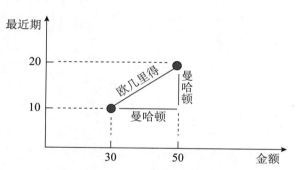

图 2.30 欧几里得距离和曼哈顿距离对比

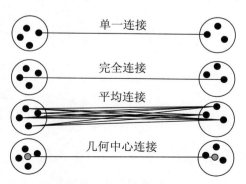

图 2.31 计算集群之间的距离

（single linkage）将两个群之间最短的可能距离或最相似物体之间的距离设定为群距离；完全连接法（complete linkage）将两个群之间最长的可能距离或最不相似物体之间的距离设定为群距离；平均连接法（average linkage）对所有可能的距离计算平均值；几何中心连接法（centroid）计算两个群的几何中心之间的距离。

为了确定群的最优个数，可以使用树状图（dendrogram）或碎石坡图（scree plot）。树状图是记录合并顺序的像树一样形状的图，垂直（或水平）的刻度给出两个合并群之间的距离，在所希望的水平位置切割树状图，就可以得到最优聚类。这可由图 2.32 和图 2.33 中的对鸟类聚类的示例可见。碎石坡图表示的是集群在什么距离进行合并的图。肘形图中的手肘弯点表示最优聚类。这可由图 2.34 展示可见。

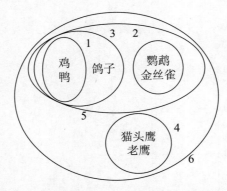

图 2.32　鸟类聚类示例，数字表示聚类的步骤

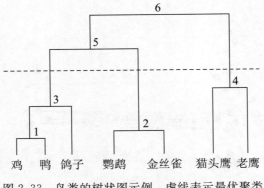

图 2.33　鸟类的树状图示例，虚线表示最优聚类

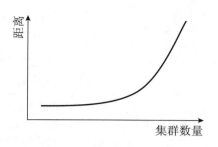

图 2.34　聚类碎石坡图

分层聚类的最关键优势是集群的数量不需要在分析之前指定，劣势是这种方法对于大型数据集并不能很好地测量并区分。还有，集群的解释性通常是主观的，更依赖业务专家和/或数据科学家。

2. K-means 聚类法

K-means 聚类法是按照以下步骤进行的非分层聚类法。

①将 K 个观察对象选作初始集群的几何中心点（种子）。

②将每个观察对象分配给具备最接近几何中心点的（如欧几里得意义上的）集群

③当所有观察对象都已经被分配时，重新计算出 K 个几何中心点的位置。

④重复上述过程，直到集群几何中心点不再变化。

这里的一个关键需求是，集群的个数 K 需要在分析开始之前就先指定。另外，建议试一试用不同的种子验证集群方案的稳定性。可以利用根据专家法得出的输入或根据另外的（如分层的）聚类程序所得结果，对 K 做出决定。通常来说，K 的多个值是不断试算出来的，而聚类结果是通过它们的统计特征和可解释性进行评价。另外，还建议尝试不同的种子验证聚类最终方案的稳定性。

3. 自组织映射模型

自组织映射模型（self-organizing map，SOM）是一种非监督学习算法，它可使用户实现高维数据可视化并以低维网格神经元的方式进行聚类（Kohonen，1982；Huysmans，et al.，2006a；Seret，et al.，2012）。SOM 是一种前向反馈的两层神经网络。从输出层得出的神经元通常以两维矩形或六边形网格进行排序。对于前者来说，每个神经元最多有八个邻居，而后者神经元则最多有六个邻居，如图 2.35 所示。

每个输入与输出层的所有神经元都有连接，换言之，每个输出神经元都有 k 个权重，每个输入一个。因此，输出神经元可以被当成原型观察对象进行考虑。输出

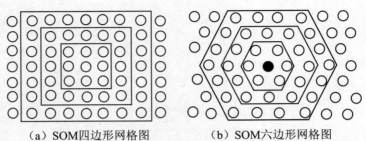

（a）SOM四边形网格图　　　（b）SOM六边形网格图

图 2.35　SOM 的四边形网格和六边形网格图对比

神经元的所有权重被随机初始化。对于一个给定的训练向量 x_i，将每个输出神经元 s 的权重向量 w_s 利用如欧几里得距离测算指标与 x_i 进行比较［注意，首先要将数据进行零平均（zero mean）和单位标准偏差的标准化］：

$$d(x_1, w_s) = \sqrt{\sum_{j=1}^{k} \big[x_i(j) - w_s(j) \big]^2}$$

在欧几里得意义上最接近 x_i 的神经元被称为最好的匹配单元（best matching unit，BMU）。每个输出神经元 s 的权重向量利用以下学习规则进行更新：

$$w_s(t+1) = w_s(t) + h_{ts}(t) \big[x(t) - w_s(t) \big]$$

式中，$t=1$，…为训练步骤；$w_s(t)$ 为输出神经元在步骤 t 的权重向量；$x(t)$ 为步骤 t 所考虑的观察对象；$h_{ts}(t)$ 为步骤 t 的邻域函数。

邻域函数 $h_{ts}(t)$ 指定了影响区域，并依靠 BMU（如神经元 b）和神经元（即神经元 s）的位置进行更新。它应该是一个不随时间 t 增长的函数，也是与 BMU 之间的距离。一些常见的选择如下：

$$h_{ts}(t) = a(t) \exp\left[-\frac{\| r_b - r_s \|^2}{2\sigma^2(t)} \right]$$

如果 $\| r_b - r_s \|^2 \leqslant$ 阈值，那么 $h_{ts}(t) = a(t)$，否则为 0

式中，r_b 和 r_s 为 BMU 和映射图上神经元 s 的位置；$\sigma^2(t)$ 为减少的半径；$0 \leqslant a(t) \leqslant 1$ 为学习速率［如 $a(t) = 1/(t+\beta)$ 或 $a(t) = \exp(-At)$］。

下降的学习速率和减少的半径在经过一定数量的训练之后将给出一个稳定的映射图。当 BMU 保持稳定时或经过固定次数（如 SOM 神经元数量的 500 倍）的迭代之后，训练就停止。输出神经元越来越向输入观察对象靠近，越接近的细分群会进行合并。

SOM 可以通过 U-矩阵（U-matrix）或构成平面法（component plane）进行可视化。

■ U（统一距离，unified distance）-矩阵法本质上是对每一个输出神经元的顶部叠加一个有关高度的维度，对输出神经元及其邻域之间的平均距离进行可视化，通常暗色表示更大的距离，并可理解为集群的边界。

■ 构成平面法将每一个具体输入神经元与其输出神经元之间的权重进行可视化，因此每个输入神经元对每个输出神经元的相应贡献提供可视化视图。

图 2.36 提供了根据腐败指数指标（corruption perception index，CPI）进行国家聚类的一个 SOM 示例。这是一个取值范围在 0（高度腐败）～1（高度清廉）的得分，得分分配给世界上的每一个国家。CPI 值综合了 1996 年、2000 年和 2004 年三年的人口统计和宏观经济信息。大写字母国家（如 BEL）代表 2004 年的状况，小写字母国家（如 bel）代表 2000 年的状况，首字母大写国家（如 Bel）代表 1996 年的状况。可以看到，很多欧洲国家处于映射图的右上角。图 2.37 所示为识字能力的组成平面图，越暗的区域在识字能力得分上越低。图 2.38 所示为政治权利的组成平面图，越暗的区域对应着越好的政治权利。可以看到欧洲国家在识字能力和政治权利方面得分都比较好。

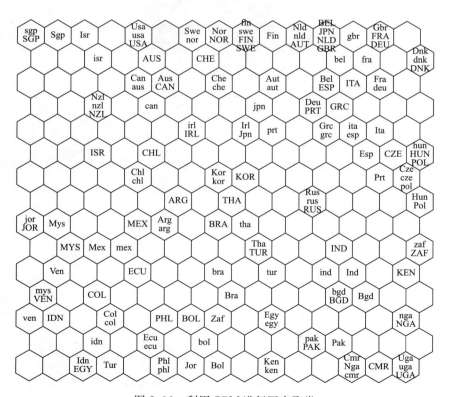

图 2.36　利用 SOM 进行国家聚类

图 2.37　识字能力的组成平面图

图 2.38　政治权利的组成平面图

　　SOM 对高维数据库进行聚类，是一个非常好用的工具。然而，因为没有可进行最小化的目标函数，所以很难对不同的 SOM 解决方案互相进行对比。另外，需要实验性评估和专家解释才能决定 SOM 的最优数量。不像 K-means 聚类法，SOM 不能强迫集群数量与输出神经元的数量相等。

2.8　生存分析

2.8.1　概述

　　生存分析是一系列聚焦于事件发生和发生时点的统计技术（Cox，1972；Cox，Oakes，1984；Alison，1995）。文如其名，它起源于医药背景，在这种背景下用生存分析来研究病人接受某种治疗之后的生存时间。事实上，我们之前讨论过的很多分类问题也包括了时间方面的信息，可以使用生存分析技术进行分析，举例如下：

- 预测客户什么时候会流失。
- 预测客户什么时候会有下一次购买行为。
- 预测客户什么时候会违约。
- 预测客户什么时候会提前还贷。
- 预测客户什么时候再次浏览一个网站。

在使用如线性回归经典统计技术时，都隐含着两个常见问题。其中一个关键问题是删失问题（censoring）。删失，指的是因为不是所有的客户都已经在分析时间经历了相应事件，所以并不是总能知道目标时间变量的现实情况。思考图 2.39 中所示的例子。在时间 T，Laura 和 John 并没流失，因此对于目标时间指标来说，就不具价值。可获得的信息只是他们将在 T 之后的稍迟时间会流失。还要注意的是，Sophie 被观察到在那个时间离开而去了澳大利亚。实际上，这些都属于右侧删失情况的举例。如果你知道的有关 T 的所有信息都是它大于一定值 c，那么变量 T 的删失对象就是右侧删失。这里有一个对抽烟行为进行调查的案例，一些参与者在 18 岁已经开始抽烟，但是并不记得他们开始抽烟的确切时间。区间删失意味着从 T 所获得的唯一信息是其属于某个区间 $a<T<b$。回到之前的抽烟举例，假如 $14<T<18$，会更精确一些。删失问题之所以存在，是因为很多数据库只包含现有的或非常近期的客户，对于这些客户来说，他们的行为不能被完全观察到，或者是因为数据库错误，如事件发生时间信息丢失。利用如线性回归经典统计分析技术，因为对于目标时间变量不具价值，所以删失观察对象应该从分析中剔除出来。然而，利用生存分析方法，从删失观察对象所获得的部分信息对于事件发生时间给出的一个最低和/或最高界限可以被包括在估算过程中。

随时间变化的共变量（covariate）是研究期间其值发生变化的变量，如账户余额、收入和信用得分等。如下面所将探讨的，生存分析技术能够在模型等式中对此加以考虑。

2.8.2　生存分析测算

第一个重要的概念是，设定事件时间分布为一个连续的概率分布，如下：

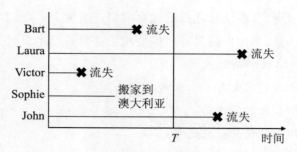

图 2.39　流失预测的右侧删失示例

$$f(t) = \lim_{\Delta t \to 0} \frac{p(t \leqslant T < t + \Delta t)}{\Delta t}$$

对应的事件累计时间分布被设定为

$$F(t) = P(T \leqslant t) = \int_0^t f(u)\, \mathrm{d}u$$

生存函数与此非常接近：

$$S(t) = 1 - F(t) = P(T > t) - \int_0^\infty f(u)\, \mathrm{d}u$$

$S(t)$ 是一个单调递减函数，$S(0) = 0$ 且 $S(\infty) = 1$，并具备以下关系：

$$f(t) = \frac{\mathrm{d}F(t)}{\mathrm{d}t} = -\frac{\mathrm{d}S(t)}{\mathrm{d}t}$$

图 2.40 提供的是离散事件时间分布示例，对应的累计事件时间和生存分布如图 2.41 所示。

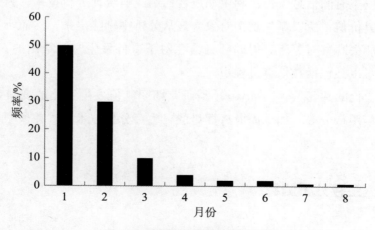

图 2.40　离散事件时间分布示例

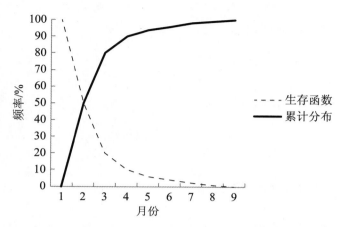

图 2.41 对应于图 2.40 中离散事件时间分布的累计分布图和生存函数

生存分析中另外一个重要的测算是如下所设定的失效函数（hazard function）：

$$h(t) = \lim_{\Delta t \to 0} \frac{P(t \leqslant T < t + \Delta T \mid T \geqslant t)}{\Delta t}$$

假定个体已经生存到时间 t，失效函数尽量将事件发生时间 t 的实时风险定量化。因此，它试图测算事件所发生时间点 t 的风险。只要符合条件 $T \geqslant t$，失效函数就与事件时间分布密切相关。这也是它经常被称为条件密度的原因。

图 2.42 提供了如下一些关于失效风险类型的示例：

- 常数性失效，这里的风险在所有时间保持相同。
- 反映年龄影响的失效风险增加。
- 反映治疗效果的失效风险下降。
- 外凸的浴缸形状，通常在研究人口死亡率时就是这种情况。死亡率在出生和婴儿期后下降，保持较低水平一段时间，到了老年又开始升高。这也是一些机械系统所具备的特性，运营后不久便容易失效；或者随着系统年龄增长，很久之后又容易失效。

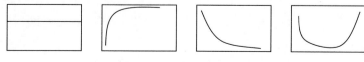

图 2.42 失效风险类型示例

概率密度函数 $f(t)$、生存函数 $S(t)$，以及失效函数 $h(t)$，都是通过以下关系式描述一个连续概率分布的数学等式：

$$h(t) = \frac{f(t)}{S(t)}$$

$$h(t) = \frac{\mathrm{d\log}S(t)}{\mathrm{d}t}$$

$$S(t) = \exp\left[-\int_0^t h(u)\,\mathrm{d}u\right]$$

2.8.3　Kaplan Meier 分析

首先要介绍的第一种生存分析是 Kaplan Meier（KM）分析，它也被认为是产品极限估算器（product limit estimator），或者是对 $S(t)$ 的非参数最大似然性估算器。如果不存在删失的问题，对于 t 的 KM 估算器只是大于 t 的事件时间的样本所占比例。如果存在删失问题，KM 估算器通过对事件时间以升序 $t_1 \leqslant t_2 \leqslant \cdots \leqslant t_k$ 而进行排序开始。在每个时间点 t_j，存在 n_j 个个体身处事件的风险中。**身处风险**意味着它们并没有经历过事件，而在 t_j 时间点之前，它们也没有被删失。假设 d_j 是在 t_j 时间点死亡（如流失、响应、违约）的个体数量，那么 KM 测算器则定义如下：

$$\hat{S}(t) = \prod_{j:t_j \leqslant t}\left(1 - \frac{d_j}{n_j}\right) = \hat{S}(t-1)\left(1 - \frac{d_t}{n_t}\right) = \hat{S}(t-1)[1 - h(t)]$$

对于 $t_1 \leqslant t \leqslant t_k$ 来说，KM 测算器的直觉非常直接，其基本的规定就是，为了生存到时间 t，一个人必须要活过时间 $t-1$，而且在时间 t 期间不能死亡。图 2.43 所示为对于流失预测的 Kaplan Meier 分析示例。

如果存在很多独立的事件时间，可以通过使用生命数据表（life-table）（又称精算表）的方法将事件时间分段成区间，对 KM 测算器进行调整：

$$\hat{S}(t) = \prod_{j:t_j \leqslant t}\left(1 - \frac{d_j}{n_j - c_{j/2}}\right)$$

这里基本上是假定贯穿一个时间区间删失问题的发生是均匀的，因此，处于风险的平均数量等于 $[n_j + (n_j - c_j)]/2$ 或者 $n_j - c_j/2$，其中 c_j 是时间段 j 期间被删失观察对象的数量。

Kaplan Meier 分析还能通过假设检验延伸到不同的群体（如男人与女人对比，在职人员和非在职人员对比）其生存曲线在统计意义上是否存在不同。这里常见的

客户	流失或删失时间	流失或删失
C1	6	流失
C2	3	删失
C3	12	流失
C4	15	删失
C5	18	删失
C6	12	流失
C7	3	流失
C8	12	流失
C9	9	删失
C10	15	流失

时间	在$t(n_t)$的风险客户	在$t(d_t)$的流失	在t的删失客户	$S(t)$
0	10	0	0	1
3	10	1	1	0.9
6	8	1	0	0.9·7/8=0.79
9	7	0	1	0.79·7/7=0.79
12	6	3	0	0.79·3/6=0.39
15	3	1	1	0.39·2/3=0.26
18	1	0	1	0.26·1/1=0.26

图 2.43　Kaplan Meier 分析示例

测试统计方法是对数-等级检验（log-rank test）（也称 Mantel-Haenzel 测试）、Wilcoxon 测试及似然率统计（likelihood-ratio statistic），这些测试法在任何商业分析软件中完全都是现成的。

　　Kaplan Meier 分析是开始做一些探索性生存分析的好方法。然而，能够通过将预测变量或共变量（covariate）包括进来考虑客户的异质性，在此基础上建立预测性生存分析模型也是很好的。

2.8.4　参数化生存分析

　　正如名字所表达的，参数化生存分析模型对事件时间分布假定一个参数形状。第一个常用的是选择如下所定义的指数式分布：

$$f(t) = \lambda e^{-\lambda t}$$

利用之前定义的关系式，生存函数就可以变为

$$S(t) = e^{-\lambda t}$$

而失效风险率为

$$h(t) = \frac{f(t)}{S(t)} = \lambda$$

失效风险率独立于时间，因此风险总是保持不变，这是不足为奇的。其也通常被称为一个指数式分布的非记忆属性（memoryless property）。

当将共变量考虑进来时，模型变为

$$\log[h(t \mid \boldsymbol{x}_i)] = \mu + \beta^{\mathrm{T}} x_i$$

式中，β 为参数向量；x_i 为预测器变量。

还要注意，这里用到对数转换，是要确保失效风险率总为正数。

Weibull 分布是参数化生存分析模型的另外一种常见选择，其定义如下：

$$f(t) = \kappa \rho \, (\rho t)^{\kappa-1} \exp[-(\rho t)^{\kappa}]$$

然后生存函数变为

$$S(t) = \exp[-(\rho t)^{\kappa}]$$

同时失效风险率变为

$$h(t) = \frac{f(t)}{S(t)} = \kappa \rho \, (\rho t)^{\kappa-1}$$

第一个常用的是选择如下所定义的指数式分布，如图 2.44 所示。

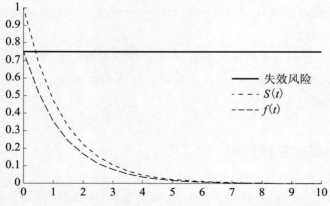

图 2.44　指数式事件时间分布及累计分布和失效风险函数

注意，在这种情况下，失效风险率并不依赖时间，所以既可增长也可下降（依赖 κ 和 ρ）。图 2.45 所示为 Weibull 分布的一些示例图，可以看到，它是能够适应不同形状的非常万能多变的分布。

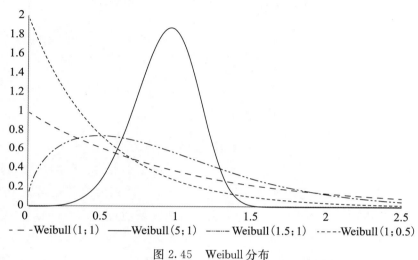

图 2.45 Weibull 分布

当把共变量包括进去后，模型就变为

$$\log[h(t \mid \boldsymbol{x}_i)] = \mu + \alpha \log(t) + \boldsymbol{\beta}^{\mathrm{T}} \boldsymbol{x}_i$$

对于事件时间分布的另外常见选择是伽马法（gamma）、对数—逻辑法（log-logistic）和对数—正态分布法（log-normal distribution）（Allison，1995）。参数化生存分析模型通常利用最大似然程序进行估算。在没有删失观察对象的情况下，似然函数变为

$$L = \prod_{i=1}^{n} f(t_i)$$

当存在删失情况时，似然函数变为

$$L = \prod_{i=1}^{n} f(t_i)^{\delta_i} S(t_i)^{1-\delta_i}$$

这里，如果观察对象 i 存在删失问题，则 δ_i 等于 0；如果观察对象 i 在时间 t_i 时死亡，则 δ_i 等于 1。需要注意的是，因为删失观察对象被考虑进似然函数中，所以对于估算具有一定影响。例如，对于指数式分布来说，似然函数变为

$$L = \prod_{i=1}^{n} \left[\lambda\, \mathrm{e}^{-\lambda t_i} \right]^{\delta_i} \left[\mathrm{e}^{-\lambda t_i} \right]^{1-\delta_i}$$

　　然后这个最大似然函数通常通过进一步取对数，再利用 Newton Raphson 优化程序来进行优化。

　　对于给定的生存数据组来说，涉及合适的事件时间分布这个关键问题。这个问题既可通过图形化，也可通过统计方式来回答。为了能够图形化解决这个问题，我们可以从以下关系式着手：

$$h(t) = -\frac{\mathrm{d}\log S(t)}{\mathrm{d}t}$$

或者

$$-\log[S(t)] = \int_0^t h(u)\,\mathrm{d}u$$

　　因为上述这个关系式，对数生存函数通常指的是累计失效风险函数（cumulative hazard function），标志为 $\Lambda(t)$。它可以被解释为，时间从 0 到 t 的过程中所面临风险的总和。如果生存时间是指数式分布，那么风险就是常数 $h(t) = \lambda$，因此 $\Lambda(t) = \lambda t$，而 $-\log(S[t])$ 对应 t 应该得到一条通过原点 0 的直线。类似地，如果生存时间是 Weibull 分布，那么 $\log\{-\log[S(t)]\}$ 对应 $\log(t)$ 应该得到一条斜率为 κ 的直线（不通过原点）图。这些图通常能够在任何商业分析软件中执行生存分析时作要求。然而，要注意，图形方法并不是非常精确的方法，因为直线永远不可能是完美的直线或者通过原点。

　　对于合适事件时间分布来说，一个更精准的方法是似然率测试（likelihood ratio test）。事实上，似然率测试可被用于模型比较，看一个模型是否比另一个（嵌套模型，nested model）情况更特别。考虑以下扩展伽马（Gamma）分布：

$$f(t) = \frac{\beta}{\Gamma(t)\theta}\left(\frac{t}{\theta}\right)^{k\beta-1}\mathrm{e}^{-\left(\frac{t}{\theta}\right)^{\beta}}$$

　　现在让我们来使用以下简化符号：$\sigma = 1/\beta\sqrt{k}$ 和 $\delta = 1/\sqrt{k}$，然后 Weibull、指数式、标准伽马及对数—正态等模型都是如下广义伽马模型的特殊版本：

- $\sigma = \delta$：标准伽马模型
- $\delta = 1$：Weibull 模型
- $\sigma = \delta = 1$：指数化模型
- $\delta = 0$：对数—正态模型

现在让 L_{full} 作为完全模型（如广义伽马模型）的似然率，而 L_{red} 作为简略（专业）模型（如指数式模型）的似然率。似然率测算统计则为

$$-2\log\left(\frac{L_{\text{red}}}{L_{\text{full}}}\right)\backsim\chi^2(k)$$

这里，k 的自由度依赖于需要从完全模型到简化模型进行设置的参数的个数，换言之，可以用如下方法设置：

- 指数式模型比 Weibull 模型：自由度为 1。
- 指数式模型比标准伽马模型：自由度为 1。
- 指数式模型比广义伽马模型：自由度为 2。
- Weibull 比广义伽马模型：自由度为 1。
- 对数—正态模型比广义伽马模型：自由度为 1。
- 标准伽马模型比广义伽马模型：自由度为 1。

可以与对应 p-值一同计算 χ^2-测试统计指标，然后对什么是最合适的事件时间分布进行决策。

2.8.5 比例风险回归

比例风险回归模型（Proportional Hazard Regression）的公式定义如下：

$$h(t, \boldsymbol{x}_i) = h_0(t)\exp(\boldsymbol{\beta}^{\mathrm{T}}\boldsymbol{x}_i)$$

所以具备特征 $\boldsymbol{x}_i$ 的个体 i 在时间 t 的失效风险是基线风险函数 $h_0(t)$ 与一组固定共变量的线性函数的乘积，其具指数性。实际上，$h_0(t)$ 可被认为是其所有共变量都等于 0 的个体的失效风险。要注意的是，如果变量 x_j 增长一个单位，所有其他变量保持值不变，那么对于所有 t 来说风险增长 $\exp(\boldsymbol{\beta}_j)$，这被称为风险率（hazard ratio，HR）。如果 $\boldsymbol{\beta}_j > 0$，那么 $HR > 1$；$\boldsymbol{\beta}_j < 0$，则 $HR < 1$；$\boldsymbol{\beta}_j = 0$，则 $HR = 1$。这是进行生存分析的最常用的模型。

术语**比例性风险**（proportional hazard）来源于任何个体的风险都是任何其他个体风险的固定的比例这一事实。

$$\frac{h_i(t)}{h_j(t)} = \exp\left[\boldsymbol{\beta}^{\mathrm{T}}(\boldsymbol{x}_i - \boldsymbol{x}_j)\right]$$

因此，在任何一个时间点风险都最高的主体，在其他任何时间点上，其风险也都保持最高，如图 2.46 所示。

对初始比例风险模型取对数，得到：

$$\log h(t, \boldsymbol{x}_j) = \alpha(t) + \boldsymbol{\beta}^{\mathrm{T}}\boldsymbol{x}_i$$

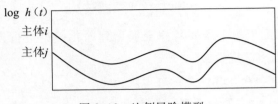

图 2.46　比例风险模型

要注意，如果选择 $\alpha(t)=\alpha$，就可得到指数模型；如果选择 $\alpha(t)=\alpha\log h(t)$，就得到 Weibull 模型。比例风险模型具备一个很好的属性，即利用局部似然性原则，无须明确对基线风险函数 $h_0(t)$ 进行指定，也可以对系数 β 进行估算（Allison，1995；Cox，1972；Cox，Oakes，1984）。如果只是对共变量对风险率和/或生存概率的影响进行分析感兴趣，这就很有用。然而，如果想对比例风险模型进行预测，就需要明确对基线风险进行指定。

因为比例风险模型而得到的生存函数看起来是如下这样的：

$$S(t,\boldsymbol{x}_i)=\exp\left[-\int_0^t h_0(u)\exp(\boldsymbol{\beta}^{\mathrm{T}}\boldsymbol{x}_i)\mathrm{d}u\right]$$

或者

$$S(t,\boldsymbol{x}_i)=S_0(t)^{\exp(\boldsymbol{\beta}^{\mathrm{T}}X_i)}$$

其中

$$S_0(t)=\exp\left(-\int_0^t h_0(u)\mathrm{d}u\right)$$

式中，$S_0(t)$ 为基线生存函数，这是对于一个个体来说其共变量均为 0 的生存函数。

要注意的是，如果变量 x_j 增加一个单位（ceteris paribus），那么生存概率提升到幂指数（$\boldsymbol{\beta}_j$），此即风险率（HR）。

2.8.6　生存分析模型的扩展

我们之前探讨过的模型的第一种扩展是包含进随时间变化的共变量。这些变量贯穿在整个研究过程中，其值都在产生变化。因此模型变为

$$h(t,\boldsymbol{x}_i)=h_0(t)\exp[\boldsymbol{\beta}^{\mathrm{T}}\boldsymbol{x}_i(t)]$$

式中，$\boldsymbol{x}_i(t)$ 为对于个体 i 来说，具时间依存性的共变量的矢量。

要注意，这里的比例风险假设不再成立，因为随时间变化的共变量对于不同的

事物来说可能以不同的比率发生变化，所以它们的风险比率不再是保持不变的常数。还可以像下面这样使参数 β 随时间发生变化：

$$h(t, \boldsymbol{x}_i) = h_0(t) \exp\left[\boldsymbol{\beta}^{\mathrm{T}}(t)\boldsymbol{x}_i(t)\right]$$

之前提到过的局部似然估算法可以很容易地扩展到模型公式中满足这些变化，因此这里的系数不需要明确指定基线风险 $h_0(t)$ 就能够估算出来。

另外一种扩展是竞争风险的概念（Crowder，2001）。通常，一个观察对象可能经历任何竞争事件 k。从医学上来说，客户可能因为癌症或年龄而死亡；在银行的情境中，客户可能在任何时间拖欠费、提前还款或流失。只要客户还没有经历任何事件，他/她就对任何事件存在风险。一旦客户经历了相应事件，他/她就不再包括在任何其他风险群体的风险人口中。因此，客户对于其他风险而言，就处于删失状态。

虽然随时间变化的共变量和竞争风险的概念乍一看很有吸引力，但因为引进模型的额外复杂性原因，所以两者成功的商业应用数量仍然很有限。

2.8.7　生存分析模型评估

要对生存分析模型进行评估，可以首先将模型作为一个整体的统计显著性，以及对个体共变量进行考虑（记住：具显著性的共变量其 p 值要够低）。当生存曲线 $S(t)$ 下降到低于 0.50 时，还可以对事件时间进行预测，并将其与实际时间进行比较。另外一个选择是，在特定时间 t（如 12 个月）对生存概率进行拍照，将其与事件时间指标（event time indicator）进行比较，然后计算对应 ROC 曲线及曲线以下的面积。对于一个特定时间戳 t 来说，从 AUC 就可以表明模型对观察对象的排序有多好。最后，还可以利用单变量符号（正负）对共变量进行检查，看其是否与业务专家的知识相符合，以此对生存分析模型的可解释性进行评估。

我们在本章讨论的生存分析模型是经典统计模型。因此，一些关键缺点是函数关系式依然是线性的，或因此还要做一些轻微的扩展，需要临时指定交互关系和非线性项，对于异常观察对象可能出现极端风险值，而对于比例性风险的假设则情况可能并非总是这样。在一些文献中描述过的另外一些方法，就是基于如样条法（splines）和神经网络法对这些缺点进行处理的（Baesens, et al., 2005）。

2.9 社交网络分析

2.9.1 概述

在过去十几年间，社交媒体网站在每个人日常生活中的使用都非常普遍。人们可以在 Facebook、Twitter、LinkedIn、Google＋及 Instagram 等在线社交网络网站上开展他们的对话交流，并且与熟人、朋友及家人分享经验。只需一次点击就可以向世界上其他的人更新你的所有行踪。有很多方式可以用来分享你的最近动态：照片、视频、地理位置定位、链接，或只是简单的文字。

线上社交网络网站用户可以非常直接地展示他们与其他人的关系。因此，社交网络网站是对现实世界所存在关系的（几乎）完美的映射。我们知道你是谁、你的爱好和兴趣是什么、你与谁结婚、你有多少个孩子、你每周与哪个伙伴一起跑步、在酒吧的你的朋友是谁等。这个人们互相了解的相互连接的网络在某种程度上是一个非常有趣的信息和知识来源。营销经理人不必再猜测谁影响谁以创建合适的营销活动。所有一切都在那里——而那正是问题所在。社交网络网站知道他们所拥有数据资源的丰富性，因此不愿意随意以免费代价的方式分享这些数据。还有，这些数据通常是私人化和受监管的，深深隐藏于商业使用之下。从另一方面来说，社交网络网站向经理人员及其他利益相关群体提供了很多很好的内嵌能力，无须明确公告其网络代表，就可通过社交网络发布和管理他们的营销活动。

然而，企业经常会忘记他们可以通过企业内部数据对（部分）社交网络进行重构。例如，通信提供商拥有大量用来记录他们客户所有行为的交易数据库，在与好朋友经常互相打电话的假设前提下，我们可以重建网络并且基于电话呼叫的频次和/或持续时长来表示关系纽带的强度。互联网基础设施提供商可以利用他们客户的IP 地址来映射人们之间的关系，之间通信频繁的 IP 地址代表着客户之间存在更强的关系。最后，IP 网络将用另外一个视角直观人们之间的关系结构，而这在一定程度上就像现实中所观察到的一样。在银行业、零售业和网游业还可以发现很多例子。在本部分，我们要探讨的是对于分析来说可利用的社交网络。

2.9.2　社交网络定义

社交网络包括节点（顶点）和边，在分析一开始，两者都需要首先明确定义。一个节点（交点）可被定义为一个客户（私人的/专业的）、住户/家庭、病人、医生、论文、作者、恐怖分子或网站；一条边可被定义为朋友间关系、一个电话呼叫、疾病的传染，或（文献）引用。要注意的是，边也可以根据交互频次、交换信息的重要性、亲密度、情感强度等进行加权。例如，在一个流失预测情境中，可以通过两个客户在某个特定时间段内互通电话的时长来进行加权。社交网络可表示为社交关系图，如图 2.47 所示。这里节点的黑白两色对应着两种不同状态（如流失者或非流失者）。

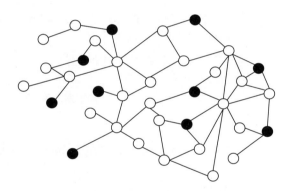

图 2.47　社交网络的社交关系图

社交关系图对于小型网络的呈现来说非常有用；对于较大型网络来说，网络更常以矩阵表示，如表 2.11 所示。这些矩阵是对称的，通常非常稀疏（存在大量的0）。矩阵也可以将加权连接情况下的权重包含进去。

表 2.11　社交网络的矩阵表达

	C1	C2	C3	C4
C1	—	1	1	0
C2	1	—	0	1
C3	1	0	—	0
C4	0	1	0	—

2.9.3　社交网络指标

社交网络以不同的社交网络指标作为其相应特征，其中最重要的是表 2.12 所示的中心度（centrality）测算指标。假设一个网络具备 g 个节点 N_i，$i=1$，…，g · g_{jk} 代表从节点 N_j 到节点 N_k 的测地线（geodesic）的数量，而 $g_{jk}(N_i)$ 代表从节点 N_j 经过节点 N_i 到节点 N_k 的测地线的数量。表 2.12 中的公式每次都会对节点 N_i 计算相应指标。

表 2.12　网络中心度测算

测地线 （Geodesic）	网络上两个节点之间的最短路径	
度 （Degree）	一个节点的连接个数（如果节点有方向，则分为入度和出度）	
亲密度 （Closeness）	一个节点到网络上所有其他节点的平均距离 [距离的倒数 （reciprocal of farness）]	$\left[\dfrac{\sum\limits_{j=1}^{g} \mathrm{d}(N_i, N_j)}{g}\right]^{-1}$
中介度 （Betweenness）	计算一个节点或连接存在于网络中任何两个节点之间最短路径上的次数	$\sum\limits_{j<k} \dfrac{g_{jk}(N_i)}{g_{jk}}$
图的理论中心 （Graph theoretic center）	网络中到所有其他节点具有最小最大距离的节点	

这些指标现在可以用图 2.48 中所示的以著名的玩具风筝网络图的示例来表示。

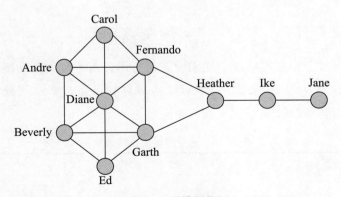

图 2.48　风筝网络图

表 2.13 报告了对风筝网络的中心度测算。根据指标度（degree），Diane 处于网络最中心，因为她拥有最多连接，她起到了连接器或集线器的作用。然而，要注意

的是，她只是连接到那些已经具有互相连接的人。Fernando 和 Garth 离其他人最近。对于需要流向网络上所有其他节点的通信信息来说，它们的位置最佳。Heather 具有最高的中介度，她位于两个重要的群体（Ike 和 Jane 相对于所有其他）中间，扮演着两个群体之间的经纪角色，但也是一个单一故障点。要注意，中介度测算指标经常用于群体挖掘。这里一个常用的技术是 Girvan-Newman 算法，其工作原理如下（Girvan，Newman，2002）：

①首先计算网络中全部现有边的中介度。

②移除具有最高中介度的边。

③重新计算移除边后新生成的所有边的中介度。

④重复进行步骤 2 和步骤 3，直到没有边剩下。

这个程序的结果基本上是一个树状图，然后可以利用它来进行最优群体数量的决策。

表 2.13　风筝网络的中心度测算

度		亲　密　度		中　介　度	
6	Diane	0.64	Fernando	14	Heather
5	Fernando	0.64	Garth	8.33	Fernando
5	Garth	0.6	Diane	8.33	Garth
4	Andre	0.6	Heather	8	Ike
4	Beverly	0.53	Andre	3.67	Diane
3	Carol	0.53	Beverly	0.83	Andre
3	Ed	0.5	Carol	0.83	Beverly
3	Heather	0.5	Ed	0	Carol
2	Ike	0.43	Ike	0	Ed
1	Jane	0.31	Jane	0	Jane

2.9.4　社交网络学习

在社交网络学习中，其目标是进行网络内分类，从而计算网络中给定其他节点的某个特定节点的边际类成员的概率（marginal class membership probability）。在进行社交网络的学习时，会产生很多不同的重要挑战。首先一个关键挑战是，不具备经典统计模型（如线性和逻吉斯回归）所经常假定的假设条件：数据独立和恒等分布（identically distributed，IID）。节点间的相关性意味着一个节点的类成员可能影响相关节点的类成员。第二个挑战，要单独区分出一个供模型开发的训练集和一个供模型验证的测试集并不太容易，因为整个网络是相互连接的，不能生生地切成两部分。还有，对于集体推论程序（collective inferencing procedure）的需求特别高，因为有关节点的推论可能彼此互相影响。另外，很多网络的规模很大（如通信提供商的电话呼叫网络），需要开发出高效的计算程序进行学习（Verbeke，Martens，et al.，2013）。最后，不应该忘记仅仅利用特定节点信息做分析的传统方式，对于预测来说，这依然被证明是非常有价值的信息。

鉴于以上注意事项，社交网络学习模型通常包括以下几个构成部分（Macskassy，Provost，2007；Verbeke，et al.，2014；Verbraken，et al.，2014）。

- 局部模型：这种模型只是利用节点特定特征信息，通常利用分类预测分析模型（如逻吉斯回归、决策树）进行估算。
- 网络模型：这种模型利用网络中的连接进行相关推论。
- 集体推论程序：这种程序要确定未知的节点如何放在一起进行估算，并且它们如何互相影响。

为了充分地利用计算能力，通常会使用马尔可夫特性（Markov property），假定网络中一个节点所属类只取决于它直接邻居节点（而不是邻居的邻居）的所属类。虽然这个假设乍一看局限性很大，但评估实践表明这是一个合理的假设。

2.9.5 相关邻居分类器

相关邻居分类器（relational neighbor classifier）是一种网络模型，利用同质性假设，认为连接的节点具备归属到相同类别的特性。这种观点也被称为**因关联故被认有罪**（guilt by association）。如果两个节点存在关联，则它们倾向于显示出相似行为特征。对于节点 N 来说，它属于类别 c 的后验类别概率（posterior class probability），可用如下方法计算：

$$p(c \mid N) = \frac{1}{z} \sum_{\langle N_j \in \text{邻居}_N \mid \text{类别} \langle N_j \rangle = c \rangle} w(N, N_j)$$

式中，邻居$_N$ 为节点 N 的邻居；$w(N, N_j)$ 为 N 和 N_j 之间连接的权重；z 为确保所有概率之和等于 1 的标准化因子。

思考图 2.49 所示的网络示例，图中的 C 和 NC 分别代表流失者节点和非流失者节点，每种关系的权重都是 1（即网络并未赋权）。

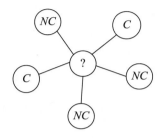

图 2.49　相关邻居分类器的示例社交网络

计算式变为

$$p(C\,|\,?) = 1/z(1+1)$$
$$p(NC\,|\,?) = 1/z(1+1+1)$$

因为两个概率的和要加总合计为 1，z 等于 5，所以概率变为

$$p(C\,|\,?) = 2/5$$
$$p(NC\,|\,?) = 3/5$$

2.9.6　概率相关邻居分类器

概率相关邻居分类器（probabilistic relational neighbor classifier）是对相关邻居分类器的直接扩展，因此，对于节点 N 属于分类 c 的后验类别概率计算方法如下：

$$p(c\mid N) = \frac{1}{z}\sum_{\langle N_j \in 邻居_N \rangle} w(N, N_j)\, p(c\mid N_j)$$

要注意，现在这里的合计范围包括节点的所有邻居。概率 $p(c\mid N_j)$ 可能是局部模型（如逻辑斯回归）的结果，或者是先前应用网络模型的结果。思考图 2.50 所示的网络。

那么，计算方法变为

$$p(C\,|\,?) = 1/z(0.25 + 0.80 + 0.10 + 0.20 + 0.90) = 2.25/z$$
$$p(NC\,|\,?) = 1/z(0.75 + 0.20 + 0.90 + 0.80 + 0.10) = 2.75/z$$

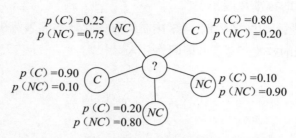

图 2.50   概率相关邻居分类器的示例社交网络

因为两个概率的和加总要为 1，z 等于 5，所以概率就变为

$$p(C \mid ?) = 2.25/5 = 0.45$$
$$p(NC \mid ?) = 2.75/5 = 0.55$$

2.9.7   相关逻吉斯回归

相关逻吉斯回归（relational logistic regression）由 Lu 和 Getoor 提出（2003）。它基本上是从特定节点局部特征的数据库出发，然后以下面的方式对其添加网络特征。

■ 邻居更经常出现的类别（模式—联结）。

■ 邻居的类别频次（计数—联结）。

■ 显示类别状况的二元指标（二元—联结）。

相关逻吉斯回归如图 2.51 所示。

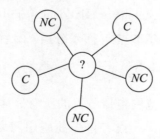

客户ID	年龄	收入	…	模式联结	频次无流失	频次流失	二元无流失	二元流失
Bart	38	2 400	…	NC	3	2	1	1

图 2.51   相关逻吉斯回归

然后，利用数据库的局部和全网特征估算逻吉斯回归模型。要注意，新添加的网络特征之间的关系应该在输入选择程序（input selection procedure）（如利用逐步逻吉斯回归）执行过程中被过滤出来。因为网络特征基本上都是作为特殊特征被添加进数据库中的，该做法也被称为特征化（featurization）。根据目标变量（如是否流失）或特定节点的局部特征（如年龄、推广、RFM 等），通过这些特征可以测算出邻居的行为。

图 2.52 所示为一个有关添加相应特征以描述邻居的目标行为（即流失）的示例。图 2.53 所示为另外添加相应特征以描述邻居的局部节点行为的示例。

客户	年龄	最近期	接触次数	与流失者接触	与流失者接触的接触	流失
	局部变量			网络变量		
John	35	5	18	3	9	是
Sophie	18	10	7	1	6	否
Victor	38	28	11	1	5	否
Laura	44	12	9	0	7	是
				第一级	第二级	

图 2.52　利用描述邻居的目标行为进行特征化的示例

客户	年龄	平均持续时长	平均收入	朋友的平均年龄	朋友的平均持续时长	朋友的平均收入	流失
John	25	50	123	20	55	250	是
Sophie	35	65	55	18	44	66	否
Victor	50	12	85	50	33	50	否
Laura	18	66	230	65	55	189	否

图 2.53　利用描述邻居的局部节点行为进行特征化的示例

2.9.8　集体推论

假定通过局部模型和相关模型对一个网络进行初始化后，考虑到节点可能彼此互相影响的推理事实，而利用集体推论（collective inferencing）程序对未知节点推断出一组类标签/概率。以下是一些常见的具体集体推论程序：

- 吉布斯抽样（Gibbs sampling）（Geman，1984）。
- 迭代分类（Iterative classification）（Lu，Getoor，2003）。
- 松弛标注（Relaxation labeling）（Chakrabarti，et al.，1998）。
- 环路信念传播（Loopy belief propagation）（Pearl，1988）。

算法 2.3 描述的是吉布斯抽样的工作过程举例。

但是，值得注意的是，实证表明，集体推论本质上通常并不能提高社交网络学习器的性能。

算法 2.3　吉布斯抽样（Gibbs Sampling）

1：给定一个具备已知和未知节点的网络。
2：利用局部分类器对未知节点进行初始化，获得（局）后验概率 $p(y=j)$，$j=1$，…，J（$J=$ 类别数）。
3：根据概率 $p(y=j)$，对每个节点的类值（class value）进行抽样。
4：对于未知节点生成随机顺序。
5：对处于顺序中的每个节点：
　　a. 应用相关学习器获得新的后验概率 $p(y=j)$；
　　b. 根据新的概率 $p(y=j)$，对类值进行抽样。
6：在 200 次迭代中重复步骤 5，不保留任何统计信息［预烧期（burn-in period）］。
7：在 2 000 次迭代中重复步骤 5，计算每个类被分配给每个特定节点的次数。将这些次数进行标准化，给出最终的类别概率估算。

总　　结

在本章中，我们对不同分析技术提供了一个较为宽广的了解视野。我们从聚焦数据处理开始着手。因为对于任何分析模型来说，数据都是关键组成部分，所以包括非常重要的一系列行动。然后我们对预测分析进行了详细阐述，意在对类别或连续目标收益指标进行预测。我们回顾了线性回归、逻吉斯回归、决策树、神经网络及如装袋、推进和随机森林等综合法。我们拓展性地探讨了如何通过采用合适的数据集拆分和性能测算方法对预测模型进行评估。下一个主题是描述性分析，这里没有目标变量可用。我们讨论了关联规则、顺序规则和聚类。生存分析意在预测事件发生时间。我们分别讨论了 Kaplan Meier 分析、参数化生存分析和比例性风险回归等方法。本章以社交网络分析结束。这里的想法是研究如何将节点（如客户）间关系用于预测性或描述性分析目的。在已经介绍了一些关键定义和指标之后，我们对社交网络学习、网络分类及集体推论进行了详细阐述。本章探讨的很多技术都将被用于接下来章节中的利润设置条件中。

复　习　题

一、多项选择题

1. 以下（　　）策略可用于缺失值处理中。

    A. 保留　　　　　　B. 删除　　　　　　C. 替换/推定　　　　D. 以上都是

2. 利用以下（　　）方法处理代表错误数据的异常观察值。

    A. 缺失值处理程序　　　　　　　　B. 截短/设上下限

3. 聚类、关联规则和顺序规则是以下（　　）方法示例。

    A. 预测性分析　　　　　　　　　　B. 描述性分析

4. 给定以下交易数据集：

ID	物品	ID	物品
T1	{K、A、D、B}	T4	{B、A、E}
T2	{D、A、C、E、B}	T5	{B、E、D}
T3	{C、A、B、D}		

    思考关联规则 R：A→BD，下面结论中（　　）是正确的。

    A. R 的支持度是 100%，置信度是 75%

    B. R 的支持度是 60%，置信度是 100%

    C. R 的支持度是 75%，置信度是 60%

    D. R 的支持度是 60%，置信度是 75%

5. 聚类的目的是得到集群，因此（　　）。

    A. 集群内同质性最小而集群间异质性最大

    B. 集群内同质性最大而集群间异质性最小

    C. 集群内同质性最小而集群间异质性最小

    D. 集群内同质性最大而集群间异质性最大

6. 给定以下决策树：

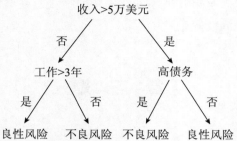

根据这个决策树，一个收入＞5万美元且高负债的申请者被分类到（　　　）。

A. 良性风险　　　　　　　　　　　　B. 不良风险

7. 考虑一个数据集具备以下多种类别目标变量：25％坏账付款人、25％贫困付款人、25％中等付款人和25％良好付款人。在这种情况下，熵将是（　　　）。

A. 最小　　　　　　　　　　　　　　B. 最大

C. 不存在　　　　　　　　　　　　　D. 取决于付款人数量

8. 以下这些测算（　　　）不能用于回归树中的拆分决策制定。

A. 均方误差　　　　　　　　　　　　B. ANOVA/F-测试

C. 熵　　　　　　　　　　　　　　　D. 所有的测算都可用于制定拆分决策

9. 关于决策树，以下说法正确的是（　　　）。

A. 它们是稳定的分类器　　　　　　　B. 它们是不稳定的分类器

C. 它们对于异常值很敏感　　　　　　D. 它们是递归模式化算法

10. 自举法（bootstrapping）是（　　　）。

A. 用替代法抽取样本

B. 用不替代法抽取样本

C. 利用加权数据样本对多个模型进行评估

D. 对随机森林建立替代样本的程序

11. 在随机森林算法中，下面步骤不正确的是（　　　）。

A. 步骤1：进行一次获取n个样本的自取抽样

B. 步骤2：对于树的每个节点，随机选择m个输入变量以支撑拆分决策

C. 步骤3：在子集的最佳部分进行拆分

D. 步骤4：让每棵树完全成长，进行修枝

12. 以下观点正确的是 （　　）。

    A. 如果你所知道有关变量 T 的全部是它大于一些 c 值，那么处于 T 上的观察值则是左侧删失情况

    B. 如果你所知道有关变量 T 的全部是它小于一些 c 值，那么处于 T 上的观察值则是右侧删失情况

    C. 如果你所知道有关变量 T 的全部是 $a < T < b$，那么处于 T 上的观察值则是区间删失情况

    D. 依存于时间的共变量总是存在删失情况

13. 以下公式不正确的是 （　　）。

    A. $f(t) = \lim_{\Delta t \to 0} \dfrac{P(t \leqslant T < t + \Delta t)}{\Delta t}$

    B. $S(t) = 1 - F(t) = P(T > t) = \displaystyle\int_0^\infty f(u)\,\mathrm{d}u$

    C. $h(t) = \lim_{\Delta t \to 0} \dfrac{P(t \leqslant T < t + \Delta t \mid T \geqslant t)}{\Delta t}$

    D. $h(t) = \dfrac{S(t)}{f(t)}$

14. 思考以下数据表中的生存数据，以下说法正确的是 （　　）。

客户	流失或删失时间	流失或删失
C1	3	流失
C2	6	流失
C3	9	删失
C4	12	流失
C5	15	删失

    A. $S(6) = 4/5$　　　　　　　B. $S(9) = 3/4$

    C. $S(12) = 1/2$　　　　　　D. $S(15) = 1/2 \cdot 3/5$

15. 以下观点正确的是 （　　）。

    A. 如果生存时间是 Weibull-分布，那么失效风险是常数，而 $-\log[S(t)]$ 对应 t 的图就得到一条穿过 0 处原点的直线

    B. 如果生存时间是 Weibull-分布，那么 $\log\{-\log[S(t)]\}$ 对应 $\log(t)$ 的图就得到一条（不穿过原点）斜率为 κ 的直线

C. 如果生存时间是指数分布，那么 $\log\{-\log[S(t)]\}$ 对应 $\log(t)$ 的图就得到一条（不穿过原点）斜率为 κ 的直线

D. 如果生存时间是 Weibull-分布，那么 $-\log[S(t)]$ 对应 t 的图就得到一条（不穿过原点）斜率为 κ 的直线

16. 比例风险模型假设：

    A. 在任何一个时间都风险最高的主体，在其他任何时间其风险也都保持最高

    B. 在任何一个时间都风险最高的主体，在其他任何时间其风险也都保持最低

17. 以下关于社交网络的邻接矩阵的观点，不正确的是（　　）。

    A. 它是一个对称矩阵

    B. 因为包括很多非零元素，所以具有稀疏性

    C. 可以包括权重

    D. 行和列数量相同

18. 以下观点正确的是（　　）。

    A. 测地线表示两个节点间最长路径

    B. 中介度计算一个节点或边出现在网络测地线中的次数

    C. 图的理论中心是到所有节点最短距离具有最大值的节点

    D. 亲密度总是高过中介度

19. 给定以下社交网络：

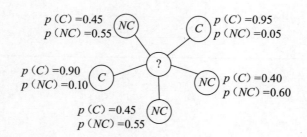

根据概率相关邻居分类器，中间那个节点是流失者的概率等于（　　）。

A. 0.37

B. 0.63

C. 0.60

D. 0.40

20. 特征化指的是（　　　）。

　　A. 选择最具预测性的特征

　　B. 将更多局部特征添加到数据集

　　C. 将网络特征生成特征（＝输入）

　　D. 对网络添加更多的节点

二、开放性问题

1. 讨论对信用评分进行数据预处理时的关键活动。要记住，信用评分意在应用如年龄、收入和就职状态等特征，将好的付款人和坏的付款人进行区分。为什么数据预处理被认为很重要？

2. 逻吉斯回归和决策树之间的关键不同是什么？若认为一个较另一个更重要，请举例子。

3. 思考以下预测得分和现实目标值数据集（你可以假设更高的得分应该分配给好）。

得分	实际情况	得分	实际情况
100	坏	230	好
110	坏	230	好
120	好	240	好
130	坏	250	坏
140	坏	260	好
150	好	270	好
160	坏	280	好
170	好	290	坏
180	好	300	好
190	坏	310	坏
200	好	320	好
210	好	330	好
220	坏	340	好

（1）计算分类准确性、敏感度和对于分类阈值设为 205 的特异度。

（2）画出 ROC 曲线。如何估算 ROC 曲线下面的面积？

（3）画出 CAP 曲线并估算 AR。

（4）画出生命曲线。什么是前十分位提升？

4. 为什么随机森林称为随机？它们的性能通常较决策树更优吗？为什么是或为什么不是？

5. 讨论关联规则和顺序规则可以如何用于创建由亚马逊、eBay 和 Netflix 等运用的推荐系统。对于一个推荐系统的性能，你如何评价？

6. 利用一个小型（人工）数据集解释 K-means 聚类。K 的影响是什么？需要进行什么预处理的步骤？

7. 生存分析方法和线性回归或逻吉斯回归等经典统计方法的区别是什么？如何对生存分析模型的性能进行评估？这与经典回归模型又有什么不同？

8. 利用一个现实生活例子，讨论一些最重要类型的社交网络分类器。

注　释

1. 更详细来说，我们更希望矩阵 U 和 V 是单位矩阵，即矩阵的逆矩阵是其共轭转置矩阵。矩阵 A 的共轭转换也这样，$a_{ij} = \bar{a}_{ij}$，$\bar{a}$ 为 a 的复共轭。如果 a_{ij} 的所有元素都是实数，那么矩阵 A 的转置，$A^* = A^T$。

2. 要注意，我们通常采用术语**阳性**代表少数类别（如流失者、违约者、欺诈者、响应者）并用**阴性**代表多数类别（如非流失者、非违约者、非欺诈者、非响应者等）。

3. 要注意，这只是针对无向网络。对于有向网络来说，矩阵不一定是对称的。

参 考 文 献

Allison，P. D. 2001. *Logistic Regression Using the SAS System：Theory and Application*. Hoboken，NJ：Wiley-SAS.

Allison，P. D. 1995. *Survival Analysis Using the SAS System*. SAS Institute Inc. Baesens，B. 2014. *Analytics in a Big Data World*. Hoboken，NJ：Wiley.

Baesens，B.，D. Martens，R. Setiono，and J. Zurada. 2011. "White Box Nonlinear Prediction Models," editorial special issue. *IEEE Transactions on Neural Networks* 22（12）：2406-2408.

Baesens，B.，R. Setiono，C. Mues，and J. Vanthienen. 2003. "Using Neural Network Rule Extraction and Decision Tables for Credit-Risk Evaluation."*Management Science* 49（3）：312-329.

Baesens，B.，T. Van Gestel，M. Stepanova，D. Van den Poel，and J. Vanthienen. 2005. "Neural Network Survival Analysis for Personal Loan Data." *Journal of the Operational Research Society*，*Special Issue on Credit Scoring* 59（9）：1089-1098.

Baesens，B.，W, Verbeke，and V. Van Vlasselaer. 2015. *Fraud Analytics Using Descriptive*，*Predictive*，*and Social Network Techniques*：*A Guide to Data Science for Fraud Detection*. Hoboken，NJ：John Wiley & Sons.

Baesens，B.，S. Viaene，D. Van den Poel，J. Vanthienen，and G. Dedene. 2002. "Bayesian Neural Network Learning for Repeat Purchase Modelling in Direct Marketing." *European Journal of Operational Research* 138（1）：191-211.

Bartlett，P. L. 1997. "For Valid Generalization，the Size of the Weights Is More Important than the Size of the Network." In Mozer，M. C.，Jordan，M. I.，and Petsche，T.（eds.），*Advances in Neural Information Processing Systems* 9，Cambridge，MA：the MIT Press，pp. 134-140.

Bishop，C. M. 1995. *Neural Networks for Pattern Recognition*. Oxford：Oxford University Press.

Breiman，L. 1996. "Bagging Predictors." *Machine Learning* 24（2）：123-140.

Breiman，L.，J. H. Friedman，R, A. Olshen，and C. J. Stone. 1984. *Classification and Regression Trees*. Monterey，CA：Wadsworth & Brooks/Cole Advanced Books & Software.

Breiman，L. 2001. "Random Forests." *Machine Learning* 45（1）：5-32.

Chakrabarti，S.，B. Dom，and P. Indyk. 1998，June. "Enhanced Hypertext Categorization Using Hyperlinks." In *ACM SIGMOD Record* 27（2）：307-318. ACM.

Cox，D. R.，and D. Oakes. 1984. *Analysis of Survival Data*. Chapman and Hall.

Cox，D. R. 1972. "Regression Models and Life Tables." *Journal of the Royal Statistical Society*，*Series B*.

Crowder，M. J. 2001. *Classical Competing Risks*. London：Chapman and Hall.

Dejaeger，K.，W. Verbeke，D. Martens，and B. Baesens. 2012. "Data Mining Techniques for Software Effort Estimation：a Comparative Study." *IEEE Transactions on Software Engineering* 38（2）：375-397.

DeLong，E. R.，D. M. DeLong，and D. L. Clarke-Pearson. 1988. "Comparing the Areas Under Two or More Correlated Receiver Operating Characteristic Curves：A Nonparametric Approach." *Biometrics* 44：837-845.

Duda，R. O.，P. E. Hart，and D. G. Stork. 2001. *Pattern Classification*. New York：John Wiley & Sons.

Efron，B. 1979. "Bootstrap Methods: Another Look at the Jackknife." *The Annals of Statistics* 7 (1): 1-26.

Fawcett，T. 2003. "ROC Graphs: Notes and Practical Considerations for Researchers." *HP Labs Tech Report* HPL-2003-4.

Freund，Y.，and R. E. Schapire. 1997. "A Decision-Theoretic Generalization of On-Line Learning and an Application to Boosting." *Journal of Computer and System Sciences* 55 (1): 119-139，August.

Freund，Y.，and R. E. Schapire. 1999. "A Short Introduction to Boosting." *Journal of Japanese Society for Artificial Intelligence* 14 (5): 771-780，September.

Geman S.，and D. Geman. 1984. "Stochastic Relaxation，Gibbs Distributions，and the Bayesian Restoration of Images." *IEEE Transactions on Pattern Analysis and Machine Intelligence* 6: 721-741.

Girvan，M.，and M. E. J. Newman. 2002. "Community Structure in Social and Biological Networks." *Proceedings of the National Academy of Sciences*，USA 99: 7821-7826.

Hanley，J. A.，and B. J. McNeil. 1982. "The Meaning and Use of Area under the ROC Curve." *Radiology* 143: 29-36.

Hartigan，J. A. 1975. *Clustering Algorithms*. New York: John Wiley & Sons.

Hastie，T.，R. Tibshirani，and J. Friedman. 2011. *The Elements of Statistical Learning: Data Mining，Inference，and Prediction*，Second Edition (Springer Series in Statistics). New York: Springer.

Hornik，K.，M. Stinchcombe，and H. White. 1989. "Multilayer Feedforward Networks Are Universal Approximators." *Neural Networks* 2 (5): 359-366.

Huysmans，J.，B. Baesens，T. Van Gestel，and J. Vanthienen. 2006a. "Using Self Organizing Maps for Credit Scoring." *Expert Systems with Applications*，Special Issue on Intelligent Information Systems for Financial Engineering 30 (3): 479-487.

Huysmans，J.，D. Martens，B. Baesens，and J. Vanthienen. 2006a. "Country Corruption Analysis with Self Organizing Maps and Support Vector Machines." *Proceedings of the Tenth Pacific-Asia Conference on Knowledge Discovery and Data Mining (PAKDD 2006)*，*Workshop on Intelligence and Security Informatics (WISI)*，Lecture Notes in Computer Science 3917: 103-114. Singapore，Springer-Verlag，April 9.

Jolliffe，I. 2002. *Principal Component Analysis*. Hoboken，NJ: JohnWiley & Sons, Ltd.

Kohonen，T. 1982. "Self-Organized Formation of Topologically Correct Feature Maps." *Biological Cybernetics* 43: 59-69.

Landauer，T. K. 2006. *Latent Semantic Analysis*. Hoboken，NJ: John Wiley & Sons, Ltd.

Lu，Q.，and L. Getoor. 2003. "Link-based Classification." *Proceeding of the Twentieth Conference on Machine Learning*（ICML-2003），Washington D. C.

Macskassy，S. A.，and F. Provost. 2007. "Classification in Networked Data: A Toolkit and a Univariate Case Study." *Journal of Machine Learning Research* 8: 935-983.

Moody，J.，and J. Utans. 1994. "Architecture Selection Strategies for Neural Networks: Application to Corporate Bond Rating Prediction." In *Neural Networks in the Capital Markets*. New York: John Wiley & Sons.

Pearl，J. 1988. *Probabilistic Reasoning in Intelligent Systems*. San Francisco: Morgan Kaufmann Publishers.

Quinlan，J. R. 1993. *C4. 5 Programs for Machine Learning*. San Francisco: Morgan Kauffman Publishers.

Schölkopf，B.，A. Smola，and K. R. Müller. 1998. "Nonlinear Component Analysis as a Kernel Eigenvalue Problem." *Neural Computation* 10 (5): 1299-1319.

Seret，A.，T. Verbraken，S. Versailles，and B. Baesens. 2012. "A New SOM-Based Method for Profile Generation: Theory and an Application in Direct Marketing." *European Journal of Operational Research* 220 (1): 199-209.

Verbeke W.，D. Martens，and B. Baesens. 2014. "Social Network Analysis for Customer Churn Prediction." *Applied Soft Computing* 14: 341-446.

Verbeke W.，D. Martens，C. Mues，and B. Baesens. 2011. "Building Comprehensible Customer Churn Prediction Models with Advanced Rule Induction Techniques." *Expert Systems with Applications* 38: 2354-2364.

Verbraken，T.，Goethals，F.，Verbeke，W.，& Baesens，B.（2014）. Predicting online channel acceptance with social network data. *Decision Support Systems* 63: 104-114.

Vidal，R.，Y. Ma，and S. Sastry. 2005. "Generalized Principal Component Analysis（GPCA）." *IEEE Transactions on Pattern Analysis and Machine Intelligence* 27 (12): 1945-1959.

Zurada，J. M. 1992. *Introduction to Artificial Neural Systems*. Boston: PWS Publishing.

3

第 3 章

商业应用

3.1　概述

　　大数据可以通过分析手段而在不同方面被使用。在本章中，我们会对常见的本不要求详细阐述的应用案例进行详细阐述。更具体的，我们会聚焦在营销分析、欺诈分析、信用风险分析和人力资源（Human Resources，HR）分析。对于这些领域的每一个分析来说，我们会对整体建模问题，优化目标（如果需要）及商业意义进行定义。我们也会关联回如第 1 章所讨论的，在每种情况下的成功分析模型的关键特征：准确性、可解释性、运行效率、合规性及经济成本等。我们会对在前面探讨过的可用来解决每个应用问题的所涉及的相关分析技术进行推荐。接下来的章节则通过对利润视角的引入进行进一步阐述。

3.2　营销分析

3.2.1　概述

　　不同类型的营销分析是有所区别的。其中一个关键特征是，它们都作为分析建模的基本实体而聚焦于客户，以客户为中心。因此，营销分析有时也被称为客户分析。通过对历史数据和交易的认真分析，分析能够帮助我们从客户获取、客户保持、销售、细分、终生价值、客户（体验）旅程或者推荐等我们接下来将讨论的角度理解客户行为。

3.2.2　RFM分析

如在第 2 章所展示的（见表 2.2 和表 2.3），在营销分析中常用的一组特征是 RFM 变量。RFM 表示最近期（recency）、频次（frequency）和金额（monetary），由 Cullinan 所提出并推行（1977），具体如下：

- ■　最近期：自从上次购买的时间跨度（天数、周数和月数）。
- ■　频次：在一个给定时间跨度内购买的次数。
- ■　金额：购买的价值（欧元）。

RFM 变量并不是唾手可得，而是需要从历史交易数据中抽取计算得到。RFM 的每种组合都可以以不同的方式运行（Baesens，et al.，2002）。例如，可以考虑购买价值的最小/最大/平均/最近期的金额。组合可单独使用，也可通过独立排序或综合排序合并成一个 RFM 得分。对于前者来说（见图 3.1），根据最近期、频次和金额，客户数据库按照独立的五分位或十分位进行排序（如最近期的五分位上的 1 表示 20% 购买发生时间最久远的买家）。然后最终的 RFM 得分会将三个五分位数值合并成一个数值（如 325），并可作为量化的连续型变量在营销分析模型中使用。对于相关性

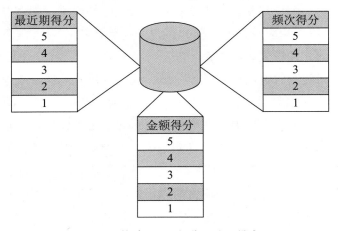

图 3.1　构建 RFM 得分（独立排序）

排序来说，客户数据库首先根据最近期排序成五分位（见图 3.2），然后每个最近期五分位进一步拆分为频次五分位，然后是金额五分位。这又再次获得一个综合 RFM 得分（如 335），其也可用于营销分析中。RFM 变量或得分可用于响应建模、流失预测、客户细分和客户终生价值建模，它们也已经被成功用于欺诈分析（见下文）。

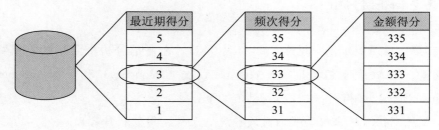

图 3.2　构建 RFM 得分（相关性排序）

3.2.3　响应建模

当你正在开展一个营销活动时，要定位到你的全部客户群并不总是有可能，甚至意义也不大。首先一个显而易见的原因是营销预算有限。将不相关的活动发送给不感兴趣的客户就是浪费钱。还有，一些客户甚至可能会因此生气，导致对你的产品、品牌或公司产生适得其反的影响（也被称为损耗）。因此，如果我们能够将营销信息只发送给那些可能受到积极影响的客户，那才算是比较理想。对于这个问题的分析解决方案称为响应建模。这里的目标是研发分类模型（如逻吉斯回归或决策树），选出那些最可能响应并采取行动的客户。换句话说，响应建模利用分析支撑模型，目标在于深化或恢复客户关系。

可以针对不同类型的响应分别进行考虑。假设你投入开展一个电子邮件营销信息发送活动或一个有着吸引人标题的脸书广告活动，它们都和你的网站有一个链接。这样，现在就能够用不同方式对响应进行量化。更具体地，我们能够对软响应和硬响应进行相应区别。查看广告，可能是第一类响应，其之所以有意义，是因为其建立了产品和/或品牌认知。接下来第二类响应是点击链接，这已经显示出对你所推送活动的更多参与。然后，响应可能以不同的方式出现。举个例子，打开一个带有产品描述的网页或 pdf，或者留下你的详细接触方式，同时发出询价的请求。这些全都是增加对你的信息和活动兴趣的软响应的例子。最终，硬响应是产品或服务的购买。因此，作为响应建模的第一步，数据科学家需要与业务专家进行讨论，确定对什么目标（如广告曝光、链接点击、pdf 下载或真实购买）进行建模。

一旦确定合适的响应目标，必须对以往的营销活动采集分析建模所需的历史数据，以正确理解客户响应行为。常见的可能有用的数据举例如下：

- 人口统计变量（如年龄、性别、婚姻状态、就职状态）。
- 关系变量（如关系历经时长、购买产品数量）。
- RFM 变量（见前面）。
- 社交网络信息（如朋友的购买行为、来自朋友的产品评论）。

将这些变量采集进一个数据库，以建立分析响应模型。假定多个变量均很容易获得，对变量进行必要选择以使模型更有效和有力将非常重要。

可用于响应建模的分析技术很多，如逻吉斯回归、决策树、神经网络和随机森林。事实上，既然其主要目标是找到谁会响应而不是非要了解客户为什么响应，很多公司使用黑盒子分析模型（如随机森林、神经网络）会感到更轻松。需要注意的是，除了分类法之外，也能从回归的角度实现响应建模，这里的目标是创建回归模型预测响应数量（或密度）。在第 4 章，我们会通过加强对建模的介绍，拓展传统响应建模的条件设置。

3.2.4　流失预测

客户流失也称损耗或叛离，指的是客户的丢失（Baesens，2014）。在饱和市场中，吸引新客户的机会有限，所以对于利润和稳定性来说，最根本的是客户保持。在电信行业，经估算认为，吸引一个新客户较现有客户的保持花费要多五六倍（Athanassopoulos，2000；Verbeke，et al.，2012，2014）。现有客户利润更高，是因为服务这些客户的成本更低，而他们花费时间已经建立的品牌忠诚度使得他们流失的可能性小。而满意客户为口口相传广告提供服务，推荐新客户来到公司。

流失预测分析的第一步，是对特定业务情境定义流失。这可能会在数据中自然呈现出来：交易终止、服务取消或不再更新。在其他情境下并不是那么显而易见：一个客户不再在一家商店或网站购物，或者一个客户中止购买信贷。在这些情况下，数据科学家必须选定一个在特定业务情境下有意义的流失定义。一个常用的解决方案是，选定一个合适的账户不活跃时长。对于上面的例子来说，可将没有发生购买的一定天数或月数（如三个月）定义为流失。当然，一个客户可能不会在那个时间范围内购买东西，但是仍然可能在稍后时间返回，所以流失的定义永远不可能完美。时间区间设置太短，可能导致将非流失客户作为潜在流失客户被目标定位到；时间设置太长，意味着流失客户不能被及时识别。在大多数情况下，如果干预活动较一个流失客户的成本更低，建议使用更短的时间区间。

还可以对主动流失、消极流失、被动流失和预期流失（expected churn）等进行进一步区分。主动流失意味着客户主动割断与公司的关系。这在合同条件下非常容易确定，但是在非合同条件下，正如上面提到过的，证据比较少。消极流失指的是在产品或服务使用量上的减少。举个例子，考虑一个从银行 A 流失到银行 B 的客户。客户并不取消他/她在银行 A 的支票账户，客户决定保留它，但是将其银行业务活动更集中在银行 B。因此，这就意味着他在银行 A 的账户成为休眠或睡眠账户。及时监测到这些账户可能也是流失预测的一个目标。被迫流失发生在当公司而不是客户终止关系，如因为欺诈。最后，预期流失意味着客户不再需要一种产品或服务，如考虑婴儿产品的消费。

可将不同类型的数据用于进行流失预测，如人口统计数据、产品/服务使用数据、RFM 数据。其他两个非常有趣的数据源是投诉数据和社交网络数据。前者的例子，如投诉字段的数量和与服务台接触的次数。这些都是助长客户不满意的非常明显的信号，最后这可能导致流失。另外一类非常有意思的信息涉及社交网络数据。电信行业（telco）更早的研究（Verbeke, et al. , 2014）已经显示出电话呼叫详单数据中的清晰模式，在呼叫网络图中，流失用户总是与其他流失用户可能建立连接。因此，对这些呼叫网络图进行适当的特征抽取，必然对流失分析模型性能具有提升作用。但是呼叫网络图给我们提供的是非常天然的电信社交网络，在其他客户流失情境中，显然不存在那么明显的网络界定。

从业务角度看，一个非常重要的关注点涉及对于未来流失的特征化预测因子（characteristic predictor）和流失发生所表现症状（symptom）之间的区别。举个例子，在预付费电信业务情境下，电话使用量的一个突然的高峰通常恰好发生在流失的前夕，因为客户已经决定要流失，所以想要消费掉他/她的所有信用额度。虽然这些变量具有高度预测性，但是它们在流失预防方面并不非常有效。因此，当研发流失预测模型时，聚焦于客户不满意的早期预警信号，这样流失就可能被及时的客户目标定位及合适的营销行动而加以阻止。

从分析的角度看，流失可以用多种方式来处理。第一种方式是研发分类模型（如逻吉斯回归、决策树），这些模型对每个客户赋予一个预期流失概率，然后直接对具有高流失概率的客户提供相应折扣或其他促销优惠，以鼓励他们延续合同或保持他们账户的活跃。准确的预测可能是最明显的目标，但是对于公司来说，对流失推理或至少对流失特征指标进行学习都颇具价值，颇有意义。更完善的模型可能对客户行为和流失倾向之间的关系提供新的洞察（Verbeke, et al., 2011），除了在客户决定流失之前对客户进行目标定位之外，还可使管理落实在导致流失的因素之上。除分类法之外，也可以利用生存分析技术处理流失问题。这里的想法是，不仅预测客户是否流失，而且预测流失事件什么时候发生。这为计算客户终生价值提供了有价值的信息，接下来我们会进一步探讨。最后，正如之前所讨论的，社交网络分析也可用于对流失行为进行的亲同性模式（homophilic pattern）的适当考虑。

3.2.5　X-销售

X-销售的目标是改变客户的有意识的购买行为。X-销售可以三种方式工作：向上销售、交叉销售或向下销售。**向上销售**的想法是，在通常购买的时间销售更多的给定产品。举个例子，如果你要了一个更大杯的啤酒（如 Stella Artois），服务生却向你推荐更大规格更贵的啤酒（如 Westmalle 的特别款 Trappist 啤酒）。**交叉销售**意在销售另外一个产品或服务。举个例子，服务生可能也会推荐一些修道院奶酪作为 Westmalle 的套餐。**向下销售**的意思是为了保持一个持续的长久的客户关系，销售更少的产品或服务。举个例子，如果你已经要了太多啤酒，还要点另外一个，服务生可能会阻止你这么做，而建议换成水。

从分析角度看，X-销售应用通常利用描述性分析技术来进行开发。举个例子，关联规则可被用于监测购买物品和诸如交叉销售推荐产品或服务之间频繁发生的模式。规则结果可被用于产品捆绑、分类设计、商店陈列和/或货架组织等。关联规则还可用于我们后面要讨论的推荐系统开发。

3.2.6　客户细分

客户细分的目标在于将一组客户或交易细分为可用于针对营销目的的聚类。应用可帮助实现以下营销目的：

- 理解客户群体，如目标定位营销或广告（大众化定制）。
- 高效配置营销资源。
- 对组合中的品牌实现差异化。
- 识别利润最高的客户。
- 识别购物模式（如基于 RFM 变量）。
- 识别对新产品的需求。

例如，人口统计数据、生活方式、个人偏好、行为、RFM、获取和社交网络等不同类型数据都可以用于聚类。在聚类过程中，要决定的关键参数涉及聚类集群的个数（如 K-means 聚类程序中的 K）。通常，这取决于数据科学家和业务专家之间合作的紧密程度，因为既需要考虑统计的区隔，又需要考虑聚类方案的营销解释。

例如，对于响应建模来说，对客户细分的可解释性就很重要。市场人员需要对每个细分群体特征有一个明确的理解，这样才能够通过合适的营销活动实现目标定位。要促进聚类方案的可解释性，有不同的可用选择（Baesens, et al., 2015）。第一种选择是，将每个集群在全部变量上的分布与全部人群的分布进行逐群对比。如图 3.3 所示，这里是将集群 C1 与全部人群在最近期、频次和金额等变量方面的分布进行对比。从图 3.3 可以很清晰地观察到，集群 C1 的大部分观察对象最近期值较低，金额值较高，而频次值与初始总体人群非常接近。

要对给定聚类方案进行解释的另外一种方式是，通过创建一个决策树，将集群 ID 作为其目标变量。假设我们有表 3.1 所示的，使 K 等于 4 的 K-means 聚类训练的结果。

表 3.1 *K*-Means 聚类样本输出结果

客户	最近期	频次	金额	⋯	集群 ID
John	3	1	2 100	⋯	C2
Sophie	5	7	850	⋯	C4
Bob	0.5	15	100	⋯	C3
Josephine	18	2	1 200	⋯	C2
Bart	1	4	400	⋯	C1
Robert	12	6	500	⋯	C4
⋯	⋯	⋯	⋯	⋯	⋯

我们现在建立了一个决策树，将集群 ID 作为目标变量，如图 3.4 所示。

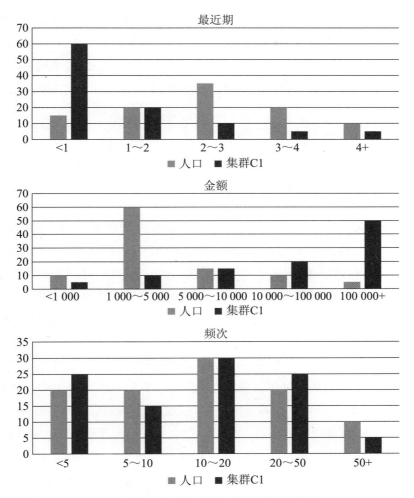

图 3.3　通过柱状图进行的集群特征刻画

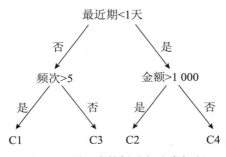

图 3.4　利用决策树进行聚类解释

图 3.4 所示的决策树给我们提供了一个清晰地将不同集群特征进行区别的洞察。例如，集群 2 的客户特征是，最近期<1 天且金额值>1 000。因此，利用决策树，我们可以明确了解每一个集群的特征，并制定出相应的营销策略。这也可以使我们将新的观察对象分类进现有的集群，而无须再重新运行聚类方案。这是一个关于如何将预测技术用于对描述性分析方案进行解释的很好例子，我们将在第 5 章探讨利润驱动分析的时候再讨论该内容。

3.2.7　客户终身价值

客户终身价值是单个客户所产生利润的净现值。它能够以不同方式进行测算，测算方式取决于如何对客户关系进行概念化。有两种常见的方式，一种是**永久流失型**（lost for good），另一种是**间歇购买型**（always a share）（Jackson，1985）。前者是假设当客户在其生命周期的某个时间点流失时，他们就永久地从企业流失了。永久流失型方式常见的例子是由 Gupta 等（2006）提出的 CLV 公式，如下所示：

$$CLV_i = \sum_{t=1}^{n} \frac{(R_{it} - C_{it})_{S_{it}}}{(1+r)^t}$$

式中，CLV_i 为客户 i 的客户终生价值；R_{it} 为客户 i 在时间 t 所产生的收入；C_{it} 为在时间 t 服务客户 i 的成本；S_{it} 为客户 i 在时间 t 的生存概率；r 为折现因子；n 为处于研究之下的时间区间。

永久流失型方式的一个关键特征是，其将生存概率 S_{it} 包括进来考虑，是对流失概率的补充，可以使用在第 2 章所探讨的如参数化或比例性风险模型进行估算。永久流失型客户终生价值模型能够解释电信行业中转网的客户通常不再返回的情况。如果出于一些原因，客户重新激活与企业的关系，那么在这种方式中，他（她）将被认为是一个新客户。因此，该方式有一个本质的偏差，因为一个客户可能作为多次出现的观察对象，所以客户级别的 CLV 被低估。

间歇购买型方式假设客户将其购买力分配在几家公司，所以即使在经过很长一段非活跃期之后，依然总会回到一家公司。换句话说，客户永远不会中止与公司之间的关系。相应的例子，如每次购买间隔时间长的购买发生所在的线上零售商（如 Amazon 和 Netflix 等）和航空公司。这种方式没有明确考虑生存概率 S_{it}，因此，CLV 的计算方法如下：

$$CLV_i = \sum_{t=1}^{n} \frac{(R_{it} - C_{it})}{(1+r)^t}$$

既可以对现有的客户群计算 CLV，也可以对潜在客户或未来潜力客户计算 CLV，在后面这种情况下，有时又被称为潜在客户终生价值（prospect lifetime value，PLV）。当需要将客户获取成本（如营销活动成本、商机生成成本）作为相关因素考虑以创建客户关系时，两者之间的区别非常重要。对于现有客户来说，这些属于沉默成本，因此对于管理决策没有太大影响；但是对于潜在客户来说，获取成本代表一笔材料投入，在计算 PLV 时应该被考虑进去。

除了生存概率和获取成本，CLV 的另外组成部分也需要更密切的关注。第一个问题涉及时间范围 n 的选择。虽然在理论上这应该是无限期的或者至少是客户生命周期的剩余时间部分，但是很多公司会将其设为一个 2～3 年的时间区间，因为其通常被认为是一个相对稳定的商业环境的代表性时间。要对更长时间进行预测可能存在更大困难。并导致更大的预测误差，将有损 CLV 模型的真正作用。而所采用的时间粒度取决于交易密度。很多公司按月计算时间。

另外，收入 R_{it} 和成本 C_{it} 也应该被正确量化计算。理想来说，直接收入和间接收入及成本都应该被考虑。直接收入是来自销售的收入，而间接收入则来自如口碑潜力（word of mouth potential）、向同伴客户或潜在客户推荐，甚或在有影响力的客户社群的露面或社交影响等（参见第 2 章的社交网络部分内容）。直接成本是生产产品或服务的成本，间接成本如营销活动（如保持或 X-销售活动）成本、客户服务成本及挽回成本等。要注意的是，间接收入和成本经常都难以精确量化。因此，因为数据不可获取，所以很多公司在计算他们的 CLV 中只好取平均值或甚至忽略了两个数值。

折扣因素 r 也需要一些认真思考。常见的做法是利用资本成本的加权平均计算方法（Kumar，Ramani，Bohling，2004），如下：

$$WACC = \frac{E}{E+D} C_E + \frac{D}{E+D} C_D (1-t)$$

式中，E 为资产的（市场）价值；D 为全部负债的（市场）价值；C_E 为资本成本；C_D 为负债成本；t 为当地税率。

这代表投入在建立和拓展客户关系上的平均筹资成本。对于很多公司来说，这个数值范围在 7% 左右。[1] 要注意，WACC 通常按年表示，所以当用月份时间区间时，每月贴现因子就变成 $\sqrt[12]{(1+WACC)} - 1$。

可以用不同的方法对 CLV 进行建模和计算。一个直接的方法是利用平均值，这在比较简单而稳定的商业环境中还是可以使用的。思考报纸销售商的例子，收入或利润是固定的，购买时间也是已知和稳定的。只有客户关系的时长需要确定，它可以采用一个固定的时间范围（如 2～3 年）。虽然这种方法乍一听颇为吸引人，但对于购买间隔时间和购买金额都在变化的变幻莫测的商业环境来说，却不太合适。

帕累托/NBD（负二项分布）模型是一种更为复杂的方法，利用所观察到的客户过去购买行为来预测未来购买行为（Schmittlein, et al., 1987）。更特别的是，它用一个子模型预测未来的交易数量，用另一个子模型对每单交易的平均利润进行估算。这样，CLV 就作为未来交易数量和每单交易的平均利润的贴现结果而被计算。当做出以下假设时，帕累托/NBD 模型就被高度参数化：

- 一个活跃客户所进行的购买数量遵循泊松过程（Poisson process）。
- 客户生命周期遵循指数分布（exponential distribution）。
- 购买率和流失率遵循伽马分布（Gamma distribution）。
- 购买率和流失率是相互独立的。

利用上述这些假设，可以得到一个估算未来交易数量的表达式（Fader, Hardie, 2005）。每单交易的平均利润就可以利用由 Fader 等人（2005b）提出的伽马球分布/伽马子模型进行估算。要注意，这个模型所假设的每单交易利润符合伽马分布，随时间变化而保持常量，独立于交易数量。此外，之前伽马分布的率参数（rate parameter）对于全部客户来说也还是伽马分布。然后通常利用最大似然法（maximum likelihood）或矩量法（method of moments）程序来对不同分布参数进行估算（Reinartz, Kumar, 2003）。通过放松假设条件或引进其他假设条件，也已经开发出不同的帕累托/NBD 扩展模型。第一个例子是由 Fader 等（2005a）开发的 β 几何（Beta-geometric）/NBD 子模型。由 Glady 等（2009a）研发的帕累托/独立法（Pareto/Dependent）提出了交易数量与每单交易平均利润之间存在的独立性，并经实证其较帕累托/NBD 初始模型更高级。最近，所提供的拓展模型还能计算出 CLV 的差异性，表示与客户预期 CLV 相关的非确定性程度（McCarthy, et al., 2016）。

根据上述探讨，可以很清楚地看出，帕累托/NBD 模型及其扩展模型的假设条件非常严格，所以在很多实际应用环境中并不现实。还有，要估算全部参数分布可能是一项极为繁重的任务。就像之前所讨论过的，另外一种方法是使用预测分析。这里的看法是，将建模数据拆分为两个时期：一个时期的数据用来计算所有的预测因子（如社会人口统计信息、RFM、社交网络变量等），另一个时期的数据用来计算目标 CLV。利用之前谈到过的任何预测分析技术，如线性回归、神经网络或随机森林等，都可以对关系进行建模。例如，在 Glady 等（2009a）文章中，一个简单线性回归的表现已经超过帕累托/NBD 模型：预测与实际 CLV 值之间的皮尔逊相关系数前者为 47.9%，后者则为 40.5%。

　　显然，这些模型的前提假设是历史细节数据的可获得，以及过去对于未来是一个有意义的预测因子。还有一个关键优势是，它们还能为我们提供不同因素如何作用于 CLV 的相关洞察。事实上，这种预测分析方法在产业界最为流行。

　　一种对分析更进一步完善的方法是，利用回归或预测类模型分别预测 R_{it} 和 C_{it} 的值，利用生存模型预测 S_{it} 值，然后将所有预测值综合成 CLV 预测值。虽然这种方法需要更多的建模能力，但它可以获得客户行为底层动态的相应洞察。

　　另外一个对 CLV 建模的方法是利用马尔可夫链（Markov chain）模型（Pfeifer，Garraway，2000）。其想法是，选择客户可能处在的几个状态，这可以基于自从上一次购买之后的最近期时间，或者时期数（number of periods）。思考一下接下来对马尔可夫链的举例，如图 3.5 所示（基于 Pfeifer，Carraway，2000）。

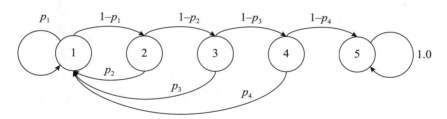

图 3.5　马尔可夫链举例（Pfeifer，Carraway，2000）

　　五个状态是基于最近期指标而设定的。如果客户购物是在一个时期之前，那么其就是处于状态 1；如果购物在两个时期之前，那么就是处于状态 2。第五种状态代表前客户或流失客户。概率表示在一个时期内从一种状态转向另一种状态的可能性。可以看到，对于状态 5 来说，转换概率是 1，这使得它成为一个完结状态（absorbing state）。客户一旦处于状态 5，他将一直停留在状态 5。换言之，客户被认定为一个永久的流失客户，而模型本质上就成为永久流失型模型。如果允许从状态 5 回转到状态 1，因为客户总是有回到公司的选项，所以模型就成为间歇购买型模型。转换概率可以从历史数据进行估算，并利用如下转换矩阵进行表达：

$$\boldsymbol{P} = \begin{bmatrix} p_1 & 1-p_1 & 0 & 0 & 0 \\ p_2 & 0 & 1-p_2 & 0 & 0 \\ p_3 & 0 & 0 & 1-p_3 & 0 \\ p_4 & 0 & 0 & 0 & 1-p_4 \\ 0 & 0 & 0 & 0 & 1 \end{bmatrix}$$

在马尔可夫链分析中一个关键假设是，转向一个状态的概率只取决于当前状态，并不依赖于客户的全部历史轨迹。因此，t-步转换矩阵要用 t 步确定从一种状态转向另一种状态的概率，可以通过 $\boldsymbol{P}$ 乘以自己 t 次或 P^t 后获得。对于每一种初始状态的预期客户，其终生价值都能如下这样计算：

$$\sum_{t=1}^{n} \left(\frac{\boldsymbol{P}}{1+r} \right)^t R$$

式中，R 为每种状态的利润向量，被假设为不随时间变动，保持为常量。

马尔可夫链的一个关键优势是它很灵活，既可用于当前客户，也可用于潜在客户，不仅可以使用永久流失型方法，也可使用间歇购买型方法。还有，方法还可以扩展到通过确定对应状态而将最近期和购买金额两因素一并加以考虑。

CLV 可用于不同目的。客户资产（customer equity，CE）通过对所有 C 个客户的 CLV 汇总而计算得到：

$$CE = \sum_{i=1}^{C} CLV_i$$

客户资产是一家公司价值或其股价的根本驱动力（Gupta, et al., 2006; Gupta, 2009）。另外，个体 CLV 或 PLV 可被用于确定若要保持一个现有客户或获得一个新客户，可能花费多少钱。还有，客户产品组合通常基于 CLV 进行细分，因此营销策略可根据各个 CLV 细分群进行定制。通过计算活动后较活动前的 CLV 的边际变化，CLV 分析还可用于对营销效果的测算。最后，CLV 可被用于判定流失。例如，当一个客户的 CLV 下降时，Glady 等（2009b）将其判定为流失客户。

虽然对于分析客户关系来说，CLV 是一个颇吸引人的概念，但是仍然存在很多挑战。首先一个挑战涉及在多产品情况下对概念的总结。这就意味着要考虑产品之间的依存关系，如交叉销售的影响，对于一个产品的购买会激发另一个产品的购买；以及替代关系（cannibalism），对一个产品购买会抑制另一个产品的购买。另外一个挑战则涉及现代商业环境中的多渠道方面。将多渠道行为综合进 CLV 需要复杂的建模手段。因此，很多公司通过聚焦某具体产品，并从已经启动交易的多个渠道进行交易抽取，从而开始其 CLV 建模实践。我们在第 5 章和第 6 章以利润驱动模式开发和评估分析模型内容上，还会重新回到 CLV 问题。

3.2.8　客户之旅

客户之旅是用图来表示当与一家公司打交道时客户所经过的多个不同步骤（Richardson，2010）。图 3.6 所示为抵押贷款发售流程的简化的客户之旅。图 3.6 展示了当购买抵押贷款时，一个客户可能的不同行为、所处状态和交易。通常添加转换概率和时间指标可进一步完善分析。客户之旅分析可为不同的商业目标服务，可用于对全流程进行清晰全面的刻画，并突出表现如处理时间超时、死锁状态、循环引用及不必要的客户流失等流程缺陷。它也可用于对流失是否符合内外部法规规范的合规核查。

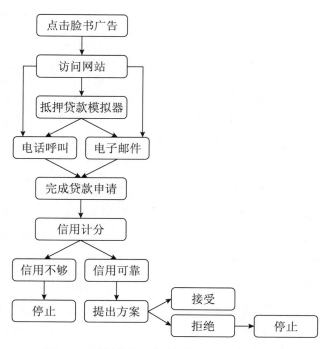

图 3.6　抵押贷款发售流程的简化的客户之旅

从分析的角度看，在第 2 章讨论过的顺序规则可作为发现客户之旅的第一种方

法。对于客户之旅刻画的一个更成熟的分析技术学科属于过程挖掘和探索领域
（van der Aalst，2016）。这里的思想是，从一个事件的行为日志开始，如表 3.2 所
示的那样。事件日志描述的是一个独立的客户标识号、不同行为名称和时间戳。例
如，HeuristicsMiner（De Weerdt，et al.，2012）或 Fodina（vanden Broucke，et
al.，2017）等过程探索技术都可以用于探索潜在的流程模式或客户之旅。要想获
得关于过程挖掘和探索技术更多的信息，我们推荐参考 van der Aalst（2016）的相
应文章。

表 3.2　客户行为的事件日志

客户	行为名称	时间戳
...	...	...
Bart	点击脸书广告	20-06-2017 14：02：06
Wouter	贷款模拟试算	20-06-2017 15：15：54
Cristian	信用授信	21-06-2017 09：54：24
...	...	...

　　当进行客户之旅分析时，会出现很多的挑战。首先，利用如 JavaScript 嵌入和
Cookie 贯穿客户不同触点对所有事件进行适当跟踪非常重要。建议在最细粒度的层
面抓取所有事件。在分析过程中，通过与业务用户共同协商，采用合适的协同运营
能够降低工作复杂度。另外，一个客户贯穿全部触点应该被唯一标识，这样，相应
的信息才能被正确匹配。

　　很多企业通过聚焦于一个渠道，如网络，从而开启客户之旅的分析。利用通过
JavaScript 页面标签、网络日志和 Cookie 等手段所采集到的数据，企业可以做点击
流分析，了解客户如何浏览他们的网站。更特别的是，他们能发现客户从哪里来，
他们使用的搜索引擎和搜索主题（如果有），他们的首个页面是什么（也称为登录
页面），他们接下来登录或访问页面是什么，他们在哪里和什么时候退出。再举个
例子，思考一个可能包括以下步骤的线上销售流程：添加商品进购物篮、结账、提
供个人信息、提供支付详细信息、检查订单和确认订单。客户之旅分析可用于分析
客户在每个阶段花了多少时间、他们从哪里退出及他们要去哪里。还可以通过客户
细分和考虑不同的细分客户群，如所处地理区域、引入源（referrer）或性别（如果
可靠）等哪些方面造成不同的客户之旅，从而进一步完善分析。

3.2.9　推荐系统

推荐系统由 Ricci 等（2011）作出如下定义：

推荐系统是提供对于用户来说有用的商品建议的软件工具和技术。

这类系统被亚马逊、Netflix、TripAdvisor、LinkedIn、Tinder 和脸书等公司广泛应用，可以推荐不同商品，如产品或服务、酒店、工作、朋友及浪漫情人等。推荐系统的主要目标是通过向用户提供目标推荐品，当浏览大量产品或服务品类时，帮助用户处理他们所面对的过载信息（Ekstrand，et al.，2010）。推荐系统不应该只是帮助用户更快定位寻找的商品，还要通过推荐客户自身从来没有想到的商品促成偶然发现。

推荐可以是非个性化或个性化的。在前者情况下，所有的用户都得到相同的推荐，其通常基于流行性或猎奇性而实现；个性化推荐系统更复杂，根据用户兴趣或背景而提供唯一推荐。

准确测算用户兴趣是任何推荐系统成功的关键。然而，这可能极具挑战性，因其高度依赖于所推荐的商品类型和所处情境。显性用户兴趣，如评分、喜欢/不喜欢、重复购买、作为选项，或就某具体商品对用户的发布进行评论等。遗憾的是，这些信息并不总是可以获得，在这种情况下，可将隐性的用户兴趣作为替代使用，如用户访问一个特定网站花了多少时间，鼠标移动（如点击、滚动）、滑动（swipe）的次数，用户是否对页面设了书签或发送他/她的个人详细信息以获得更多信息等。虽然测算隐性用户兴趣并不需用户费力，但通常较显性用户兴趣需要更多的数据，噪音更多。用户兴趣可通过评分矩阵进行表达，行代表用户，列代表商品。数据单元可以包括一个反馈指标或多个指标（如评分、喜欢/不喜欢、点击次数）的（加权）综合，如表 3.3 所示的例子。

表 3.3　用户—商品矩阵示例

名字	《利润驱动分析》	《傻瓜编织》	《萨尔萨舞之秘密》	《信用风险分析》	《时尚趋势》	《比利时啤酒》
Bart	5		1	5	2	
Anna		4	5	1	4	
Emma		4	5		5	1
Wouter	5	1			2	5
John		2	3			5
Cristián	5		2	4		4

快速查看表 3.3，可以看到 Bart、Wouter 和 Cristián 具有类似的背景，所以向 Bart 推荐《比利时啤酒》一书，而向 Wouter 推荐《信用风险分析》。我们还可以看到向 Cristián 推荐《时尚趋势》、向 Wouter 推荐《萨尔萨舞之秘密》并不太明智。因为只有几个客户和几项商品，所以这个例子分析起来很简单。现实应用可能有几百万的用户和商品。而且，与前面的例子相反，用户-商品矩阵通常非常稀疏，因为一个用户最多只是对几样商品评分。用户商品矩阵只有不到 1% 的单元格包含数据，这并不会不正常。因此，需要有效方案以更紧凑的方式表示这些稀疏矩阵，并对其进行分析。

建立推荐系统的关键挑战是，对缺失单元格推导出数值。例如，Bart 会如何对《傻瓜编织》这本书进行评分？可以使用不同技术创建推荐系统。

协同过滤法（collaborative filtering）是通过利用其他用户的评分来实现（Ekstrand，et al.，2010）；记忆法（memory）则从用户相似度（用户-用户协同过滤）或商品相似度（商品-商品协同过滤）着手；基于模型（model-based）方法使用分析技术揭示数据中的模式。

用户-用户协同过滤的基本直觉原理是，过去对类似商品感兴趣的用户可能在未来也对类似商品感兴趣，反之亦然。它从通过对如连续兴趣值（如评分）的皮尔逊相关系数，对二元兴趣值（如喜欢/不喜欢、点击与否）计算 Jaccard 指数，以发现志趣相投的用户开始。在我们所举的例子中，我们可以看到 Wouter 和 Cristián 都与 Bart 相似。一个简单又直接的方法是计算 Bart 对《比利时啤酒》的评分，即 Cristián 和 Wouter 评分的平均值，即 4.5。这个做法非常类似于 k-最近邻（k-nearest neighbor）法。要注意，已经介绍过的其他推断缺失评分数据的程序，也要考虑一个用户的评分偏差（Ricci，et al.，2011）。

商品-商品协同过滤假设同样用户之前喜欢的商品，可能将被同样的用户继续喜欢。它从通过包括皮尔逊相关或 Jaccard 指数等在内的方法计算商品-商品相似性开始。在这个例子中，我们可以看到《傻瓜编织》《萨尔萨舞之秘密》《时尚趋势》具有相关关系评分。那么 Bart 对《傻瓜编织》的评分就能从他对《萨尔萨舞之秘密》和《时尚趋势》的评分进行平均后推导出来，即 1.5。要再次注意，还可以使用更复杂的程序进行以上推导（Ricci，et al.，2011）。商品-商品协同过滤的另外一个例子是关联规则，正如第 2 章所述。要记住，这里的原则是，所发现的商品之间频繁发生的关联关系需有足够量的支持度和置信度。

用户-用户协同过滤和商品-商品协同过滤两种模型都既易研发也易解释，并已经在很多应用中获得成功应用。一个主要的问题是关于冷启动问题，因为还没被评过分，这也就意味着新商品不容易被推荐；而因为新用户没有对商品评过分，所以新用户也不容易接收到推荐。另外一个非常值得一提的问题是，当用户-商品矩阵的稀疏性不断增长时，推荐的操作性会大为下降。

基于模型的协同过滤利用分析技术分析用户-商品矩阵，并提供相应推荐。其常用的方法有奇异值分解（singular value decomposition，SVD）、贝叶斯网络（Bayesian network）、潜在语义模型（latent semantic model）和马尔可夫决策流程（Markov decision process）等（Ekstrand，et al.，2010）。这些系统更复杂，通常也更难以解释。

内容过滤是基于商品内容而不是基于其他用户的意见而提供推荐。更特别的是，它查看的内容包括作者、艺人、导演、关键词、摘要、产品描述及用户标签等。基本的直觉原理是，对某特定商品感兴趣的用户，也可能对类似商品感兴趣。例如，如果一个用户购买了《利润驱动的分析》这本书，他/她也可能对《信用风险分析》一书感兴趣，因为两本书都有关分析，正如从题目和/或摘要所看到的，而且两本书还有共同的作者。现在冷启动问题只存在于新用户，而对于新商品却不存在。这种方法的一个缺点是，用户评分或意见没有被考虑。

无论协同过滤还是内容过滤，都有其优点和缺点。综合推荐系统试图对两种过滤的最好方法进行合并。第一种方法是，利用加权将不同推荐系统的推荐得分进行合并；第二种综合技术是置换法，即从替补的推荐系统获取相应推荐。

3.3　欺诈分析

据估计，因为欺诈造成的损失每年达到一家企业收入的5％（www.acfe.com）。以下是由 Van Vlasselaer 等（2016）提供的关于欺诈多层面现象的详细特征：

欺诈是一项非常态的、精心谋划的、蓄意隐藏的、随时间演进且通常都经周密组织的犯罪活动，它出现在各种类型的企业中。

这个定义突出了开发分析欺诈监测系统相关具体挑战的五个相应特征。欺诈是非常态的，因为通常只涉及少数的案例人群参与到欺诈中，这使得其很难被监测到。还有，欺诈者会努力搅浑水以免被注意到，因此一直受到非欺诈者的掩护。因为欺诈者目标通过周密考虑和计划得以隐藏，以精准执行欺诈而不被监测到，有效地保证了欺诈的蓄意隐藏性。欺诈监测系统通过案例提升和学习，因此欺诈者所采用的技术和计谋随时间而不断演进，或者更好地超前于欺诈监测手段。

欺诈通常还是经过认真组织的犯罪，这意味着欺诈者并不是经常单独运作，而是有团伙，并可能导致模仿。由 Van Vlasselaer 等（2016）所提供的有关欺诈描述的最后一个因素表明欺诈会以很多不同的形式出现。这既是指由欺诈者所使用技术和手段的范围宽广，也指欺诈发生在很多不同的情境中。一些通常的例子是信用卡欺诈、保险赔保欺诈、反洗黑钱、身份盗窃、保险欺诈、腐败、伪造、产品保修欺诈、通信欺诈、点击欺诈和偷税漏税等（Baesens，et al.，2016）。

对于欺诈监测的最经典的方法是基于专家的专家法，这意味着建立在欺诈分析人员的经验和业务知识之上。这种方法通常包括对可疑案件的人工调查，该事件可能已经出现信号，如因对客户没有进行过的交易进行扣费而遭到客户投诉。一个有争议的交易可能意味着由欺诈者所采用的新的诈骗手段，所以需要更详细的调查才能了解并因此确定新的机制。基于专家对欺诈进行监测的专家法通常要利用商业规则，如以下这些规则：

如果：

- 索赔额度超过上限值，或者
- 严重受伤，但没有医生报告，或者
- 对于事件的索赔版本有多个。

那么：

- 给索赔打上嫌疑标识。

专家法受一些现有缺陷的限制，而要建立规则库通常很昂贵，因为它们需要高级的人工信息输入，而且最终会发现难于管理。规则需要不断更新，只能触发真实的欺诈事件，因此每个出现信号的事件都需要人工跟入。所以，主要的挑战是要保持规则库的不断学习及其有效性，即要确定哪些规则需要添加、移除、更新或合并，以及什么时候做这些工作。

鉴于上述问题，存在以下三个方面明确的理由使得其有必要朝着基于分析的欺诈监测方法转变。

（1）**精准性**：与专家法对比，基于分析的欺诈监测提供了更强大的监测能力。

（2）**运营效率**：需要分析的事件大量增加，需要通过分析型欺诈监测方法提供自动化流程。

（3）**成本高效**：与规则库的维护成本高昂相比，若通过分析方法提供支撑，欺诈监测系统的研发不仅更易自动化，而且意味着方法的成本更高效。

可将很多种不同的分析技术用于欺诈监测。监测的机制基于目标在识别出与正常行为不同行为的描述性分析，即对异常现象的监测。思考表 3.4 所示的通话详单记录的数据集示例。当查看某特定订户通话的周天、日时段、通话时长及其他特征时，会发现一些通话与正常行为存在差异。因为这可能是身份盗窃案件，所以这些通话被打上嫌疑标识。

表 3.4　欺诈监测的通话详单记录示例

日期	时间	周天	时长	主叫地	被叫地	欺诈
16/11/2016	11：15	周三	18 分钟	巴黎	罗马	
18/11/2016	9：44	周五	15 分钟	巴黎	布拉格	
21/11/2016	19：20	周一	22 分钟	赫尔辛基	马德里	
22/11/2016	12：05	周二	34 分钟	巴黎	巴黎	
23/11/2016	14：34	周三	12 分钟	都柏林	罗马	
25/11/2016	15：58	周五	10 分钟	巴黎	巴黎	
26/11/2016	01：45	周六	30 秒钟	阿姆斯特丹	莫斯科	嫌疑
26/11/2016	01：50	周六	15 秒钟	阿姆斯特丹	莫斯科	嫌疑
27/11/2016	10：45	周日	10 分钟	都柏林	巴黎	
27/11/2016	23：20	周日	24 秒钟	马德里	法兰克福	嫌疑
28/11/2016	15：18	周一	14 分钟	阿姆斯特丹	阿姆斯特丹	
28/11/2016	23：54	周一	18 秒钟	阿姆斯特丹	柏林	嫌疑

描述性分析通过对历史观察对象进行学习，也称非监督学习，因为它们并不需要将这些观察对象贴上欺诈或非欺诈事件的标签。流行的技术，如异常值或异常现象监测、同一群体分析（peer group analysis）、断点分析（breakpoint analysis）和聚类（Baesens, et al., 2015）。然而，描述性分析很容易被由欺诈者采用的掩饰性欺诈策略所欺骗。

预测性分析也可用于跟踪欺诈。这类技术意在发现无声的警告，即发现欺诈者所不能掩藏的痕迹部分。预测性分析不仅可用于欺诈预测，还可用于测算欺诈金额。遗憾的是，预测性分析也有其局限性。更特别的是，它需要历史事例供其学习，即对历史观察到的欺诈行为经贴标签后的数据集。对于基于新的欺诈机制所存在的非常不同的欺诈类型来说，这将降低其监测能力，对于那些到今天还没被监测到的，也就不能将其包含在历史数据集中。对于新的欺诈机制的监测，描述性分析可能运行得更好一些，因为至少新的欺诈机制导致的不同于正常情况的偏差是可监测到的。这表现出预测性分析和描述性分析的互补性，并鼓励在开发强有力的欺诈监测系统时对两种方法的同时使用。

社交网络分析是通过学习和监测关联实体所构成网络中的欺诈行为特征，能够进一步拓展欺诈监测系统的能力。思考图 3.7 所示的欺诈监测社交网络示例。

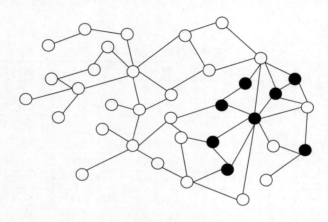

图 3.7　欺诈监测社交网络示例

这是只有一种类型节点的单一节点网络（unipartite network）示例，可能代表公司、客户、信用卡和银行账户等。实心节点表示欺诈者，空心节点表示非欺诈者。从这个网络可清楚地看出，在一个社群中，欺诈者具有聚集性。社交网络分析的做法是，利用社群挖掘或特征化，尽可能将这个影响准确建模（见第 2 章）。要注意，除单一节点网络外，多节点网络（multipartite network）也被认为能对多种类型的节点进行区分。举个例子，考虑一个保险欺诈情境。这里，网络可能包括索赔、投保个人、车、修车铺和移动电话等。研究这些节点之间的关系，能对复杂的多重的欺诈模式给出有价值的洞察。针对欺诈监测，为了成功利用社交网络，很重要的是要认真设计网络，包括节点和联结。这经常还包括与欺诈分析人员的深入探讨，他们以往的经验和背景知识是关键输入。

要着重强调的是，因为具备不同能力，且聚焦于欺诈的不同方面，所以描述性、预测性和社交网络分析应该互为补充，这很重要。更确切地说，当应用于一个综合性系统中，所有这三种技术都互相加强。当开发一个欺诈监测系统时，企业更倾向于按照已经介绍过的不同技术的顺序进行开展：第一步，开发基于专家的规则引擎，这样在第二步就能由描述性分析进行补充，接着依次是预测性分析和社交网络分析。用这种顺序开发一个欺诈监测系统，可使企业能够逐步培养专家和获得洞见，并因此促成后面每一步的开展。在可理解性方面，建议对欺诈监测使用白匣子分析技术（如逻吉斯回归、决策树），因为所获得的洞察就可以用于支撑防欺诈策略的制定。

3.4 信用风险分析

Basel Ⅱ/Basel Ⅲ 和 IFRS9 等管制准则的提出已经催生了对信用风险分析的关注。需要建立不同类型的分析模型以评估信用风险（Baesens, et al., 2016）。更具体地说，信用风险通常可分解为以下三大组成部分。

（1）**违约风险**，是对债务偿还义务违约的风险。一般通过 12 个月前瞻性违约概率（probability of default，PD）来进行测算，这里的违约通常定义为超过 90 天的支付拖欠。

（2）**敞口风险**，是违约前增加的敞口风险。通过违约敞口（exposure at default，EAD）进行测算，它表现为突出的债务金额。对于资产负债表上的敞口（如分期付款贷款、抵押贷款）是现成可获的，但是对于资产负债表之外的敞口（如信用卡和信用限额）却需要测算，要考虑哪部分未提用额度在违约时可被转换为信用。

（3）**损失风险**，是因为敞口违约导致的经济损失。通过对表示为 EAD 百分比的给定违约损失（loss given default，LGD）进行测算，考虑进直接成本和间接成本及通过合理折现后的现金流的时间性因素。

然后将上述三个风险参数进行综合，计算预期损失（expected loss，EL），EL＝PD·LGD·EAD，以及非预期损失（unexpected loss，UL），UL 是基于风险价值（VaR）似然性的有关 PD、LGD 和 EAD 的复杂函数。EL 和 UL 都能帮助银行基于其最优资产缓冲和供应做出决定，并保证它防范可能面临的风险。建立分析模型是为了估算 PD、LGD 和 EAD。这通常可以根据一个多层次模型框架来执行，如图 3.8所示。

图 3.8　多层次信用风险框架（Baesens，Roesch，Scheule，2016）

　　层次 0 构成数据层，在这里采集并合并多种数据源，如内部数据、专业数据和来自 Equifax、Experian、TransUnion、Dun&Bradstreet、Moody's、S&P 及 Fitch 等的外部数据。层次 1 的模型根据它们在违约（PD）、损失（LGD）和敞口（EAD）等方面风险的信用敞口进行排序并加以区分。对于违约来说，新客户可以通过申请记分卡（application score card）来进行评价，而现有的客户则将利用行为记分卡来进行监测。除了申请特征（如年龄、收入、职业状态）外，后者也可以利用行为特征（如活期账户余额、拖欠历史），这通常使得它们更具预测性。给定对于透明性和模型可解释性的管理需求条件，两种模型通常都可利用逻吉斯回归进行创建。通过 ROC 曲线以下区域面积，违约风险通常可被很准确地评估，申请记分卡和行为记分卡的取值范围在 70%～90%（Lessmann，et al.，2015）。对于损失和敞口风险测算、线性回归和回归树，以及两阶段模型通常都可以用（Loterman，et al.，2012）。通过利用取值范围通常在 15%～25% 的 R^2 的性能标准，与违约风险相反，损失和敞口风险都更难以预测（Loterman，et al.，2012）。层次 1 的分析区分模型输出结果可以用在层次 2，对应经校准后的 PD、LGD 和 EAD 的风险测算法，生成违约、损失和敞口风险评分。校准程序也要考虑由国内生产总值（Gross domestic product，GDP）、通胀率和失业率等变量测算的宏观经济环境的影响。Basel 准则规定，PD 应该利用五年历史数据，LGD 和 EAD 则应该利用七年历史数据来进行校准。

　　因为 PD、LGD 和 EAD 分析模型对银行、储蓄账户和整体经济所带来的战略性影响，它们也被拓展到地方银行监管者，并被承认有效。另外，无论是地方还是国际规则，对于信用风险建模，都可以指定哪些输入变量可用，哪些输入变量不可用。举个例子，美国平等信用机会法（US Equal Credit Opportunitie Act）规定，不能根据年龄、性别、婚姻状态、原属种族或宗教等区别对待信用，所以这些变量应该留在分析之外。要注意的是，不同的规则可能应用在不同地域，因此在信用分析建模能够启动之前应该进行核查。监管者也可能需要金融机构对他们的 PD、LGD 和 EAD 分析模型进行压力测试，以了解在诸如宏观经济下降或回退的不利环境下的他们的行为和收入情况。进行压力测试的两个常用方法是敏感性分析和场景分析（scenario analysis）。前者通常执行单变量敏感性分析（如收入下降 10％、申请或行为得分下降 5％），而后者则综合整个场景（或根据历史，或基于假设），包括多个变量及其间关系，看场景如何影响 PD、LGD 和 EAD 模型。实际上，很多针对信用风险压力测试而提出的观点和研发的方法也都可以成功运用在本章所阐述的其他应用中，以发现所开发的分析模型如何对压力条件做出反应。

3.5　HR 分析

大数据和分析除了可以用在管理客户关系之外，运用在公司的另一关键资产——员工之上也被证明是非常有益的。有很多不同的 HR 分析［也称工作间分析（workshop analysis）］方法可以考虑使用（Baesens，De Winne，Sels，2016；Baesens，De Winne，Sels，2017）。

首先第一个应用是分析员工流失或流动情况，对于当前很多公司来说这是一个主要问题。伟大的天才很稀少，很难留住，还被猎头高度关注着。因此，鉴于快乐员工和快乐客户之间直接关系的著名说法，员工的保持和了解员工不满意的驱动力成为最重要的事情。与客户流失类似，分析也能达到相应目的。首先第一步工作是采集员工流失的历史数据。数据多多益善，因为这样可以给出更多机会去发现以前的未知及深入员工行为的有趣洞见。常见数据包括员工数据、绩效和产能数据、参与度数据（如通过调查采集）、支付数据和特定工作任务数据等。依照之前讲过的分析流程模型，第二步，数据经统一、整合和清洗，为分析做好准备。然后就可以建立分析模型，对员工流失进行预测。从单纯分析角度看，将客户流失与员工流失进行交叉综合非常有益，因为它本质上可归结为分类方法，其结果也需要利用包括利润测算指标等手段以业务相关的方式进行评估。推荐逻辑斯回归和决策树，两者都属于白匣子技术，它们能够对员工为什么离开公司提供清晰的洞察，然后人力资源主管就能利用这些洞察制定相应的员工保持策略。

HR 分析的另外一个有趣的应用是分析员工的缺勤。员工可能因为生病、事故或劳累而缺勤。后者最近获得广泛关注，因为很多研究已经表明，你的绩效最高的员工对这个尤其敏感。因此，利用分析手段，充分了解员工缺勤的驱动因素，并基于了解在问题开始出现之前采取措施，现在这些都已经成为可能。可以利用分类（员工缺勤与否）和回归（缺勤的天数）两种技术对员工缺勤进行跟踪，也可以综合两种方法确定预期缺勤天数（expected number of days absent，EDA）。更具体地说，分类模型可以预测如接下来的 12 个月间员工将缺勤的概率（PA）。回归模型则可用于对那些缺勤的员工的缺勤天数进行预测——或者换句话说，即规定缺勤的缺勤天数（days absent given absence，DAGA）。预期缺勤天数可以按照下面的公式计算：

$$EDA = PA \cdot DAGA + (1 - PA) \cdot 0 = PA \cdot DAGA$$

除了预测分析之外，社交网络分析也可被用于 HR 目的。理解、建模和测算员工网络，对于 HR 战略决策来说，应该是战略的关键构成。就像由 Adler 和 Kwon 已经指出的（2002），一个精心设计的员工网络本质上意味着一个公司的社交资产，它指的是所拥有的资产或资源，而不是通过它所调动起来的。让我们或以个人或以集体为基础，举一个解雇的例子。

首先要回答的关键问题是如何建立一个员工网络，当制定解雇决策时需要用到。虽然节点显然是员工，但连接却远非由直觉所能决定。这应该基于两个信息源来确定：交流方式（如电子邮件、Skype 电话）和合作项目的分工。显然，两者之间具有强关联，但是已经炉火纯青的分析技术现在能够完美地将此过滤，并确定信息的最优组合。将连结量化的一种方法是利用之前介绍的 RFM 框架：最近期（最近电子邮件交互/合作项目分工是什么时候？）、频次（电子邮件或合作项目分工的频次）及额度（电子邮件的平均大小或合作项目分工的平均人月）。这里非常重要的是，要承诺进行匿名分析，并在任何时间都要尊重个人隐私。换言之，电子邮件只对发送者和接受者两个角度进行分析（而不对内容进行分析！），且要有必要的公开协议，应该获得涉及相关利益方的适当许可。

一旦员工网络已经确定，我们就可以利用之前讨论过的不同的描述性网络指标开始着手进行分析。要将一个员工的社交和组织的影响力进行特征化的两个关键测算指标是他/她的中介度和亲密度。我们将在图 3.9 所示的风筝网络中讲解这两个指标，该图在第 2 章中也已经讨论过。回顾一下，中介度量化的是一个员工有多经常位于网络中任意其他两个员工之间最短路径上，而亲密度则计算从一个员工到网络上所有其他节点的平均距离。具有较高中介度的员工（如在示例网络中的

Heather）通过对社交资产建立桥梁在社群之间扮演着代理的作用，这对于创新和效率提升方面来说都非常重要。具有高亲密度的员工（如示例网络中的 Fernando 和 Garth）与其他任何人都最接近，因此在劳动力网络中具有监测信息流的最佳位置。当要团结社交资产、促进协同合作并增强劳动力的凝聚力时，他们是关键人物。

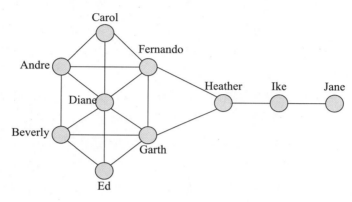

图 3.9　员工网络示例图

对于任何 HR 经理人员的未来决策工具包来说，无论是主动积极（即风险规避）的角度，抑或被动消极（也即损害控制）的角度，中介度和亲密度都应该是基本要素。当制定解雇决策时，具有高中介度的员工（如 Heather）应该被认真着手处理。他们充当着社群连接者的角色，可能——如果被解雇的话——对你的劳动力网络的基本构成部分造成功能性的解体（如 Ike 和 Jane 与其余人之间）。通过进行网络分析和测算，确定网络薄弱点（也即具有高中介度的节点），以及当对新的项目团队进行决策，或可能甚至是开展新招聘，在松耦合的员工群体之间建立必要的关系时，如果充分利用相关信息，该风险就可以被主动规避。从损害控制的角度看，对于高中介度员工的解雇，应该配以在被拆解的社群之间建立必要的沟通和合作桥梁来加以安置。作为补充，要注意，通过对高中介度的员工设计定制化的职业路径，也可使（员工）保持政策从网络分析中受益。

还有，亲密度应该被密切监测和评估。从解雇的角度看，因为社交的传染性，解雇具有高亲密度的员工（即 Fernando 和 Garth）风险很大。更具体地说，它们可能造成负面口碑的连锁效应，如引发潜在人才外流的结果。从风险规避的角度看，管理应该回避亲密度的热点，而将目标设为使整个劳动力网络的亲密度分布更具一致性（或更疏离）。在需要解雇一个具高亲密度员工的情况下，管理应该主动介入，确保此决策的必要的和正确的相关信息被适当传播，这样才能保证其劳动力的凝聚力。

就像任何分析工作或颠覆性技术一样，自小处着手但想法要大胆，这很重要。上述讨论主要聚焦于从描述性社交网络分析的角度了解员工网络。接下来的步骤显然是要立足预测目标对员工网络信息加以利用，如用来预测员工流失或参与度，甚或针对招聘目的。这可以利用第 2 章讲到的任何关系分类器方法来实现。甚至一个更具野心的目标可以设置为将员工网络与客户网络进行直接连接。这对于员工和客户流失之间的关系可能揭示出新的出其不意的洞察，而这可能使得一家公司能够建立一个前所未有的竞争优势。

这些只是 HR 分析的几个应用而已，还可以想到很多其他的应用，如利用社交网络技术了解劳动力的合作模式、基于智能推荐系统进行职位招聘、利用顺序规则进行职业路径分析，以及进行人才预测等。然而，除了具备一定潜力之外，产业界所报道的 HR 分析的成功应用并不多，这可能归功于以下探讨的几个不同原因。

首先，HR 依然正挣扎于对其较风险管理、营销和后勤等更不具战略重要性的普遍认知中，因此，从大数据和分析等新技术中受益通常就排到了组织的最后一位。考虑到两项技术对于提升 HR 的功能都具有极大潜力，这确实非常遗憾。

第二道障碍，也适用于之前讨论过的其他分析应用，涉及要利用两种技术所需的技能。其中目标职位之一就是数据科学家。在产业界，关于一个好的数据科学家由什么要素构成存在很大争议，并未达成认同。正如在第 1 章所探讨的，一个数据科学家应该具备所学科目的技能组合：量化建模（如统计学）、ICT（如编程）、沟通和可视化、商业理解和创造力。显然，这是独特的技能组合，是全世界众多的大学尚不能提供的数据科学家教育课程。这也解释了为什么对于这个职位当前全球都存在巨大紧缺。一些企业设置内部培训和培训课程，要将他们的一些员工变成数据科学家；另外一些企业则考虑将其作为可能的解决方案进行外包。尽管后者具备短期利益，但还是应该有一个清晰的战略远景和基于将所有风险都包括进去的认知批判性反思。

另外一个关注点是员工的工会。在十分强大的工会国度，试图对他们利用大数据和分析从而对他们的劳动力行为进行研究，公司必须提供清晰的正当理由。面对任何新技术总是会有一定程度的焦虑，这是我们人性的本质，因此，工会对此存疑也是意料之中的。要对此有所纠正，将两种技术作为促进者或机会，而不是作为逼近的危险或立马有效的治疗，并明确展示技术使用的结果将带来工作条件和/或员工满意度会如何改善极为重要。

总　　结

在本章中，我们选择了一些流行的分析应用进行探讨。就成熟性而言，信用风险分析模型是最复杂的。这可以从各种不同的监管准则（如 BaselⅡ/BaselⅢ 和 IFRS9）的广泛应用性来加以解释，金融机构被迫进行信用风险分析建模工作。本质上说，这些准则明确指定应该如何定义信用风险模型的输入和输出，并指定相应的可以使用什么类型的分析技术（如不能使用黑匣子技术）。这就解释了为什么在信用风险及其他监管风险应用（如市场和运营风险）中可以看到顶级分析模型。在营销、欺诈和 HR 分析中则没有监管准则可用，因此分析模型不是因为外部管制而是因为内部战略重点而进行研发。因此，从技术角度看，这些模型较其他信用风险分析的同类模型来说远未成熟。事实上，来自信用风险的很多建模推广和经验都可被成功转化到其他的应用领域。

贯穿本章大多数的讨论存在某方面缺陷，是有关开发模型的经济效果方面。总而言之，分析模型不应该只是从统计性能、可解释性和运营效率，或合规性等方面来进行评估，还应该考虑它们的盈利能力。换言之，利用这些模型能够产生多少利润？这个方面的内容将在接下来的章节进一步详细阐述。

复　习　题

一、多项选择题

1. 以下关于响应建模的陈述不正确的是（　　　）。

   A. 响应建模聚焦于通过利用分析模型深化或恢复客户关系

   B. 除了分类法之外，响应建模也能从回归的角度实现，这里的目标是建立回归模型预测响应的数量（或强度）

   C. RFM 变量可单独使用，或通过利用独立排序或依赖性排序而综合成一个唯一得分

   D. RFM 变量只适用于响应建模，不适用于其他营销分析应用

2. 以下陈述不正确的是 （　　　）。

    A. 预期流失意味着客户因为更便宜和更好的替代品而离开公司

    B. 消极流失指的是产品或服务使用量的下降

    C. 被迫流失发生在是公司而不是客户主动终止关系，如因为欺诈

    D. 主动流失意味着客户终止与公司之间的关系

3. 以下数据中，（　　　）可用于流失预测。

    A. 人口统计数据　　　　　　　　　　B. RFM 数据

    C. 产品/服务使用数据　　　　　　　　D. 以上都是

4. 流失预测可用 （　　　） 来处理。

    A. 分类模型　　　　　　　　　　　　B. 生存分析模型

    C. 社交网络模型　　　　　　　　　　D. 以上都是

5. 以下陈述不正确的是 （　　　）。

    A. 向上销售的概念是，通常在购买的时间，卖出更多给定产品

    B. 通常利用预测分析技术创建 X-销售应用

    C. 交叉销售的目标在于销售另外的产品或服务

    D. 向下销售的意思是为了保持一个更长久的可持续的客户关系，销售更少的产品或服务

6. 在进行客户细分过程中涉及的一个关键参数是 （　　　）。

    A. 用来测算集群相似度的同质性指标

    B. 集群个数

    C. 迭代步骤数量

    D. 集群的几何中心

7. 以下关于客户终身价值建模的陈述，正确的是 （　　　）。

    A. 当将马尔可夫链用于 CLV 建模时，是基于客户当前状态取决于客户所有之前所处状态的假设

    B. 帕累托/NBD 模型的关键优势在于，它是一个自由分布模型，因此利用任何现实生活数据集都可以很方便地实现

    C. 要对 CLV 值进行参数化，很多公司只会选择一种特定产品，利用 2～3 年的时间范围，对 WACC 设置折扣率，并忽视间接收益和成本

    D. 间歇购买型方法对流失的假设是，一个客户永远不会再返回到企业

8. 在进行客户之旅分析中，以下很重要的是（　　　）。

　A. 所有事件都贯穿不同客户触点，利用唯一客户标识来进行正确跟踪

　B. 事件在对细节汇总的层面进行跟踪

　C. 存储在事件日志中的事件只需要两种信息：客户标识和事件类型

　D. 可以忽视与客户不友好的行为（如投诉）相关的事件

9. 在以下有关推荐系统的陈述中，不正确的是（　　　）。

　A. 虽然测算用户隐性兴趣不需要用户费力，但它通常需要更多数据，且较用户直接兴趣测算信息噪声更大

　B. 关联规则是用户—用户协同过滤法的一种

　C. 用户—用户协同过滤的基本直觉原理是过去对相同商品感兴趣的用户在将来对同样的商品也感兴趣

　D. 商品—商品协同过滤假设的是之前由同样的用户喜欢的商品，今后将继续被同样的用户喜欢

10. 以下（　　　）是对欺诈的定义。

　A. 犯罪活动非常态，且经蓄意掩藏　　B. 欺诈经深思熟虑且经周密组织

　C. 策略不断随时间演变　　　　　　　D. 以上所有都是对欺诈特征的定义

11. 以下关于信用风险分析的陈述，（　　　）是正确的。

　A. PD 模型通常不如 LGD 和 EAD 模型的表现

　B. 非预期损失（UL）可以按照 UL＝PD·LGD·EAD 公式进行计算

　C. 信用风险模型通常依照如下多层次模型架构进行研发：层次 0——数据；层次 1——协同；层次 2——区分

　D. 申请和行为计分卡两者通常都利用逻吉斯回归进行架构建立

12. 以下关于 HR 分析的陈述，（　　　）是正确的。

　A. 只有描述性分析可被用于 HR 目标

　B. 只有预测性分析可被用于 HR 目标

　C. 在工会力量强大的国家，公司对于他们想要利用大数据和分析研究其劳动力行为必须提供清晰的论证。因此，这对于成功利用 HR 分析来说可能起到较大的阻碍作用

　D. 产业界已经报道了很多成功的 HR 分析应用

二、开放性问题

1. 物联网（IoT）指的是电器、感应器、软件和 IT 设施等，通过利用万维网技术堆栈（如 Wi-Fi、IPv6 等）与制造商、服务提供商、客户及其他设备不同利益相关方交换数据，而相互连接的事物所构成的网络。就设备这方面来说，你可以考虑心跳监测仪、运动、噪声或温度感应器、计量公共服务（如电、水）消费的智能计量器等。一些应用例子如下：

- 智能停车：对一座城市的免费停车位进行自动监控。
- 智能灯光：根据天气条件自动调节路灯灯光。
- 智能交通：根据交通和吞吐情况，优化驾驶和行走路线。
- 智能网格：自动监控能源消费。
- 智能供应链：对流经供应链的货物进行自动监控。
- 远程信息处理：对驾驶行为进行自动监控，并将信息与保险风险和保险费用进行关联。

其所产生的巨大数据量不言而喻，为分析应用提供了不可预见的潜力。选择一项具体的物联网应用，对以下问题进行探讨：

（1）如何利用预测性、描述性和社交网络分析？

（2）如何对分析模型的性能进行评估？

（3）分析模型的后处理和执行的关键问题。

（4）重要的挑战和机会。

2. 当前很多公司都对分析大力投入。对于大学来说，也有很多机会利用分析对流程进行流水线化和/或进行优化。分析可以对其起作用的应用例子如下：

- 分析学生考试未通过率。
- 安排课程时间表。
- 为毕业生找工作。
- 纳新。
- 学生餐厅的膳食计划。

确定一些其他的大学情境中可能的分析应用，讨论分析如何对这些应用起作用。在讨论中确保你能够明确解决以下方面的问题：

（1）对所考虑问题进行分析，其分析所带来的增值。

（2）所使用的分析技术。

（3）关键挑战。

（4）全新的机会。

注　释

参见 http：//pages. stern. nyu. edu/～ adamodar/New ＿ Home ＿ Page/datafile/
wacc. htm.

参 考 文 献

Adler P. S. ，and S. W. Kwon. 2002. "Social Capital：Prospects for a New Concept. " *Academy of Management Review* 27（1）：17-40.

Athanassopoulos，A. 2000. "Customer Satisfaction Cues to Support Market Segmentation and Explain Switching Behavior. " *Journal of Business Research* 47（3）：191-207.

Baesens B. 2014. *Analytics in a Big DataWorld*. Hoboken，NJ：John Wiley & Sons.

Baesens B. ，S. De Winne，and L. Sels. 2017. "Is Your Company Ready for HR Analytics?" *MIT Sloan Management Review*，forthcoming.

Baesens B. ，S. De Winne，and L. Sels. 2016. "What to Do Before You Fire a Pivotal Employee. " *Harvard Business Review*.

Baesens B. ，D. Roesch D. ，and H. Scheule. 2016. *Credit Risk Analytics—Measurement Techniques，Applications and Examples in SAS*. Hoboken，NJ：John Wiley & Sons.

Baesens B. ，V. Van Vlasselaer，and W. Verbeke. 2015. *Fraud Analytics Using Descriptive，Predictive，and Social Network Techniques：A Guide to Data Science for Fraud Detection*. Hoboken，NJ：John Wiley & Sons.

Baesens B. ，S. Viaene，D. Van den Poel，J. Vanthienen，and G. Dedene. 2002. "Bayesian Neural Network Learning for Repeat Purchase Modelling in Direct Marketing. " *European Journal of Operational Research* 138（1）：191-211.

Cullinan G. J. 1977. *Picking Them by Their Batting Averages' Recency-Frequency-Monetary Method of Controlling Circulation*，Manual Release 2103（Direct Mail/Marketing Association，NY）.

De Weerdt, J., M. De Backer, J. Vanthienen, and B. Baesens. 2012. "A Multi-Dimensional Quality Assessment of State-of-the-Art Process Discovery Algorithms Using Real-Life Event Logs." *Information Systems* 37 (7): 654-676.

Ekstrand, M. D., J. T. Riedl, and J. A. Konstan. 2010. "Collaborative Filtering Recommender Systems." *Foundations and Trends in Human-Computer Interaction* 4 (2): 81-173.

Fader, P. S., and B. G. S. Hardie 2005. "A Note on Deriving the Pareto/NBD Model and Related Expressions." http: //brucehardie. com/notes/009/.

Fader, P. S., B. G. S. Hardie, and K. L. Lee, 2005a. "Counting Your Customers the Easy Way: An Alternative to the Pareto/NBD Model." *Marketing Science* 24 (2): 275-284.

Fader, P. S., B. G. S. Hardie, and K. L. Lee. 2005b. "RFM and CLV: Using Iso-Value Curves for Customer Base Analysis." *Journal of Marketing Research* 42 (4): 415-430.

Glady, N., C. Croux, and B. Baesens. 2009a. "A Modified Pareto/NBD Approach for Predicting Customer Lifetime Value." *Expert Systems with Applications* 36 (2): 2062-2071.

Glady, N., C. Croux, and B. Baesens. 2009b. "Modeling Churn Using Customer Lifetime Value." *European Journal of Operational Research* 197 (1): 402-411.

Gupta, S. 2009. "Customer-Based Valuation." *Journal of Interactive Marketing* 23: 169-178.

Gupta, S., D. Hanssens, B. Hardie, V. Kumar, N. Lin, N. Ravishanker, and S. Sriram. 2006. "Modeling Customer Lifetime Value." *Journal of Service Research* 9 (2): 139-155.

Jackson B. 1985. *Winning and Keeping Industrial Customers*. Lexington, MA: Lexington Books.

Kumar V., G. Ramani, and T. Bohling. 2004. "Customer Lifetime Value Approaches and Best Practice Applications." *Journal of Interactive Marking* 18 (3): 60-72.

Lessmann S., B. Baesens, H. V. Seow, and L. C. Thomas. 2015. "Benchmarking State-of-the-Art Classification Algorithms for Credit Scoring: An Update of Research." *European Journal of Operational Research* 247 (1): 124-136.

Loterman G., I. Brown, D. Martens, C. Mues, and B. Baesens. 2012. "Benchmarking Regression Algorithms for Loss Given Default Modeling." *International Journal of Forecasting* 28 (1): 161-170.

McCarthy, D., P. Fader, and B. Hardie. 2016. "V (CLV): Examining Variance in Models of Customer Lifetime Value," work in progress.

Pfeifer P. E., and R. L. Carraway. 2000. "Modeling Customer Relationships as Markov Chains." *Journal of Interactive Marketing* 14 (2): 43-55.

Reinartz, W. J., and V. Kumar. 2003. "The Impact of Customer Relationship Characteristics on Profitable Lifetime Duration." *Journal of Marketing* 67 (1): 77-99.

Ricci, F., L. Rokach, B. Shapira, and P. B. Kantor. 2011. *Recommender Systems Handbook*. Heidelberg: Springer-Verlag.

Richardson, A. 2010. "Using Customer Journey Maps to Improve Customer Experience." *Harvard Business Review*.

Schmittlein, D. C., D. G. Morrison, and R. Colombo. 1987. "Counting Your Customers: Who Are They, and What Will They Do Next?" *Management Science* 33 (1): 1-24.

van der Aalst, W. M. P. 2012. *Process Mining: Data Science in Action*. Heidelberg: Springer-Verlag.

Van Vlasselaer V., T. Eliassi-Rad, L. Akoglu, M. Snoeck, and B. Baesens. 2016. "GOTCHA! Network-Based Fraud Detection for Security Fraud." *Management Science*, forthcoming.

vanden Broucke, S. K. L. M., and J. De Weerdt. 2017. "Fodina: A Robust and Flexible Process Discovery Technique." http://www.processmining.be/fodina/.

Verbeke W., K. Dejaeger, D. Martens, J. Hur, and B. Baesens. 2012. "New Insights into Churn Prediction in the Telecommunication Sector: A Profit-Driven Data Mining Approach." *European Journal of Operational Research* 218 (1): 211-229.

Verbeke W., D. Martens, and B. Baesens 2014. "Social Network Analysis for Customer Churn Prediction." *Applied Soft Computing* 14: 341-446.

Verbeke W. 2011. "Building Comprehensible Customer Churn Prediction Models with Advanced Rule Induction Techniques." *Expert Systems with Applications* 38: 2354-2364.

4

第 4 章

建立提升模型

4.1　概述

　　在第 3 章讨论客户流失预测时我们已经解释过，通过建立和运用客户流失预测模型，我们可以对在保持活动中最有可能流失的客户进行目标定位。因此，预测模型的运用，通过排除非流失客户并选择真正可能的流失客户，能够显著提升客户保持活动的效率和回报。读者可能已经意识到，通过选择那些不仅可能流失而且在客户保持活动中定位到那些有可能被保持的客户，活动会获得进一步的提升。如果从活动中排除那些可能流失但已经下定决心因此不可能被保持住的客户，利润率也可以得到进一步提高。

　　说到底，在本章我们会介绍一些建立提升模型的方法，目标在于评估营销活动等营销**处理**（treat）措施对客户行为产生的净效果（net effect）。提升模型可使用户优化对于要包括进营销活动中的客户的选择，并进一步在个体客户层面，对在接触渠道及所提供的激励措施特性等方面的营销设计进行定制化。这些定制化可以进一步提升活动的效果和回报。

　　在本章第一部分，我们会大致介绍并鼓励将提升建模用作本书之前已经讨论过的标准预测模型的一种备选方法；接下来在第二部分，因为需要进行专门的实验，所以会详细介绍要开发提升模型所需要的具体数据；然后在第三部分，将介绍不同的提升建模方法，并对模型提升的评估方法进行探讨；最后，在提出本章总结之前，讨论要建立提升模型的实践指南和两步法。

4.1.1　提升建模案例：响应模型建立

在第 3 章中介绍的预测模型已经广泛用于响应模型的建立。响应模型的目标在于对哪些客户可能做出响应进行预测。通过定位这些客户，从而促进营销活动的效率和预期收益。要注意，当建立响应模型时可能要考虑不同类型的响应，如对于一个广告阅读和点击的软响应，或者购买或转化的硬响应。

响应建模可用于不同类型营销活动情境中，如目标如下的营销活动中（Lo，2002）。

- **客户获取**：预测哪些潜在客户最有可能成为客户，因此应该在一个客户获取活动中被作为目标定位。
- **客户发展**：预测哪些客户可能有兴趣购买新增产品或订购新增服务，此即交叉销售模型的目标；或者预测哪些客户可能发展到要对现有产品增加花费，此即向上销售模型的目标。
- **客户保持**：预测哪些具有高概率流失的客户，当将其作为保持活动中的目标定位时，更有可能被保持住。

想法就是，确定哪些客户更有可能响应，因此对这些客户提供相应激励实现高效转化。在营销活动中对目标客户进行定位，通常指的是对客户进行**处理**（treating），而针对客户开展的相应活动或举措为**处理**（treatment）。具体来说，因为营销预算有限，且要将客户包括进一个营销活动需要相应成本，即策划并开展一项营销活动的成本及接触客户所包括的成本，所以，并不会将所有客户都作为一项营销活动的目标定位（也即被处理）。可以通过不同渠道接触客户，如通过邮件或电子邮件，通过电话，或通过销售代表访问客户或访问店内潜在客户。另外，还有所提供激励的相应成本，具体激励可包括优惠券、代金券、样品、推广优惠和折扣。

对于所有目标人群来说，接触成本不一定是统一的，虽然为了简化起见它们通常被假设为统一的。例如，一些客户在到达之前必须经过多次电话呼叫，或者销售代表可能需要旅行较长距离才可能访问到住在偏远地区的潜在客户。根据接触的渠道、类型及激励的价值，激励也可能是多样化且定制化的，以进一步优化营销活动效果。预测分析也将会用来在个体客户层面对其进行营销活动特征的定制，如为了营销活动更有效而估算其所偏好的渠道或最低激励。

然而，这些传统响应模型的使用都是次优的，因为这些模型所估算的是**总响应**（gross response）而不是**净响应**（net response）。总响应的估算包括对所有响应者的预测，而净响应的估算则只包括对那些被定位才响应的响应者的预测。换言之，传统响应模型不支持对响应或转化的客户进行区分，即对那些因为在活动中被定位并已经收到激励的客户和即使没有被定位到但无论如何也会进行响应的客户并不进行区分。

当要考察目标定位营销活动的运营利润时，实际上并不存在来自包括营销活动中第二个群体，即那些无论如何已经响应的客户群体产生的净利润。相反，因为没有产生额外的收益覆盖包括这些客户在内因此所产生的成本，反而产生净损失。例如，当提供10％折扣的优惠券派送给那些无论如何都会购买产品的客户时，相比他们没被接触到时他们将花费更少在产品或服务上。营销能力因此导致收益减少，并导致净损失。

显然，我们必须知道客户**处理**的净效果，而不仅仅是总效果，以优化所采取的具体行动。提升模型建立，也被称为净-提升（net-lift）、真正-提升（true-lift）或差异模型建立，目标在于对因为开展到个体客户的特定处理而使客户行为产生差异进行精确的构建。本章中，我们会探讨建立提升模型的不同方法。

为了与文献及前面章节所深入探讨的一些商业应用保持一致，本章对提升模型建立的探讨将聚焦在营销应用上。但是要注意，提升模型建立在营销情境之外也具有广泛应用并产生了巨大附加值。一些在其他领域应用的例子如下所述。

- **信用风险管理**（Siegel，2011）。对此，提升模型建立可用于估算，当一个债务人发生债务违约时所产生的最终损失中，由于托收能力所产生的效果。
- **动态定价**（Siegel，2011）。对此，提升模型建立的目标是，估算因为对客户购买意图进行定价所产生变化导致的净效果。价格通常被认为是希望对客户行为有所影响的营销活动的一个特性，要将活动的一个特性效果最大化，需要建立和设置相应的高级提升模型。本章稍后部分会对相应调试进行讨论。
- **生物医学临床实验分析**（Collett，2015；Goetghebeur，Lapp，1997；Holmgren，Koch，1997；Russek-Cohen，Simon，1997）。对此，目标是基于一个病人的健康状况，也可能取决于病人的特点，测算一种新开发药物的净效果。
- **政治活动**（Issenberg，2012）。这显然表示运作营销活动的大型集会，对此提升模型建立的目标是，以定制的方式，确认并激发**合适**的公民进行投票。

在这个语境中，**合适**指的是那些将对运作此活动的候选人进行投票的公民，或者那些可能被说服对这位候选人进行投票的人（即所谓的摇摆或转换投票者）。

无论何时，用于开发预测模型的数据因为业务或组织与其客户之间的相互作用，在一定程度上都会受到影响，或不得不发生改变，提升模型的建立可能只是获得无偏差结论的更正确的方式。提升模型的建立可以根据数据对这些相互作用的影响效果进行总结，并在模型中考虑相互作用的效果。

要建立提升模型，总结相互作用对客户行为的影响效果，一个关键需求是获得**适当**（right）的数据。以下我们将详细探讨**适当**的确切含义及如何采集这些数据。我们将全面探讨一个具体的初步数据采集策略，这对于提升模型建立来说是不可或缺的必要条件。对于提升模型建立来说，很有必要通过良好-设计的实验对所需数据进行**主动**采集，或者通过对有关营销活动客户层面的信息跟踪对所需数据进行被动采集。

本章余下部分内容将进行如下组织。接下来的部分讨论活动对客户行为产生变化方面的效果；然后，对作为传统响应模型的改善替代的提升模型建立所需数据进行探讨；第三部分探讨开发提升模型的不同方法；本章的第四部分和最后部分专门讨论提升模型的评估，这会比对传统模型的评估更具挑战性，需要特定的测算指标和方法。因此，会对提升模型的效果评估的定制化评估程序进行全面探讨并作展示。可视化评估方法和性能指标都将被讨论到。作为总结，要注意，所提供的对提升模型的最优运行实践，所遵循的从利润驱动的角度，与本书之前章节是一脉相承的。

4.1.2　处理效果

正如前面所说，提升模型建立的目标是对响应者和非响应者进行区分。另外，对响应群体中因为活动而响应的客户和即使没有活动也将响应的客户进行区分。实际上，在非响应者群体中，就被处理或没被处理两种情况下的有关响应行为，还可以并且应该进行进一步的类似细分。

在一些情况下已经观察到，通过在营销活动中对客户的目标定位而给客户造成负面影响。换言之，当被处理时，客户并不响应，而在没被处理时反而会购买。按照 Kane 等（2014）的研究，客户被划定为四类客户群体。如图 4.1 所示，基于是否响应的行为及是否被作为目标定位，根据这两个维度区分人群。

当不处理时有响应

是　　　　　否

	是	否
否	免被打扰者	必失无疑者
是	必买无疑者	可被说服者

（左侧纵向标注：当处理时有响应）

图 4.1　基于是否被作为目标定位条件下的购买行为结果，客户划分为四种类型

［图引自（Kane, et al., 2014）］

最终结果客户分别称为**必买无疑者**（Sure Things）、**必失无疑者**（Lost Causes）、**免被打扰者**（Do-Not-Disturbs）和**可被说服者**（Persuadables）四种类型。在本章其余部分，我们会对这些客户类型进一步拓展应用。因此，读者需要记住以下内容：

①**必买无疑者。**无论他们是否被作为处理对象，他们都会响应或购买。因此，处理**必买无疑者**不会产生额外收益，但会产生额外成本（也即，接触客户的固定成本及对目标客户所提供激励相关的成本，如派送给客户的意在引导客户购买产品或服务而提供价格折扣的优惠券）。要注意，其额外的成本可能产生正面的次级效果，增强客户关系和提升客户满意度，导致客户流失风险下降。为简化起见，这类二级效果在这里忽略不论。

②**必失无疑者。**无论他们是否被作为处理对象，他们都不响应。与**必买无疑者**类似，目标定位**必失无疑者**不会产生额外收益，但会产生额外成本。但是，与处理**必买无疑者**所承受的额外成本相比，处理**必失无疑者**的额外成本更低。**必失无疑者**不做响应也没有使用所提供的激励，而**必买无疑者**则使用了激励。因此，**必买无疑者**当被作为营销活动定位目标时，较**必失无疑者**代价更高。

③**免被打扰者。**当免被打扰者作为营销活动定位目标时，会受到负面影响。如果被作为处理对象，他们就不会购买；如果不被作为处理对象，他们反而会响应。例如，因为被通常的客户流失预测模型显示为使用某产品或服务下降风险很高而在客户保持活动中被目标定位的客户，可能被激发到发生真正流失。因此，反而起到与当初目标背道而驰的作用。显然，在活动中对免被打扰者的目标定位并不会产生额外收益，但会带来很大的额外成本。因为这大量的相关成本，所以应该绝对避免对**免被打扰者**的处理措施。如果在活动中目标定位到太多免被打扰者，从利润角度看，不运作此活动可能还更好，因为它产生了净损失。

④**可被说服者**。当作为处理对象时会做出响应，当不作为处理对象时则不会做出响应。这些净响应者正是我们实际上所寻找的人群。他们只有在被接触时才购买，或根据邀请，购买更多、更早，或者持续购买。因为**可被说服者**，活动产生了额外收益，因此，减去包括进其他类型客户所产生的成本，使得活动最后是盈利的。**可被说服者**正是我们必须处理的客户，这些客户应该能由用来为活动选择目标人群的模型所识别。

要注意的是，当被处理或没被处理时，客户做出响应或不响应，其相应真实行为可能更取决于营销活动的不同特性，即所采用处理措施的特性。这些特性包括，如通过什么渠道接触客户，所提供的激励的类型、规模或金额数量。因为对于这些特征我们已经完全掌控，也能对其自由决定以使活动收益最大化，所以对这些特征进行优化和定制化才有意义。在一些情况下，我们甚至可对这些特性基于个体客户层面进行定制。在给定所需数据可获得的重要先决条件下，正如将在提升模型建立方法部分所要探讨的，提升模型的建立即为基于个体客户层面完成这些进一步的优化和定制化的方法。然而，在对这个方法进行详细阐述的文献中能找到的案例并不多，很有可能是因为涉及采集的所需数据、建立适当的提升模型，以及部署和运营模型以调整和配合营销活动等工作中存在的复杂性。

最后，要注意，在一个客户群可能存在也可能不存在前述客户类型。更一般地说，在某个特定的客户群中，前面所谈到的四种客户类型的任何可能组合都可能存在。这些类型是否存在及他们确切的组合取决于客户人群及活动的特征。例如，对于某一特定类型的活动来说，或许在客户群中并不存在**免被打扰者**类型。在这种情况下，就不存在对客户负面影响的风险。相反，当不存在**可被说服者**类型时，就不应该开展活动，因为没有利润可以产生。虽然这种极端的情况极为少见，但是**可被说服者**的比例通常很小。因此，进行成本收益分析，其结果可能会比较敏感。

4.2　实验设计、数据采集和数据处理

4.2.1　实验设计

使得提升模型得以建立并从客户群中识别出**可被说服者**，因此所需的特定数据需求，本质上就是建立提升模型的目标。也就是说，对于一个客户样本框来说，无

论他们是否对将他们作为目标定位的活动进行响应，信息必须是可获得的。活动最好相同，或者如果不同，至少尽最大可能与将在更大范围客户推广的活动相似，或与要重复进行的我们意欲对此建立提升模型的活动相似。如果最终开展的活动与针对样本客户收集响应信息所开展的活动存在显著不同，那么最终的提升模型和新的活动对客户行为相关影响的估算可能既不可信也不准确。

除了包含被处理客户的行为信息在这首先的样本框之外，还需要没被处理的类似样本客户的行为数据的描述或把握。所需信息包括这些客户是否响应，更一般地说，这些客户是否在没有被处理的情况下还显示出我们希望引导出的行为。采集这两类样本的基础想法是对他们进行比较，然后就此总结处理的净效果，并将其作为个体客户特征的一个函数。

第一个被处理客户的样本框称为**处理组**（treatment group），而没有被处理的客户样本框称为**控制组**（control group）［也称参考组（reference group）］。对控制组和处理组客户间所观察到的行为差异，可使提升模型方法能够估算个体客户的处理效果。理想的情况下，两个样本框都是随机抽取的，因此在所有相关特征方面都是相似的。

图 4.2 为数据采集、提升模型建立及相应的活动设置提供了一个概念视图。第一步，从全部客户基础库（full customer base）中随机抽取一个模型**开发基础库**（development base）。要注意，图 4.2 所示的全部客户基础库可能包括也可能不包括潜在客户，这取决于要被开发的提升模型的应用。例如，客户获取模型的建立，意在从目标在吸引新客户的客户获取活动的响应方面评价潜在客户。因此，**全部**的含义就取决于即将开展的应用，因此在特定环境下应该合理确定应用，以确保抽取到的样本具有**代表性**。

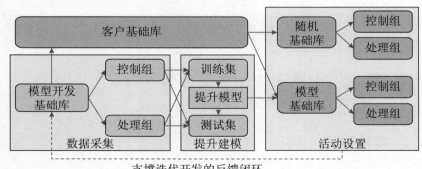

图 4.2 实验设计、抽取提升模型建立所需数据，支撑活动对模型基础库的选择

开发基础库被随机拆分为规模相等的处理组和控制组。处理组和控制组分别被设想中的活动处理和不被处理。两个样本框的响应数据都被记录，然后被存储，再如第 2 章所讨论的被随机拆分为训练集和测试集。然后利用训练集开发提升模型，这将在本章的后面部分进行探讨。结果模型通过测试集利用评估程序来进行评估。通过评估程序可以确定对于真正活动的开展所选择的**模型基础库**（model base）是否合适，从而评估模型的性能是否良好。

要测算活动和模型的高效性，要采集额外的数据进行进一步的提升模型建模，还要准备一个**随机基础库**（random base）。随机基础库包括一个从客户基础库随机抽取的客户样本框。随机基础库本身应该被随机拆分为大小相同的处理组和控制组，类似于模型开发基础库的处理组和控制组，分别接受活动的处理和不被处理。

要注意，就像之前谈到的，用于开发提升模型的初始模型开发基础库样本可能是之前类似活动的模型基础库和随机基础库样本的合并（如果可获得）。另外，开发基础库可能是定期重复运行的之前活动的模型基础库和随机基础库的样本合并。

建议组织提升模型的开发并对活动以迭代过程方式进行运营。在每次迭代中，利用模型选择控制组和处理组，同时从客户基础库随机选择控制组和处理组，分别记录两个组的相应行为，并对相应记录数据进行采集。换言之，从客户基础库随机选择随机基础库样本，然后将其拆分为控制组和处理组。用于下一次迭代的开发数据库则包含随机基础库和模型基础库样本的合并。

对于应该将模型基础库样本用于开发提升模型，有人可能会反对，因为模型基础库并不是以随机方式抽取的。事实上，当建立分析模型时，因为随机性可以消除可能存在的偏差，所以总是建议用随机样本。但是，模型基础库样本因为太具价值，代表着丰富的信息源，所以应该进行充分的探索和利用，以进一步完善提升模型，进一步优化模型基础库样本的选择及将未来活动的收益最大化。

要对因对模型基础库选择的非随机性而导致的可能偏差进行测试和控制，可将表示客户是否被活动所选择的哑变量，或将随机基础库，包括进用于开发提升模型的数据样本中。如果哑变量指标是一个重要的、统计意义上显著的变量，则说明偏差是可控的。

4.2.2　活动模型有效性测算

根据对随机数据库和模型数据库的控制组和处理组的响应率的观察，数据科学家可以测算提升模型的有效性和活动的有效性（Lo，2002）。要注意，提升模型的有效性并不等同于活动的有效性，当评估模型有效性时，二者应该有所区分。表4.1总结了在图4.1所示的活动情况下所观察到的不同样本或组别的响应率，支撑对有效性的测算。活动的有效性、模型的有效性，以及模型和活动一起的综合有效性可以通过对比四个最终客户群之间的响应率而进行测算。

表 4.1　模型和活动有效性测算概览

	处理组	控制组	处理减控制
模型基础库	$R_{M,T}$	$R_{M,C}$	$R_{M,T} - R_{M,C}$
随机基础库	$R_{R,T}$	$R_{R,C}$	$R_{R,T} - R_{R,C}$
模型减随机	$R_{M,T} - R_{R,T}$	$R_{M,C} - R_{R,C}$	$(R_{M,T} - R_{R,T}) - (R_{M,C} - R_{R,C})$

根据模型基础库和随机基础库检查处理组的响应率是否高过控制组的响应率对活动有效性进行评估。对于两个基础库而言，除了活动有效性之外，处理组和控制组应该是相似的，所以是活动有效性影响了响应率。因此，所观察到的响应率在两个完全可比的组别之间差别越大，活动就越有效。

相反，模型通过对所要处理客户的选择进行完善而有效促进活动效果的提升，在模型基础库中的处理组和控制组响应率之间的差异（$R_{M,T} - R_{M,C}$）应该大于随机基础库中处理组和控制组响应率之间的差异（$R_{R,T} - R_{R,C}$）。随机基础库中响应率的差异测算的是因为活动导致的响应率的提升。对于所选择处理客户被证明有效的模型来说，模型基础库中响应率的增加应该大于活动导致响应率的增加。因此，正如 Lo（2002）所提出的，响应模型的量化商业目标，以其所开展活动本身的有效性来测算，就是将此差异最大化，也被称为**真正提升**（true lift）。

$$真正提升 = (R_{M,T} - R_{M,C}) - (R_{R,T} - R_{R,C})$$

真正提升估算的是收益，就响应率来说，因为基于模型而选择目标人群进行处理而获得的收入和销售量。

也可以通过对模型性能采用垂直角度评估的方式得到上述真正提升的等式。通过将模型基础库的处理组和随机基础库的处理组之间的响应率进行对比，还可以评估模型在识别**可被说服者**上的有效性。两个群组都接受了处理，差别只是在于他们被如何选择的方式上，即是被模型的方式选中还是被随机的方式选中。因此，观察到的响应率之间的差异越大（$R_{M,T} - R_{R,T}$），模型在选择**可被说服者**上就越有效。

模型基础库和随机基础库控制响应率之间的差值（$R_{M,C} - R_{R,C}$）可以为负，因为提升模型的目的是在客户基础库中选择只有当被处理时才做出响应的**可被说服者**。因为没有进行处理，模型基础库中的控制组的响应率可被认为低于平均响应率，即正是在随机基础库中控制组中所观察到的响应率。因此，因为 $R_{M,C} < R_{R,C}$，所以差异 $R_{M,C} - R_{R,C}$ 也为负。

对比处理组响应率之间差异（$R_{M,T} - R_{R,T}$）和控制组响应率之间差异（$R_{M,C} - R_{R,C}$），得到模型有效性的**净**测算指标，即真正提升：

$$真正提升 = (R_{M,T} - R_{R,T}) - (R_{M,C} - R_{R,C})$$

重新组织这个等式会得到前面所提供同样的真正提升的等式。因此，正如预期，评估模型有效性的两种角度得到相同的等式，但是两种推导提供了互为补充的洞察。

按照前面的讨论，表 4.2 提供了一个模型实例，通过对示例的详细阐述提供了对活动效果的测算。如表 4.2 所示，对于通过模型所选出的处理组来说，响应率达到了 5.3%；而在控制组中，响应率却只达到了 1.2%。在随机选择的处理组和控制组中，响应率分别为 2.1% 和 0.8%。因此，当目标定位随机选择的客户时，处理导致的响应率增加或提升等于 2.1% − 0.8% = 1.3%。这个结果表明，对于活动的效果，模型应该有进一步提升的要求。要注意，活动有效的含义是活动对响应率能够起到促进的作用。

表 4.2　模型和活动效果测算示例

	处理组	控制组	处理减控制
模型数据库	5.3%	1.2%	4.1%
随机数据库	2.1%	0.8%	1.3%
模型减随机	3.2%	0.4%	**2.8%**

当考察运用模型选择目标客户带来活动的提升效果时，我们观察到处理效果等于 5.3% − 1.2% = 4.1%，这大大高于当随机选择客户时所达到的 1.3% 提升的标准效果。因此**真正提升**等于 4.1% − 1.3% = 2.8%，可以得出结论，模型是有效的，并且其增强了活动效果。

1. 实践问题

当为提升模型的建立设置相应实验设计时，会出现一些实践问题和挑战，如图 4.2 所示。

首先一个很大的挑战可能是对建模模式所需要转变的说服管理（convince management），即从传统响应建模方法转向提升模型建立方法。所需重要投资是投入计划实验环境和建模流程的开发和部署，对于这个并没有获得增量收益的保证。另外，因为以下原因，要对所需数据进行采集，需要对计划实验环境进行精心设计，管理可能会有些勉为其难。

①虽然几乎可以肯定的是，模型基础库已经包含进很多如果处理预期一定会购买的客户（如包括很多可被说服者），但从模型基础库中拿出一个控制组，可能很难得以通过，因为这样活动当下的潜在收益就不能达到最大化。

②为了数据采集而对建立提升模型进行的投资，其收益并不确定。在一段时间之后，当提升模型运行正常时，这可能只会变得更明确而现实。因为正如俗话所说的，**双鸟在林不如一鸟在手**，管理可能更倾向于短期结果，而对于无论是提升模型的建立，还是所需数据采集的更专门的投资来说，都只是有关对尚在树丛中的鸟的追逐（也即，想要获得更高收益但需要较长时期）。

③还有，将一个随机选择的处理组作为建立随机基础库的构成部分进行定位可能不受欢迎。因为这么一个样本框是从客户基础库中随机抽取的，可以预见到净响应率和粗响应率可能都会很低。换言之，可能选择到很低比例的**可被说服者**作为随机基础库处理组的构成部分。再次强调，对随机基础库处理组投资并不能获得直接收益，而将产生的只是更长期的间接收益。

建立实验设计并采集所需数据的投资和能力并不能立马产生额外的收益或利润。相反，因为丢失的销售和次优目标定位而造成的间接损失倒是时有经历。然而，事实上，这些与数据采集和模型评估的基本投资相关的损失，最终在接下来的活动中将获得额外的收益和利润。

实验环境部署达成一致后，下一个挑战和必须制定的重要决策是有关客户数量方面的，对于模型和随机基础库要选择多少客户，对于模型基础库和随机基础库中的控制组和处理组要选择多少客户。正如文献中所表明的，建模所获得观察对象越多，通常结果越好。然而，显然也存在现实局限性。

①模型基础库的规模，通常根据开展活动的可获得的营销预算及每个所包括进客户的成本来决定。但是，应该优化活动目标定位的客户数量，以使活动收益最大化。如何对模型基础库规模进行优化，将在提升模型评估章节进行探讨。对于所产生收益来说，探讨不会起直接作用，但是仍有潜在的重要影响，因此值得努力。必须建立相应效用函数或利润函数，来考虑对于响应者和非响应者的处理或不处理的成本效益问题。

②因为随机基础库的处理组的客户代表着投资，要将随机基础库，更确切地说，要将随机基础库的处理组客户规模最小化，可能存在一定压力。作为一条通用原则，我们建议，根据经验而不是实验依据，以及遵照第 2 章中所提供的最小数据样本规模的原则，在随机基础库的处理组包括至少 1 000 个客户，但是绝对不能少于 100。所包括的客户数量取决于预期的响应率、总体客户基数的规模、活动成本和潜在收益及其他需求或问题特性。有关预期响应率方面，响应率越低，应包括越多的观察对象，以对类别的偏态分布进行处理和弥补。

用于测算活动效果的样本，更确切地说，要计算表 4.1 所示的响应率，并对所观察到的响应率差异进行统计测算，可以随机选择实验环境中的可选样本，以平衡这些样本的规模。这个方法从统计角度看，或从处理有关应用统计测试问题来看，会更可取。相反，如果所使用的全部样本规模足够大，可以预计不平衡样本规模的影响就会很小。现实地说，随机基础库处理组和模型基础库的控制组的样本规模是受限制的。

2. 实验设计扩展

前面部分大概提到过活动特性对客户行为的可能影响。要对一个具有固定特性的既定活动选择最优客户数据集进行目标定位时，除设置相应实验并采集相应数据以支撑提升模型的建立外，可将实验设计扩展到支撑针对个体客户层面的活动特性的优化和定制化。与接下来要探讨的 A/B 测试类似，该方法支撑对活动设计的优化，以实现对客户选择的方法进行优化。一个扩展的分析方法需要针对不同的活动特性处理多个客户子样本框，这个需求确实进一步加大了这些实验设置和分析的复杂性，使其更趋昂贵和复杂。显然，带来增值可能性会更大，所以额外成本的回报当然也值得付出努力。

要注意的是，当对实验设计进行扩展时，存在对以不同方式——如通过对比如接触渠道和激励的类型及价值等活动特性的独特组合——处理的每一个子样本框应该包括足够客户的需求。要得出结论并总结出能够覆盖全部客户人群的稳健模式，就要有足够大的子样本框（可能包括超过 100 个观察对象），一直如此。这种情况下的**稳健**指的是，所得到的发现不依赖于从处理样本框中所恰好选择的观察对象。换言之，如果选择的是另外的客户样本框作为开发基础库采集数据和开发提升模型，就关系和预测来看，结果提升模型应该不会有太大的本质差别。

3. A/B 测试

在如图 4.2 所示及之前所讨论过的实验环境中，对两个或超过两个组进行不同处理，可能让读者想起所谓的 A/B 测试，它也被称为**拆分测试**（split testing）或**水桶测试**（bucket testing）（Kohavi，Longbotham，2015）。在网页设计和更一般的软件开发中，A/B 测试是一项常规工作。其目标是通过试着比较网页的不同设计或者应用界面的差异，从而对**最优**展示做出决策。通常，对两个设计进行比较，一个是版本 A，一个是版本 B，所以称为 A/B 测试。当对超过两个版本进行测试时，我们称其为多变量测试（multivariate test）。在 A/B 测试中，网页的访问者或应用的用户被示以不同的网页或界面。通过合适的性能指标对备选方案进行比较，比较结果可支撑哪个设计更好并最终对哪个方案进行部署的相应决策。经常使用的性能指标是**转换率**（convertion rate），它测算的是购买所提供产品或服务的网页访客占比；还有**点击通过率**（click-through rate），它测算的是点击显示在网页上链接的网页访客占比。

在实验中，设置相应实验，对不同的客户进行不同的处理方式，就这方面意义而言，A/B 测试类似于提升模型建立。但是，在提升建模中，通过在对这些客户行为进行分析的基础上建立预测模型，并支撑后续针对个体客户实现处理方式的定制化；而在 A/B 测试中，选定某个单独设计或处理方案，部署后应用在全部用户群中。因此，在 A/B 测试中，是在汇总人群层面选择整体的优化设计和处理方案；而在提升建模中，目标是个体客户层面通过利用高级数据分析手段而优化处理方案。要想了解更多有关 A/B 测试的信息，可以参考 Kohavi 和 Longbotham（2015）。要注意的是，A/B 测试工作经常是次优的，在理论上可被提升建模方法所代替。与其只是选择一个网页的展示方案，不如根据用户特征定制最优展示，以提升网站或应用性能。正如第 2 章和第 3 章所谈到的，推荐系统在一定程度上会带来提升。但是，从实践的角度看，这么一个动态的定制化界面的开发和部署可能都很复杂。另外，展示给用户的界面一致性可能更重要，因此限制了提升建模的实际利用。

4.3 提升建模的方法

提升建模的目的是对活动或处理对个体客户行为带来的预期净效果（net effect）进行评估。在一次营销活动的情境下，提升建模的目标是识别**可被说服者**（即一旦处理就会购买的客户）。传统响应建模方法评估的是总响应，可能导致对**必买无疑者**和**免被打扰者**的识别和处理。这两个群体不应该被处理，但是在传统响应建模条件下，因为被观察到发生购买，所以作为阳性被贴标签；相反，因为没被观察到购买的**可被说服者**却不会被处理，因此作为**非响应用户**被贴标签。因此，训练传统的响应模型，对活动预测出的却是错误的目标客户——**必买无疑者**和**免打扰者**，而不是**可被说服者**。该概念性设计误差通常不被注意，因为当使用传统的响应建模时，**必买无疑者**被响应模型识别而被包括进活动中，所以事实上的活动响应率会比随机选择客户的响应率要高。

因此，传统响应建模的核心问题是，由于没有被正确定义，所以被用来建立模型的目标函数并没有抓住真正的目标。响应模型的目的在于对响应概率的评估，而不是基于处理的响应概率的提高。而**响应概率的提高**恰恰是提升模型所要评估的。换言之，提升模型评估的是因为营销活动导致的行为变化，其通过目标变量 y 来表示，其定义如下：

$$y = p(响应 \mid 处理) - (响应 \mid 控制)$$

但是，要注意，该目标变量的值对于个体客户来说是不可观察的，因为一个客户不能在被处理的同时又不被处理，如既属于处理组又属于控制组。因此，需要特别的分析技术，即提升建模方法。这部分所提供概述的提升建模方法，通过对以下基本特性的评估而加以选择。

①**能力**，意味着在很多文献中已经表明，这些技术的应用有效促进了提升，并因此带来了收入和利润的增加。

②**可解释性**，使得对最终结果模型及其输出能够有直观理解。当处于商业情境中时，这对提升模型的成功开发和部署非常重要。

③**运营效率**，意味着利用标准的数据分析工具和软件，复杂性有限，部署和推广也非常直接。

所选择的方法可按以下四组进行分类。

①双模型法。

②基于回归的方法。

③基于树的方法。

④综合法。

我们采用这种分类来组织本节内容，以使读者能对文献中所建议的提升建模方法进行深入辨别和架构。在本节，我们将从这些不同的分类中介绍和讨论最具代表性的、最有用的、最强有力的和/或最常用的方法。所提供的参考资料从文本到原创工作，展现所选择的方法并提供全部有关细节、讨论和实验评估。

方法性能是否表现最好，是否应该应用在特定情境中，依赖于合适的应用、可获得的数据、人群特征及所涉及数据科学家和管理的个人偏好和技能。如果时间和预算限制许可，高度推荐对不同方法进行实验，因为在不同应用情境下，在性能报表中可以观察到非常大的变化。即使是在类似的应用情境中，对于不同的活动和客户的人口统计特征，也能观察到很大的变化。而观察导致重要建议：要注意，不仅在开发中，甚至在运行中还更甚，对于提升模型的性能都要进行认真而精确的测试和监控。

4.3.1 双模型法

开发提升模型一个相当简单而直观的方法称为双模型法。双模型法基于传统响应建模方法而构建，是将基于子样本之上所开发的两个独立响应模型进行综合：

①第一个模型称为**处理响应模型**（ M_T ，treatment response model），当客户被处理，如作为营销活动的目标定位时，对响应概率进行估算。如图 4.2 所示，处理响应模型是通过利用来自开发基础库中处理组里的观察对象进行评估的。

②第二个模型称为**控制响应模型**（ M_C ，control response model），目标是针对没有被处理的客户评估其响应概率。控制响应模型是通过利用来自开发基础库中控制组里的观察对象进行评估的。

综合**提升模型**（ M_U ，uplift model）将以上两个模型进行合并，从响应概率的变化方面，评估营销活动给客户行为带来的净效果。换言之，利用处理响应模型估算被处理客户的响应概率 p(响应｜处理)，减去通过控制响应模型估算的未被处理客户的响应概率 p(响应｜控制)，提升模型即对之间的提升进行估算。提升模型 M_U 的公式如下：

$$M_U = M_T - M_C$$

在文献中，这种方法也称为朴素法（naive approach）、差异计分法（difference score method）或者双分类器法（double classifier approach）（Radcliffe，2007；Solyts，Jaroszewicz，Rzepakowski，2015）。这种方法在某种意义上起着间接作用，因为提升并不是通过拟合模型的直接估算以产生提升得分；相反，所计算的提升是间接来自所估算的响应概率。

这种方法的优点是操作直接。只是必须开发两个标准分类模型，遵循传统响应模型开发同样的方法论，对总响应进行估算。对于建立处理响应模型和控制响应模型来说，可以采用任何在第 2 章所探讨的高级学习技术。例如，双模型法可利用逻吉斯回归，这已经在 Hansotia 和 Rukstales（2002a，2002b）一文中进行探讨和应用过。

这种方法的一个缺点是，由单独处理响应模型和控制响应模型所构成的提升模型，其构建是利用或来自处理组或来自控制组的数据，而没有考虑来自其他组的数据（Chickering，Heckerman，2000；Hansotia，Rukstales，2002b；Radcliffe，Surry，2011）。然后，如前所述，将测试集中的每个观察对象的模型得分相减，从而对提升进行估算。所独立建立的模型，模型构建程序并不会主动搜索或聚焦于发现直接与提升相关而因此对提升具指示性或预测性的模式。模型的建立，其**直接**目的并不是估算提升，而是对两个不同的客户组估算其响应行为。

模型构建程序可能导致一个模型选择了一个完全不同的预测因子变量集，而使得建模方法不能直接估算出提升（参见后面的直接估算法）。还有，要对提升进行准确估算，两个模型各自估算中的误差不应该起到互相强化的作用。因为在对提升进行预测时，一个模型或两个模型中的误差可能会被放大，导致一个不准确的综合提升模型，所以两个模型都必须具备高准确率（Radcliffe，Surry，2011）。但是，高准确率模型现实中却难以实现。如果在模型中没有强调一致性，提升效果就不能被建模和评估。

在本部分所讨论的双模型法被认为是间接的提升评估方式，会导致相应问题和局限性；相反，推荐建立单个模型使用来自控制组和处理组的数据直接进行提升预测的估算方法。

很多学术文献已经分别提出直接对提升进行估算的方法，这些方法中大多数或者基于回归的方法，或者基于树的方法。接下来的两部分会介绍一系列来自以上两类不同估算法的具体方法，再接下来的部分则会有选择地探讨提升估算的综合法（ensemble-based approach）。

4.3.2　基于回归的方法

在本部分将展示两种方法。Lo's 方法基于逻吉斯回归之上，而 Lai's 方法和广义 Lai's 方法重构了提升建模问题，使得可以采用如第 2 章中所探讨的标准方法。就像后面所要展示的，Lo's 方法也能泛化到用来与任何一种标准化分类分析进行综合。

1. Lo's 方法

利用逻吉斯回归进行提升建模的一种直接方法是由 Lo（2002）所提出来的。所提出的方法按照处理组和控制组进行分组，并包含表现为属于处理组或控制组成员的控制哑变量 t。例如，如表 4.3 所示的数据集示例，其中 t 对控制组成员赋值为 0，对处理组成员则赋值为 1。

Lo's 方法中，预测因子变量 x、处理指标 t 及交互变量 $x \cdot t$ 作为逻吉斯回归模型中的预测因子变量，模型拟合目的是估算出表示客户是响应（$y=1$）还是不响应（$y=0$）的目标变量 y。

表 4.3　包括处理哑变量 t、预测因子变量 x_i 和目标变量 y 的数据集

客户	年龄	收入	…	处理 t	目标 y
John	32	1 530	…	1	1
Sophie	48	2 680	…	1	0
…	…	…	…	…	…
Josephine	23	1 720	…	0	0
Bart	39	2 390	…	0	1
…	…	…	…	…	…

与第 2 章所讨论的逻吉斯回归模型测算的标准程序类似，Lo's 方法要求变量选择程序采用前进式、后退式或步进式来进行，这取决于数据科学家的偏好。备选变量的数量因为包括交互变量 $x \cdot t$ 而翻倍。因此，变量选择程序的目的是减少所包含的预测因子变量集，使得只包括统计意义上显著的变量就能使回归模型达到稳定性或健壮性，使得所包含关系具备可解释性和有效性，并实现预测准确性，能推广到新的、不可见的观察对象。

在 Lo's 方法中，交互变量显然很高级，它被包括进备选预测因子变量集中，使得模型可以基于客户特征，如预测因子变量 x 所表达的，考虑处理的差异化效果。如果对于某一特定细分群（如在年龄<30 的客户细分群响应率有显著提高）处理是起作用的，那么包括进交互变量就使得逻吉斯回归模型能够在提升模型中采集到这种模式，带来更准确预测的提升。换言之，包括进这些交互变量能够提升方法的多样性。

通常，包括一对（或三个，或更多）变量的交互变量因为导致模型可解释性降低而不受商业应用欢迎。例如，交互变量 $x_1 \cdot x_2 =$ 年龄·收入 就非常难以解释，除非经过一定程度的培训，你才能理解交互作用的含义。但是，在 Lo's 方法中，

交互作用 $x \cdot t$ 的理解稍微简单些，因为 t 只是一个简单的哑变量，所以采用这些交互作用的原因向一个非专家解释起来就会很容易。

要注意，交互作用 $x \cdot t$ 使得数据科学家和市场人员或活动策划人员，对于活动对客户群中不同的子群体可能存在的不同效果而获得相应洞察。通过构建设计良好的实验，并对不同客户样本应用差异化处理，可以在渠道或激励等方面对活动特性进行定制，以匹配确切的客户背景特征，并进一步促进营销能力投入的回报。这个观点之前在本章的扩展性实验设计部分已经探讨过。

然后 Lo's 方法按照如下方法将逻吉斯回归应用到提升模型中：

$$p(y = 1 \mid x_1, \cdots, x_k) = \frac{1}{1 + e^{-(\beta_0 + \beta_1 x_1 + \cdots + \beta_k x_k + \beta_{k+1} x_1{}^t + \cdots + \beta_{k+k} x_k{}^t + \beta_{k+k+1}{}^t)}}$$

正如第 2 章中所讨论的，β_0 表示截距，β_1 到 β_k 测算的是 k 个预测因子变量主要作用的系数，而 β_{k+1} 到 β_{k+k} 表示的是因为处理预测因子变量的附加作用。换言之，β_{k+1} 到 β_{k+k} 测算的是如前所述的活动和客户特征之间的交互作用。最后，β_{k+k+1} 获取的是主要处理效果（main treatment effect）。

运用变量选择程序（如前进式、后退式或步进式变量选择），可以将处理哑变量 t 和交互作用变量 $x \cdot t$ 从模型中剔除出去。然而，对于提升估算来说，处理变量在某种意义上应该在模型中。如果不在，那么模型就计算不出对于 $t = 1$ 和 $t = 0$ 时两者间响应概率的差别，即当客户作为活动目标定位时响应概率的提升。如果变量选择程序将 t 和交互作用变量 $x \cdot t$ 从模型中剔除，那么伴随不同解决方案可能有两个解释。

①**在需要对客户响应或客户购买行为进行解释时，处理或活动并不重要，也不具相关关系**。换言之，活动并不起作用——处理无效。在这种情况下，活动显然就不应该被执行，必须策划新的活动。

②**之所以没有选择处理变量和交互作用变量，是因为它们对目标变量的解释能力更弱过其他变量**。另外，它们与其他变量存在高度相关关系，在与所选定的变量合并时，并不能使模型增加预测能力或解释能力。一个解决方案可能是，强行将最重要的交互作用变量集和处理哑变量放入模型中，然后辅助以运行变量选择程序的手段，这就意味着对模型添加或移除变量，以保证所选的处理变量能够一直包括在内。

另外一种可能是，模型中处理哑变量的系数很显著，但为负数。这个结果确切地表示，处理对响应概率存在负向效果，所以活动所达到的是与目标相反的结果。然后，显然应该设计更完善的活动，才能对客户有正向的积极影响。

预期提升本质上是客户响应概率之间的差距，用被处理的客户响应概率减去未被处理的客户响应概率。这种方法类似于双模型法。但是，单一的综合模型由于是通过使用来自处理组和控制组两个组的数据进行测算，因此生成两个新的测算值；而在双模型法中，是两个单独的模型，因此构建的模型没有进行整合。Lo's 方法还有一个优点是，通过将处理哑变量包括进来进行活动效果的估算很直观，而对于结果模型的可解释性来说，使得包含进模型的关系容易理解也容易证明，还能对所观察行为进行解释。

根据 Kane 等（2014）的文章，Lo's 方法的缺点是，当减去两个模型得分时，一些复合误差仍然可能保留下来，因为一些特征可能既作为基线也作为交互变量被包括进来，所以变量之间大量的共线性会表现在模型中。Lo（2002）和 Kane 等（2014）提供了这个方法的更细节的内容。

要注意，这个方法的基本原理（即将处理哑变量包括进来）并不局限于逻吉斯回归，也可以与任何高级学习方法进行合并后操作。例如，可以将处理哑变量 t 和交互变量 $x \cdot t$ 包括进神经网络分类模型，并同样利用这个模型计算提升量。

最后，要注意，当采用如前所述**本身**包含变量选择程序的基本分类器时，这种方法并不起作用。例如，决策树和综合决策树（如通过装袋法、推进法、随机森林法等获得）就包含变量选择程序。因此，处理哑变量 t 和交互变量 $x \cdot t$ 可能不会被选择进最终模型中，因此不能通过将 t 设置为 0 和 1 进行提升量的计算。再次强调，这种情况可能意味着也可能并不意味着处理没有达到显著效果，正如前面所谈到过的。与处理变量相关的其他变量可能对目标变量更具预测性，因此作为首选，这会使得处理变量成为冗余。

正如下面要对基于树的方法建立提升模型进行的探讨，即使当处理效果表现显著时，仍可以将哑变量和交互变量强行放进模型，促进提升模型的开发。这种方法会较强行将 t 放进逻吉斯回归模型中更复杂一些，因此更不推荐。

2. Lai's 方法和广义 Lai 方法扩展

正如 Lai 等（2006）和 Kane 等（2014）分别介绍的，基于回归的其他的提升建模方法是 Lai's 方法和广义 Lai 方法。这些模型本质上是像下面这样对目标变量的重新定义。

在本章的概述部分，基于客户是否被处理，将客户群分类成四大组：**必买无疑者、必失无疑者、可被说服者**和**免被打扰者**（见图 4.1）。对于每一个个体客户，最好是能够知道他或她属于哪个客户群，这样就使得我们能够对全部**可被说服者**进行处理，实现活动收益最大化。但是，我们并不掌握这些信息，因此才要建立提升模型，目标在于识别出**可被说服者**。

基于之前的活动或我们采集来构建提升模型的实验数据，我们所知道的只是一个客户是否被处理，及其是否响应过。因此，一个客户可被分组到 Lai 等（2006）和 Kane 等（2014）所提到的以下四类中的一类，如图 4.3 所示。

（1）**控制响应者**（control responders，CR）是没有收到过处理但有响应的客户。要注意，我们并不知道当作为处理对象时，控制响应者是否会购买。因此，我们并不知道一个控制响应者到底是**必买无疑者**还是**免被打扰者**。

（2）**控制未响应者**（control nonresponders，CN）是没有收到处理也没有响应的客户。因为如果他们被处理，他们可能就会响应。我们不能判断一个控制未响应者是**必失无疑者**还是**可被说服者**。

（3）**处理响应者**（treatment responders，TR）是被处理且响应了的客户。如果没有处理，他们可能响应也可能不响应。因此，处理响应者可能是**可被说服者**或**必买无疑者**。

（4）**处理未响应者**（treatment nonresponders，TN）是收到了处理但没有响应的客户。他们可能是**必失无疑者**或**免被打扰者**，因为如果他们没有收到处理，他们可能响应也可能不响应。

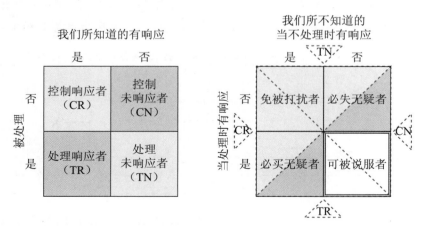

图 4.3 基于客户是否被处理及其是否响应之上的客户分类 ［图来自（Kane, et al. , 2014)］

针对这四类客户，在 Lai（2006）和 Lai 等（2006）文献中提出了其他的直接提升建模方法。这种方法将**控制未响应者**和**处理响应者**贴上**良好目标客户**（good target）的标签，因为这两组包含了所有的**可被说服者**，而没有包含不应该被处理的**免被打扰者**。除**可被说服者**之外，这两个组（**控制未响应者**和**处理响应者**）还包括**必失无疑者**和**必买无疑者**。这两组人群最好不要处理，与对**免被打扰者**的处理相比，只是稍稍花费少量的成本即可。

控制响应者和处理未响应者被贴的标签是**不良目标客户**（bad target），因为该群组只包括**免被打扰者**、**必失无疑者**和**必买无疑者**。如果对这些客户进行目标定位，要花费成本但永远不可能产生额外的收益。因此，应该不要处理控制响应者和处理未响应者。

因此，提升建模问题转变为二元分类问题。逻吉斯回归或第 2 章讲述的任何其他高级学习技术都可以用来对新的目标变量进行估算。从所建立模型得到的良好客户概率的结果，使得可以将客户从作为**可被说服者**的概率从高到低进行排序，并通过对将要包括进活动的客户设置一个阈值得分而选择活动开展将要目标定位的人群，这些将在后面进一步探讨。要注意，在这种方法中包括处理哑变量是没有用的，因为良好的和不良的目标客户都既可能来自控制组，也可能来自处理组。

如表 4.4 所示，将 Lai's 方法应用在表 4.3 的示例数据集中，设置新的目标变量 $y' = 1$ 就表示良好客户（控制未响应者和处理响应者），$y' = 0$ 就表示不良客户（控制响应者和处理未响应者）。对重新贴过标签的去除了处理指标（treatment indicator）和初始目标变量的数据集运用二元分类技术，然后得到提升模型。

表 4.4　遵循 Lai's 方法对表 4.3 的数据集重新贴标签

x_1	x_2	···	t	y		y'
32	1 530 欧元	···	1	1		1
48	2 680 欧元	···	1	0		0
···	···	···	···	···		···
23	1 720 欧元	···	0	0		1
39	2 390 欧元	···	0	1		0
···	···	···	···	···		···

在 Kane 等（2014）一文中，推荐了这种方法的变形，通过运用高级学习模型对多名称结果（multiple nominal outcomes）进行预测，直接对图 4.3 所示的左栏中的每个象限——归属于 TR、TN、CR 或 CN 各类别——的概率得分进行估算。与初始

公式相比，这种方法可以使模型建立更灵活，而在对类别所属成员和提升得分估算方面更具有精准性。这种方法的缺点是，提高了复杂性。如表 4.5 对表 4.3 所示的数据集重新贴标签所遵循的就是这种方法。然后，可以应用多类别分类技术（multiclass classification technique），再次从数据集中剔除处理指标和初始目标变量，最后将得到一个能够对每一个类别（TR、TN、CR 或 CN）的概率得分进行预测的分类模型。

表 4.5　遵循广义 Lai 方法对表 4.3 的数据集重新贴标签

x_1	x_2	...	t	y		y'
32	1 530 欧元	...	1	1		TR
48	2 680 欧元	...	1	0		TN
...	...	...	...	...		...
23	1 720 欧元	...	0	0		CN
39	2 390 欧元	...	0	1		CT
...	...	...	...	...		

最终的概率得分结果可以像下面这样以不加权的方式进行合并：

$$提升得分(x) = [p(TR \mid x) + p(CN \mid x)] - [p(TN \mid x) + p(CR \mid x)]$$

通过设置阈值，提升得分又使得能对目标人群进行排序和选择，以备处理。本质上说，这个过程将初始方法简化成为归属到类别 TR 和 TN 的概率汇总，因此代表作为良好客户的概率（也即，成为**可被说服者**的概率）。另外，因为归属到类别 TR 和 TN 的概率已经汇总，所以就代表作为不良客户的概率（也即，不能成为**可被说服者**的概率）。因此，因为

$$p(良好 \mid x) = p(TR \mid x) + p(CN \mid x), \; p(不良 \mid x) = p(TN \mid x) + p(CR \mid x)$$

所以提升得分等于如下所列：

$$提升得分(x) = p(良好 \mid x) - p(不良 \mid x)$$

这种方法与 Lai's 方法的本质区别在于进行整合的时刻，这在 Lai's 方法中发生在通过重新定义目标变量而**对模型进行估算之前**；然而，在 Kane's 的方法变形中，整合发生在通过重新合并概率而**对模型进行估算之后**，然后最终获得提升得分。

示例

对一位客户进行计分，获得以下概率得分：

$$p(TR \mid x) = 0.29$$
$$p(TN \mid x) = 0.14$$

$$p(CR \mid x) = 0.18$$
$$p(CN \mid x) = 0.39$$

有了这些得分，就可以按照以下方法进行提升得分的计算：

$$p(良好 \mid x) = p(TR \mid x) + p(CN \mid x) = 0.29 + 0.39 = 0.68$$
$$p(不良 \mid x) = p(TN \mid x) + p(CR \mid x) = 0.14 + 0.18 = 0.32$$
$$提升得分(x) = p(良好 \mid x) - p(不良 \mid x) = 0.68 - 0.32 = 0.36$$

当用 Kane's 变形法进行多类别模型开发时，可以对以上等式做进一步调整和扩展，因此首选。该模型可推导出广义 Lai 方法。在 Kane 等（2014）一文中展示出，当利用 Kane's 变形法要考虑到样本大小不同的控制组和处理组时，需要对以上提升得分的等式进行一些调整。

只有当两个样本组都是从客户基础库随机抽取并且包括相同数量的客户时（两个条件不是总为真），上面的等式才算是**统计意义上的正确**。换言之，只有这样估算模型对于一个客户属于某个具体类别所生成的修正后概率才是可靠的，才可用来计算提升得分，并对客户进行排序和进行目标客户选择。在这种情境下进行修正，意味着概率可以被解释为一个确切的概率估算值，即代表属于某个类别的确切的可能的值。

因为样本规模的不平衡，概率估算可能导致偏差。要对偏差进行纠正，提升得分应该利用以下等式进行计算：

$$提升得分(x) = \frac{p(TR \mid x)}{p(T)} + \frac{p(CN \mid x)}{p(C)} - \frac{p(TN \mid x)}{p(T)} - \frac{p(CR \mid x)}{p(C)}$$

式中，$p(T)$ 为处理客户的占比；$p(C)$ 为控制组客户的占比，$p(C) = 1 - p(T)$。

直观来看，这个纠正很有意义。如果处理客户样本较控制客户样本小很多，那么处理响应客户占比就会很小，因此模型对属于处理响应组或处理未响应组的客户所生成的概率估计绝对值就会小，而这个概率值不应该依赖于处理组和控制组的原始样本大小。从本质上而言，只有客户特征能够决定提升得分，因此，上述等式中由模型生成的概率估算值，利用用于开发模型中的样本占比来进行无量纲转换。

▌ 示例

对于之前的示例，我们可以计算处理组和控制组的相对样本规模：

$$p(T) = 0.29 + 0.14 = 0.43$$

以及

$$p(C) = 0.39 + 0.18 = 0.57$$

这些信息可以如下广义 Lai 方法计算提升得分：

$$提升得分(x) = \frac{0.29}{0.43} + \frac{0.39}{0.57} - \frac{0.14}{0.43} - \frac{0.18}{0.57} = 0.72$$

对于简单 Lai 方法和广义 Lai 方法来说，其优点就是可以应用传统高级学习技术和模型估算程序来进行提升模型的开发；相反，其缺点是，因为通过设计并不会从控制未响应组和处理响应组剔除**必失无疑者**和**必买无疑者**，因此，收益要达到最大化就值得进一步的优化。

双模型法、简单 Lai 方法和广义 Lai 方法，以及 Lo's 方法都已就 Kane 等（2014）一书中的三个数据集进行评估。总之，如果不同的样本其规模不同，那么广义 Lai 方法表现最优，而 Lo's 方法则只对一些数据集而不是所有数据集起作用。

4.3.3 基于树的方法

大多数针对提升建模的基于树的方法，如提升树（uplift tree），是从如 C4.5（Quinlan，1993）、CART（Breiman，et al.，1984）或 CHAID（Kass，1980）等普通分类树算法进行调整而来的。第 2 章对这些标准的分类树推导算法提供了概述性探讨，这些方法的初始设置并不能直接提供提升测算，而是围绕分类测算进行调整确定。但是，针对提升建模目标，分类树可以以非常简单的方式进行改变，这看起来非常直观。在本部分，选择几个这样的调整来进行详细探讨。

标准分类树考虑的是属于两类或超过两类的观察对象的单样本。但是在提升建模中，存在两类样本：处理组和控制组。要对这两个组进行考虑，并且对提升而不是对分类成员进行估算，所建议的基于树的方法要改变拆分标准、修剪技术，或者对于在构建分类树中的拆分标准和修剪技术两者均做改变。

1. 基于显著性的提升树

在 Radcliffe 和 Surry（2011）文中，介绍了一种强有力的基于树的提升建模方法，名为基于显著性的提升树（significance-based uplift tree，SBUT），它类似于著名的 CART 和 C4.5 决策树推导算法。

正如大多数基于树的方法，SBUT 通过对所有的潜在分裂进行评估而让一棵树生长。要这样做，就要对每一个潜在分裂进行质量测算，表明其良好性。这种方法可以迭代式地选择最好的分裂并让树成长，直到遇到某个停止标准，或者直到获得一棵完全纯粹的树。SBUT 目标是为每一个节点选择拆分方式，并同时做两件事情。

①它将对提升差异——在所有子节点的处理组和控制组之间响应率的差异——最大化。

②它将子节点间的规模差异最小化，这里的规模指的是观察对象的数量，表现出对拆分导致相等大小规模组的结果的偏好，而对拆分导致规模高度不均衡组的结果的不偏好。

两种特性都是对拆分**质量**优劣的重要判定标准，通过对在一个节点上表现出高响应率和高提升率的一小部分观察对象进行简单分离，就能得到结果子节点之间很大的提升差异，这样就很容易发现拆分方式。但是，分别在各个子节点观察到很明显的提升只能应用于非常有限数量的观察对象上，因此其有效性和应用性并不够广泛。因此，要使一个良好的拆分质量标准能让子节点达到明显提升，也要考虑子节点的规模问题。图 4.4 提供了在子节点获得较高提升和对于观察对象数量的考虑之间平衡的一个坏的拆分和一个好的拆分的示意图。

（a）子节点高提升率但是较少观察对象　　（b）较低提升但适用于更多数量的观察对象

图 4.4　好的拆分和坏的拆分示意图

要注意，一些在文献中推荐的方法，通过诸如忽略子节点规模，仅仅是基于提升差异而选定拆分的方式，大大简化了拆分质量评估（Hansotia，Rukstales，2002b）。作为替代，由 Chickering 和 Heckerman（2000）文中提出的基于树的方法并不能调整拆分标准以满足提升建模的特定目标，而只能在全部叶节点将处理哑变量 t 强加在最终拆分上。要记住，处理哑变量表示的是一个客户是否受到处理。因此，在每个叶节点，通过设定 t 为 0 和 1，可以计算出被处理和没被处理时的响应概率。因此，可以将这些概率之间的差异作为提升进行测算。要注意，这种方法非常像前面探讨过的 Lo's 方法，为了提升测算，后者也强加处理变量 t 进入模型。但是，Lo's 方法的直接目标是通过响应概率获得活动效果。相反，这种基于树的Lo's 方法并不是要拟合出直接目标在进行提升测算的树，其目标是在对成员进行分类（即响应或不响应）的测算。最终发现响应者和未响应者被拆分成处理和未处理两类，但这种拆分可能并没有意义。

两种简化方法（Hansotia，Rukstales，2002b；Chickering，Heckerman，2000）都很直观，但对于满足特定建模目标（也即，提升估算）的适应性并不太好。因此，就像可以预见到的，已经有报告说它们在推导提升树中较刚介绍过的更完善的决策树方法稍微弱一些。

在 Radcliffe 和 Surry（1999）一书中提出对 CART 和 C4.5 补充的类似标准信息增益（standard information gain）测算的测算方法，在 Radcliffe 和 Surry（2011）一书中还做了更多的延伸报告。该测算方法称为提升增益（uplift gain）（$Gain_U$），是通过对左右两边子节点的提升差异 $\Delta = U_L - U_R$ 进行惩罚来评估一个拆分的质量，U_L 和 U_R 分别代表在左右两边子节点的观察对象数量，因此并通过将 Δ 乘以作为表示子节点规模差异函数的数值在 0 到 1 之间的因子，将其最大化：

$$Gain_U = \Delta \cdot \left(1 - \left| \frac{n_L - n_R}{n_L + n_R} \right|^k \right)$$

在 $Gain_U$ 等式中的参数 k 决定了样本规模差异在纠正提升 Δ 上的差异的重要性和影响。k 越大，对于非均衡节点规模的惩罚因子越小（见图 4.5 中的示例）。参数 k 的值通过启发式方法进行设置（如利用标准调整程序）。

■ 示例

图 4.5 所示为一棵树上的一个分拆成左边（L）和右边（R）两个子节点的节点的示例。对于每个节点的处理组（T）和控制组（C），都表示出响应率（R）和观察对象数量（n）。该折分评估的 $Gain_U$ 指标可以用下面这种方法进行计算。左边子节点的提升等于那个节点的处理组和控制组之间响应率的差异，如：

$$U_L = R_{L,T} - R_{L,C} = 3.1\% - 1.4\% = 1.7\%$$

而右边的子节点，我们得到：

$$U_R = R_{R,T} - R_{R,C} = 2.2\% - 2.0\% = 0.2\%$$

因此，两个子节点之间的提升差异等于

$$\Delta = U_L - U_R = 1.7\% - 0.2\% = 1.5\%$$

还有，n_L 等于左边子节点的全部观察对象数量，如 $125+146=271$；而 n_L 等于右边子节点的全部观察对象数量，如 $89+102=191$。

因此，对于 $k=1$ 来说，提升增益等于以下：

$$Gain_U = \Delta\left(1 - \left|\frac{n_L - n_R}{n_L + n_R}\right|^k\right) = 1.5\%\Delta\left(1 - \left|\frac{271 - 191}{266 + 191}\right|^1\right) = 1.25\%$$

类似地，对于 $k=2$ 来说，得到 $Gain_U = 1.46\%$；对于 $k=3$ 来说，$Gain_U = 1.49\%$。

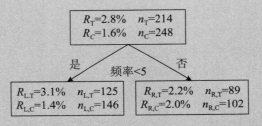

图 4.5 $Gain_U$ 计算示意图

如果子节点正好是均衡的，那么 $n_L = n_R$，而惩罚因子就等于 1，那么直观看来就导致提升增益等于子节点间提升差异 Δ。要注意，我们本质上就得到了已经解释过的由 Hansotia 和 Rukstales（2002b）提出的测算结果。但是，如果子节点之间规模差异太大，惩罚因子就变为 0。$Gain_U$ 就会变得很小，表示拆分质量很差导致不均衡的拆分受到惩罚。

$Gain_U$ 值最大的拆分被认为是最优的拆分，因其在上述介绍过的两个对象之间表现均衡。例如，它将两个子节点之间的提升差异最大化，而将子节点之间的规模差异最小化。

具有最大 $Gain_U$ 值的拆分是随树的生长而进行迭代选择的。有文献对于提升增益测算还提出了其他的公式，但这超出了本章内容范围，因为这些测算可能起作用也可能不起作用，它将取决于一些必须解决的现实存在的问题（Radcliffe，Surry，2011）。

作为对以上提升增益测算方法的替代，Radcliffe 和 Surry（2011）一书中还提出了**基于显著性的拆分标准**（significance-based splitting criterion）。这种测算方法更复杂且不太直观，但是也更为强大。当考虑一个候选拆分问题时，SBUT 方法拟合一个线性回归模型，对两个子节点中的处理组和控制组两个组里的所有观察对象估算响应概率，并以表示以下三个事物的几个哑变量构建函数：

（1）左边（L）或右边（R）子节点成员，即 $N=0$ 或者 1。

（2）控制组（C）或处理组（T）成员，即 $G=0$ 或 1。

（3）子节点和分组之间的交互作用 $N \cdot G$，只有当 N 和 G 都具备数值 1 时，它的值才不为 0（即对于右边子节点的处理组）。

线性回归模型就变成如下形式：

$$p_{ij} = \beta_0 + \beta_N \cdot N + \beta_G \cdot G + \beta_{NG} \cdot N \cdot G$$

式中，β_0 为截距，代表所有哑变量都为 0 值的观察对象的基线响应概率（即对于左边子节点的控制组客户）；β_N 代表属于右边子节点的与基线响应概率相比较的作用；β_G 代表属于处理组的作用；β_{NG} 为与所有其他分组相比，属于右边子节点的处理组的响应概率之差。

因此，β_{NG} 测算的是与其他所有子组相比较，右边子节点的处理组的处理和拆分二者的作用，如与左右两边子节点的控制组及左边子节点的处理组相比较。因此，β_{NG} 得到的是提升差异，而这正是我们目标所要得到的效果。因此，这个系数的显著性表示的就是拆分的强度。我们可以通过对所有可能拆分评估其交互项的显著性而发现最优拆分。

利用遵循 t-分布的 t-统计，可以测算交互项的显著性，对模型中其他的现有变量提供显著性指标，并将拆分对提升的效果进行分离，这恰恰就是这种情况下我们所需要的方法（Radcliffe，Surry，2011）。用于评估拆分质量的表达式如下：

$$t^2 \{\beta_{NG}\} = \frac{(n-4) \cdot (U_R - U_L)^2}{C_{44} \cdot SSE}$$

式中，n 为在拆分节点的观察对象的数量；U_R 和 U_L 为右边和左边节点的提升；C_{44} 为矩阵 $\boldsymbol{C} = (\boldsymbol{X}'\boldsymbol{X})^{-1}$ 的（4，4）-单元；SSE 为误差平方和。

统计式中的分母，误差平方和 SSE 可以用以下方法进行计算：

$$SSE = \sum_{i \in \langle T,C \rangle} \sum_{j \in \langle L,R \rangle} n_{ij} \, p_{ij} (1 - p_{ij})$$

式中，n_{ij} 为子节点不同分组的规模；p_{ij} 为通过线性回归模型所估算的每个节点的响应概率。

根据 $t^2\{\beta_{NG}\}$ 的关联值（associated value）对分拆进行排序，统计值越高，表示系数的显著性越强。

大家可能会问，为什么将线性回归模型用于基于显著性的分拆程序，而不是因为目标变量是二元的而用逻吉斯回归模型。虽然开发人员并没有明确表示，但在这种情况下使用线性回归模型而不是逻吉斯回归模型存在两大优势。

①线性回归模型的估算较逻吉斯回归模型的拟合对计算能力要求更低，因为对于线性回归模型的系数测算有现成的封闭式公式解决方案；而对于逻吉斯回归模型的拟合来说，则需要优化程序来计算系数（见第 2 章）。在一棵提升树的成长过程中，必须计算很多可能的拆分。因此，线性回归能够加速树的生长过程，而且看起来表现也同样很好。

②当目标变量是连续性数值时，线性回归模型也可以用。因为它也能满足回归提升树建模，因此，线性回归模型更具灵活性。但是，Radcliffe 和 Surry（2011）一书明确指出，文献中并没有提升回归树的实践案例记载。在客户终生价值估算中可以发现提升回归建模的实际应用，在此应用中，目标是对推进法（boosting）CLV 开展相应处理（见第 3 章）。本章后面部分会详细阐述针对连续型目标变量的提升建模方法。

假定与基线效果或背景效果相比较，处理效果通常较小，而在开发基础库中处理组的规模通常也较小，当开发提升模型时所涉及的一个主要挑战就是结果模型的稳定性问题。稳定性或健壮性指的是针对与开发样本客户相区别的新客户的未来应用中，行为的通用性和精准性。尤其对于基于决策树的方法来说，稳定性是一个问题，还要主动解决过拟合的问题。针对这个目标，可以用在第 2 章探讨过的包括对样本进行验证过程的剪枝策略。

在 Radcliffe 和 Surry（2011）书中，提出了基于变异（variance-based）的剪枝方法与上面探讨的基于显著性的拆分标准进行结合的应用。针对这个目标，训练数据必须被随机拆分为 k 个相等规模的数据集，k 默认等于 8。通过利用这些数据集中的一个数据集而全面成长，比如直到所有的叶节点都很纯粹，直到达到一个最大的深度，或者直到一个叶节点包含最小数量的观察对象。在第二步中，如果在一个子节点的提升表现出来的一个标准偏差（作为稳定性的偏差的测算值）较预设的阈值要大，而标准偏差是基于并不用于树的生长的 $k-1$ 个数据集所测算的，那么拆分就要剔除。用作阈值的确切数值，高度依赖应用。这种方法的研发人员建议，对这个参数进行实验和调整，测试其效果及对提升树的敏感性，并优化其数值以达到最好性能。在 Radcliffe 和 Surry（2011）文中还提供了一个指导，设置剪枝阈值范围在 0.5%～3%，基线响应率（即控制组的响应率）数值范围在 1%～3%，提升（也即，处理组和控制组响应率之间的差异）数值范围在 0.1%～2%。

鉴于决策树天生的不稳定性，要促进所得提升模型稳定性的提升的一个备选方法是，生成一棵综合提升树，在后面的部分会进一步探讨利用装袋法、推进法和随机森林法进行提升模型建立。

2. 基于发散的提升树

作为基于显著性拆分标准的替补方案，在 Rzepakowski 和 Jaroszewicz（2012）文中，通过从信息论领域所抽象出来的分布式发散概念，已经提出了几个基于发散的拆分标准。我们称这种方法为**基于发散的提升树**（divergence-based uplift tree，DBUT）。

在提升树中拆分的目标，本质上是将子节点中的处理组和控制组之间的响应的类别分布距离最大化。换言之，处理组中的响应者与非响应者的比率（即目标变量的类别分布，非响应者占比等于 1 减去响应者占比）与控制组中的响应者与非响应者的比率形成尽可能大的差异。当放在一个相对数的意义上来看时（即占分组规模的比例），在一个节点中，若处理组的响应者较控制组的响应者要多得多，那么那个节点的提升就会很高。要记住，一个分组中的响应者的占比对应于那个分组的响应概率，而处理组和控制组之间响应概率的差异即为那个节点的提升。

在提出具体候选发散测算指标（candidate divergence measures）D 之前，我们先通过将**加权聚合发散**（weighted aggregate divergence）D 定义为，处理组和控制组的响应变量 y 的类别分布 $P(y)$ 之间的左右子节点的拆分（split）S，再介绍一般意义上的基于发散的拆分方法：

$$D[P_T(y):P_C(y)\mid S]=\frac{n_L\cdot D[P_{L,T}(y):P_{L,C}(y)]+n_R\cdot D[P_{R,T}(y):P_{R,T}(y)]}{n_L+n_R}$$

式中，下标 T 和 C 分别为处理组和控制组；下标 L 和 R 为左边和右边的子节点。

然后，如果 $D[P_T(y):P_C(y)]$ 表示对父节点拆分所计算的发散，那么基于发散测算指标 D 的增益所进行的拆分质量的评估可以如下这样定义：

$$Gain_D(S)=D[P_T(y):P_C(y)\mid S]-D[P_T(y):P_C(y)]$$

$Gain_D(S)$ 被称为**发散增益**（divergence gain）测算指标，类似于在第 2 章及之前章节分别定义过的一般信息增益（general information gain）和提升增益（uplift gain）。

再次强调，每个候选拆分都可以通过计算发散增益指标而进行评估，并选择发散增益值最高的拆分。这个程序就像标准决策树方法那样递归循环重复进行，直到遇到停止标准，或在被剪枝之后直到树完全长成（见下面）。

在有关提升建模的文献中，对于处理组和控制组的响应变量的（离散）分布 $P(y)$，提出并测试了一些发散测算指标 D。这些测算包括以下方法（Rzepakowski，Jaroszewicz，2012）：

①Kullback-Leibler 发散（KL）。

②欧几里得（Euclidean）距离平方（E）。

③卡方发散（χ^2）。

这些测算方法通常都是定义为，从一个基线分布 $Q = (q_1, \cdots, q_n)$ 到另一个分布 $P = (p_1, \cdots, p_n)$ 之间的发散度或距离，即通过测算指标对偏离 Q 的程度进行如下量化：

$$KL(P:Q) = \sum_{i=1,\cdots,n} p_i \cdot \log \frac{p_i}{q_i}$$

$$E(P:Q) = \sum_{i=1,\cdots,n} (p_i - q_i)^2$$

$$\chi^2(P:Q) = \sum_{i=1,\cdots,n} \frac{(p_i - q_i)^2}{q_i}$$

关于发散度测算的更详细探讨可以参考 Csiszar 和 Shields（2004）、Lee（1999）及 Rzepakowski 和 Jaroszewicz（2012）等文献。

为使基于发散的提升树方法更健壮，Soltys、Jaroszewicz 和 Rzepakowski（2015）介绍了一个与第 2 章所介绍的剪枝方法相同的方法。先将一个验证集放一边，在树生长时不用，供剪枝用。树基于训练集生长，而通过验证集来对本章最后部分将阐述的提升性能指标，即对提升曲线之下的 Qini 指标或面积（AUUC）进行监测。要注意，该剪枝方法允许使用任何喜欢的合适的针对剪枝而不是针对 AUUC 的评估指标。可以使用尽早终止法（early stopping）来确定树的规模并且在过拟合发生时停止增加新的分拆。但是，最好在执行后剪枝（post-pruning），以使性能和最终结果树的推广能力同时最大化。

■ 示例

我们运用已经介绍过的三种分散测算指标 D 计算分散增益，并对图 4.5 所示的提升树拆分进行重新评估。父节点和子节点的响应指标 y 的类别分布可以分别从图 4.5 所示的响应率直接获得：

$$P_C(y) = (0.984, 0.016) \qquad P_T(y) = (0.972, 0.028)$$
$$P_{L,C}(y) = (0.986, 0.014) \qquad P_{L,T}(y) = (0.969, 0.031)$$
$$P_{R,C}(y) = (0.980, 0.020) \qquad P_{R,T}(y) = (0.978, 0.022)$$

接下来，根据不同发散度测算定义，我们计算父节点的发散度 $D[P_T(y) : P_C(y)]$：

$$KL[P_T(y):P_C(y)] = \sum_{i=1,\cdots,n} p_{T,i} \log \frac{p_{T,i}}{p_{C,i}}$$

$$= 0.972 \log \frac{0.972}{0.984} + 0.028 \log \frac{0.028}{0.016} = 0.003$$

$$E[P_T(y):P_C(y)] = \sum_{i=1,\cdots,n} (p_{T,i} - p_{C,i})^2$$

$$= (0.972 - 0.984)^2 + (0.028 - 0.016)^2 = 0.0003$$

$$\chi^2[P_T(y):P_C(y)] = \sum_{i=1,\cdots,n} \frac{(p_{T,i} - p_{C,i})^2}{p_{C,i}}$$

$$= \frac{(0.972 - 0.984)^2}{0.984} + \frac{(0.028 - 0.016)^2}{0.016} = 0.0091$$

类似的，子节点的发散度指标也可以计算，得到以下：

$$KL[P_{L,T}(y):P_{L,C}(y)] = 0.0078 \quad KL[P_{R,T}(y):P_{R,C}(y)] = 9.8866 \times 10^{-5}$$
$$E[P_{L,T}(y):P_{L,C}(y)] = 5.7800 \times 10^{-4} \quad E[P_{R,T}(y):P_{R,C}(y)] = 8.0000 \times 10^{-6}$$
$$\chi^2[P_{L,T}(y):P_{L,C}(y)] = 0.0096 \quad \chi^2[P_{R,T}(y):P_{R,C}(y)] = 1.8591 \times 10^{-4}$$

然后这些结果可以对左右子节点的拆分 S 的加权聚合发散度进行计算，$n_L = 274$，$n_R = 191$，因此对于子节点的以上发散度测算如下：

$$KL[P_T(y):P_C(y) \mid S] = \frac{274 \times 0.0078 + 191 \times 9.8866 \times 10^{-5}}{274 + 191} = 0.0046$$

$$E[P_T(y):P_C(y) \mid S] = \frac{274 \times 5.7800 \times 10^{-4} + 191 \times 8.0000 \times 10^{-6}}{274 + 191} = 3.4387 \times 10^{-4}$$

$$\chi^2[P_T(y):P_C(y) \mid S] = \frac{274 \times 0.0096 + 191 \times 1.8591 \times 10^{-4}}{274 + 191} = 0.0057$$

最后，基于以下不同发散度指标之上计算发散增益：

$$Gain_{KL}(S) = KL[P_T(y):P_C(y) \mid S] - KL[P_T(y):P_C(y)]$$

$$= 0.0045 - 0.0037 = 0.0008$$

$$Gain_E(S) = E[P_T(y):P_C(y)\mid S] - E[P_T(y):P_C(y)]$$
$$= 3.438\ 7 \times 10^{-4} - 0.000\ 3 = 0.438\ 7 \times 10^{-4}$$
$$Gain_{\chi^2}(S) = \chi^2[P_T(y):P_C(y)\mid S] - \chi^2[P_T(y):P_C(y)]$$
$$= 0.005\ 7 - 0.009\ 1 = -0.003\ 4$$

4.3.4 综合法

之前部分探讨了提升评估的单独决策树模型。受装袋法、推进法和随机森林等综合法所启发（见第 2 章），可以针对提升评估构建综合决策树。可以想见，这种方法可以提升结果提升模型的稳定性，并因为对多个不同标杆的考察而提高预测的准确性，综合法已经展现出其超级性能的结果（Dejaeger, et al., 2012；Verbeke, et al., 2012）。基本的做法是，构建一系列的 B 棵提升树，每一棵树都建立于从包含处理组和控制组观察对象的训练数据中随机选取的部分数据 v 之上。要对每一棵单个提升树进行学习，之前部分所探讨过的任何一种方法都适用。

在本部分中，将探讨最近在文献中提过的几种提升建模综合法（Radcliffe, Surry, 2011；Guelman Guillen, Perez-Marin, 2012，2014，2015；Soltys, et al., 2015）。这些方法的重要观点是，用决策树学习器（decision-tree learner）取代装袋法、推进法和随机森林法等的基本学习器（base learner），并进行额外的调整以解决提升建模的具体挑战，同时充分利用由这些元学习模式（meta-learning schema）带来的机会。

1. 提升随机森林法（uplift random forests）

算法 4.1 引自 Guelman 等（2012）一书对于提升建模的综合提升随机森林法的介绍。

算法 4.1　提升随机树

1：对于 $b=1$ 到 B，执行
2：　对观察对象训练集 L 实行不重置抽样，抽取部分样本 v
3：　基于样本数据生成一棵提升决策树 UT_b
4：　对于每一个最终节点执行
5：　　重复
6：　　　从 k 个变量随机选择 p 个变量

续表

7：	在 p 个变量中选择最好的变量/拆分点
8：	将节点拆分为两个（或更多）分支
9：	**直到**节点规模达到最小值 $l_{\min}$
10：	**结束**
11：	**结束**
12：	输出综合提升树 UT_b；$b = \{1,\cdots,B\}$
13：	通过对综合法中各棵树的预测值进行平均，得到对新观察对象的个性化处理效果：

$$\widehat{\tau}(x) = \frac{1}{B} \sum_{b=1}^{B} UT_b(x)$$

　　要注意，依照由 Guelman 等（2012）一书所定义的初始方法的算法 4.1，如前所述，第 7 步的变量/拆分点的选择是利用 Kullback-Leibler 基于发散拆分标准而实现的。但是，在这步可以利用备选拆分标准。

　　算法第 8 步中，提到节点被拆分成两个或更多分枝。Guelman 等（2014）书中所提出的 Kullback-Leibler 方法基于发散的拆分标准将提升决策树局限于两个子节点。但是，在 Rzepakowski 和 Jaroszewicz（2012）书中的原始公式和之后在 Soltys 等（2015）书中所采用的提升综合法允许具有超过两个子节点的拆分的可能。后一种方法的作用是，通过在树的成长过程中提供更大灵活性而最终推导出更简洁的树。

　　提升随机森林法依靠的是两个必须确定的重要参数：树的数量 B 和最小节点规模 $l_{\min}$：

- 要将树的数量 B 优化到使概括了现实问题特征函数的综合模型性能最大化。在 Guelman 等（2014）书中，B 被设置到 500；而在同样作者发布的执行提升随机森林的 R 软件包中[1]，B 的默认值是 100。由作者完成的实验与 B 的最优值却不一定有关，而表现出来与应用高度相关。因此，我们建议执行第 2 章所讨论过的调优法。

- 最小节点规模 $l_{\min}$ 表示在确定树的规模时所运用的停止标准。$l_{\min}$ 在上面提到的执行中的默认值是 20，但是再次强调，该参数可以调优直到获得最优性能。在构建综合模型时，可以将备选停止标准或调优法嵌入通用公式中。但是，随机森林法的关键特征就是让树生长到最大高度以对每次拆分的随机变量的选择进行补偿。

　　通过对所有树的提升进行平均，然后计算出最终的提升预测值。再次强调，可以使用替代聚合函数，如类似于运用在推进法中的函数，当对估算结果进行综合时可对树的性能进行考虑。

2. 提升装袋法（uplift bagging）

算法 4.2 来自 Soltys 等（2015），并如 Leo Breiman（1996）书中对提升建模所建议的那样对元学习模式做了一些调整。D_T和D_C分别表示包括处理组和控制组的观察对象的数据集。

要注意，与在算法 4.1 中一样，算法 4.2 的第 7 步也可以使用任何拆分标准。在 Soltys 等（2015）书中，可以使用之前部分探讨过的欧几里得发散标准。与算法 4.1 类似，通过对全部树的提升进行平均，计算出最终的预测提升值，并且也是同样的由两个参数 B 和 l_{min} 主导着综合学习过程。除了最小节点规模l_{min}之外，当构建综合模型时，再没有使用其他的剪枝或停止标准，意味着最终模型中训练并包括在里面的是完整的或没有被修剪过的树。文献已经表明，一般来说，这种策略与包括经剪枝的树的模型相比，更能促进综合模型的性能提升（Soltys, et al.，2015）。要注意，正如第 2 章中探讨过的，在标准装袋法技术中，使用的是经剪枝的树。

算法 4.2　提升装袋法

```
1：对于 b=1 到 B，执行
2：    对数据集 D_T 实行重置抽样，抽取样本 D_{T,b}
3：    对数据集 D_C 实行重置抽样，抽取样本 D_{C,b}
4：    基于样本数据 D_{T,b} 和 D_{C,b}，生成一棵提升决策树 UT_b：
5：    对于每一个最终节点执行
6：      重复
7：        在 k 个变量中选择最好的变量/拆分点
8：        将节点拆分为两个（或更多）分支
9：      直到节点规模达到最小值 l_min
10：   结束
11：结束
12：输出综合提升树 UT_b；b = {1,…,B}
13：通过对综合法中各棵树的预测值进行平均，得到对新观察对象的个性化处理效果：
```

$$\hat{\tau}(x) = \frac{1}{B}\sum_{b=1}^{B} UT_b(x)$$

3. 因果条件推导森林法

算法 4.3 采用自 Guelman 等（2014）一书，正如其所展示的，在因果条件推导树（causal conditional inference tree, CCIT）和因果条件推导森林（causal conditional inference forest, CCIF）两种方法中，提升随机森林的两个方面已经得以大大提升。

CCIT 是用来构建综合模型的决策树学习器（正如算法 4.3 所描述的和 CCIF 方法中所用到的，利用随机森林元学习模式）。CCIT 方法在提升树方面的改善是，通过对综合提升树方法的应用，解决了过拟合问题，以及对存在很多拆分可能或存在缺失值问题的变量解决了变量选择偏差问题。在第 2 章讲述过，过拟合问题通过标准剪枝策略在其他方法中已经得以解决（Radcliffe，Surry，2011；Soltys，et al.，2015），但是也可以通过对处理变量和拆分变量之间交互作用的显著性进行统计检验，而在提升建模的特定环境中加以解决。交互作用的显著性可以通过基于置换检验（permutation test）的理论框架之上的程序进行评估。应用于算法 4.3 中第 7 步中的检验程序的全部细节均由 Guelman 等（2014）一书提供，这超出了本章对于提升建模的阐述范畴。因为所建议的改善方法是进入变量选择步骤（算法 4.3 的第 11 步）和变量拆分步骤（算法 4.3 的第 12 步），解决的拆分标准问题，所以这个程序也能解决已经提到过的变量选择偏差问题。

算法 4.3　因果条件推导森林法

1：对于 $b=1$ 到 B，执行
2：　对观察对象训练集 L 抽取部分样本 v，实行处理组观察对象等于控制组观察对象的重置抽样，如：

$$P（t=1）=p（t=0）=0.5$$

3：　基于样本数据，生成一棵因果条件推导树 $CCIT_b$：
4：　对于每一个最终节点执行
5：　　重复
6：　　　在 k 个变量中随机选择 p 个变量
7：　　　基于置换检验，设置显著性水平 α，对处理变量 t 和其他所有 p 个变量之间的交互作用进行全局零假设检验
8：　　如果零假设 H_0 不能被拒绝，那么
9：　　　结束
10：　　否则
11：　　　选择具有最强交互作用的变量 x_j
12：　　　利用拆分标准 $G^2（S）$ 将 x_j 拆分成两个互斥集（disjoint set）
13：　　结束，除非
14：　　直到节点规模达到最小值 l_{min}
15：　结束
16：结束
17：输出综合提升树 $CCIT_b$；$b=\{1,\cdots,B\}$
13：通过对综合法中各棵树的预测值进行平均，得到对新观察对象的个性化处理效果：

$$\widehat{\tau}(x)=\frac{1}{B}\sum_{b=1}^{B}UT_b(x)$$

如果检验零假设——证明在处理变量和预测因子变量之间不存在显著性交互关系——在显著性水平 α 条件下不能被拒绝，那么说明在处理组和控制组的响应方面就不存在显著的差异。因此，基于这么一个变量的拆分就不能推导出在这个子节点中处理组和控制组之间的响应存在真正差异的结论。换言之，不能观察到因为执行处理导致的提升。

相反，当零假设被拒绝并存在显著性交互关系时，就可以选择具有最大显著性或最强交互作用的预测因子变量。然后，正如算法 4.3 第 12 步所展示的，利用由 Su 等 （2009） 所建议的拆分标准 $G^2(S)$，对这个变量确定一个拆分。后者本质上是通过现有拆分分成两个组，对处理变量和所选择变量之间进行的卡方交互检验。

4.3.5 连续型或顺序结果

对于提升建模的探讨，更多聚焦在二元结果预测，或者更确切地说，是聚焦于响应建模上。在有关提升建模的文献中，我们也发现绝大多数的方法和案例研究，其目标都在估算处理对于二元结果变量的效果。但是，在很多情况下，效果本身的目标变量是连续型或顺序变量。例如，我们可能策划一个营销活动，目标是客户消费提升而不仅仅是响应。另外，我们也可以设置目标为提升客户终生价值，正如在第 3 章所讨论的。

如果我们能够对营销能力对客户的**局部**或**总体**消费行为的长期效果建立模型，就颇有价值，且能进一步促进营销活动和客户忠诚计划的盈利能力。对于**局部**，我们指的是在较短时间范围内，对于产品或服务的单次的或有限次数的选择；而**总体**则是对于在一个较长时间范围内全部的产品或服务而言的。

连续性目标变量的另外一个例子来自信用风险分析领域，其中有关信用的违约损失表示在违约情况下不能弥补的未偿付的敞口部分 （Baesens， Roecsch， Schedule， 2016）。从概率角度看，知道哪些托收策略和措施能够有效降低 LGD 非常重要。在这种情况下，建立连续型目标变量的提升模型，对于不同处理方式对最终损失的净效果的估算具有现实意义。通过对可应用于违约债务人的确切处理手段的优化和定制，使得这个应用可将最终损失最小化。

除了 Radcliffe 和 Surry （2011） 明确指出基于显著性提升树方法在连续型案例中的拓展，调查发现，看起来很少有能力投入在提升回归 （uplift regression） 方法的研发上。因此,目前这个领域还有待科学家和实践者进行开拓。

与回归树类似,它对连续型预测目标定义了一个分类树的备选方案(见第 2 章),与已经提出过的基于显著性提升树是相同的方法。要发现最优拆分,SBUT 通过以处理和子节点成员及两者之间的交互作用为函数,拟合了一个线性回归模型,对每一个子节点预测其目标变量。这项技术允许对处理及响应概率增加方面的提升进行显著性测试。当然,这样一个线性模型也可对目标变量的连续型结果进行拟合。因此,无须任何针对连续型方面的大调整,SUBT 就可直接应用。

另外,装袋法、推进法和随机森林法的元学习模式也可用于与 SBUT 进行合并,作为基本学习器组装综合提升回归树。比较单棵树模型,这种方法可以生成更强有力的提升回归模型。

另外,也可将基于双模型的方法用于连续型案例,针对处理组和控制组分别拟合单独的回归模型。评估出来的不同就是提升。将双模型方法用于连续型目标变量提升建模与用于二元变量建模的优缺点相同。

最后,也可将 Lo's 方法以直接的方式进行扩展。例如,将处理变量及与处理变量交互作用的项包括进线性回归或神经网络模型中,使得可以对分别赋值 1 和 0 的处理变量的估算输出结果的差异进行计算。

要对这些连续型提升模型进行评估,需要评估测算指标的特定开发,因为据我们所知,没有文献对可应用于连续型变量情况的提升建模进行过相应定义。这类开发可能有一些挑战,因为即使对二元变量提升建模的评估也不是直接可为的,这些将在接下来进行展示和探讨。

4.4 提升模型评估

对分类或回归模型的传统评估方法是,通过对由模型对放置一边的测试集中的观察对象所做的预测与这些观察对象的实际观察结果进行比较而进行。预测值与结果之间的不同,即测试集中观察值的误差,可通过在第 2 章所探讨过的 AUC、准确率或 MSE 等性能测算指标进行汇总或加总。而接受者运行特征(ROC)曲线、关联关系图及提升曲线等因素图解法(plotting factor)还可以对模型性能提供更深入的洞察。可视化可以对性能提供更细节的洞察,但是对于比较总体准确性或精准度却不太方便，而这恰恰是性能指标有用的地方。

虽然也推荐使用独立测试集用于评估提升模型，但因为**因果推导法的根本问题**（fundamental problem of causal inference，FPCI）我们还需要其他的评估指标和可视化评估方法（Holland，1986）。FPCI本质上简化到简单事实，使得我们不能**同时**对一个单独的个体或实体的所有可能处理结果进行观察。要注意，**不处理**也应该被认为是一种可能的处理方式。

因为 FPCI，我们不能确定一个处理是否对某个个体行为具有任何效果。然后，对于我们意在通过提升模型进行估算的目标变量值，我们也是无法观察到的。因为目标变量，或说提升，对于一个个体实体来说是不可观察的，我们不能通过比较估算与实体水平的结果而计算出由提升模型带来的**误差**。

假定处理已被执行或没有被执行，我们所能在实体层面观察到的和我们必须用以评估的都是事后的结果。对接受处理和没有接受处理个体所形成的**相似**群组之间所观察到行为上的差异，通过计算差异并根据差异将个体进行分组，得到模型的性能指标，下面将对此详细阐述。上面句子中的**相似**将在后面表现出其至关重要性。

要对提升模型进行评估，第一步是随机选择一个测试集，包括来自开发基础库中处理组和控制组的观察对象（见图 4.2）。测试集中处理组和控制组的客户分布最好与开发基础库和训练数据集中的总体分布一致，因此避免可能的偏差源。

在本章的剩下部分，我们将初步探讨可视化评估方法，之后我们将对一些性能测算指标做定义。

4.4.1　可视化评估方法

通过十分位图和增益图表对提升情况进行观察，是获得提升模型性能洞察的两种直观的常用可视化评估方法。

1. 十分位提升图

通过十分位图描绘提升，首先，测试集中处理组和控制组中的所有的观察对象都被提升模型进行评分；其次，将来自两个组的观察对象提升估算值放在一起从高到低排序；然后，将处理组和控制组的观察对象分别绘制在每个十分位的响应率，如图 4.6 的上半部分所示。另外，在每个十分位上的响应率之间的差异（即十分位提升图），可以如图 4.6 下半部分绘制所示。

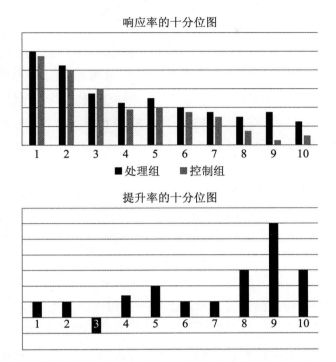

图 4.6　对处理组和控制组的响应率的十分位图（上半部分）和十分位提升图（下半部分）

图 4.6 中的图可对提升模型性能进行分析。处理组中的客户所接受的处理促进了提升率，而控制组中的客户没有接受到处理。通过对比两个组的响应率，就可以得到处理的效果。图 4.6 中的两个因素导致了所观察到的响应率的差异：

①活动的效果；

②模型的效果。

活动的效果导致的是，当对全部处理组和全部控制组进行对比时，所观察到的总体提升效果。图 4.6 的上半部图中，当处理组的相关柱子与控制组的相关柱子高度相同时，图 4.6 的下半部图中的柱子就短，意味着所得到的提升不大，而看起来活动就没有效果。得到的或预期的提升有多大，取决于具体应用本身。对于一些产品来说，或许可以指望较高提升；而对于其他产品来说（如非常昂贵的产品），则可指望的提升有限。

相反，模型的效果，从图 4.6 下半部分的柱子图形来看就变得很明显。理想的话，（正）提升的柱子应该尽可能多一些处于柱图的左边，这意味着模型赋予高提升得分的客户，他被处理时确实表现出一个较高的响应率（也即，对于客户基础库中的可被说服者）。

一个较好的提升模型，其支撑所选择的处理组，对其进行的处理在响应率方面具有显著的净效果。因此，利用提升模型将处理组和控制组中的观察对象一起排序，然后通过比较处理组和控制组的响应率，并以此作为提升分界线得分的函数，就能得到模型质量的指征。对于设置得较高的分界值来说，说明处理组和控制组之间响应率差距预期较大，分界值越低，则预期差距也越小。在较高分界值的条件下，差异越大，则说明模型对于**可被说服者**的监测能力越好。

通过比较处理组和控制组的响应率，对于具有最低预测提升得分的观察对象来说，可以进一步观察处理是否对响应倾向产生了一个负作用。如果对比控制组，观察到处理组具有一个更低的响应率，这个结果可能发生，说明因为处理获得了一个负提升，或说下降。

当处理对响应行为有负作用时，子群组的提升则可能为负。这种效果因所谓的**免被打扰者**客户而被观察到，正如本章之前所探讨过的（见图 4.1）。如果对于排序最低的客户观察到下降，即观察对象具有由模型预测的最低提升，表示模型质量较好，因为模型准确地识别出了**免被打扰者**客户。

在应该被模型赋予最高提升值的可被说服者和应该被模型赋予最低提升值的**免被打扰者**客户之间，模型还应该对**必买无疑者**和**必失无疑者**进行排序。从绝对意义上说，这最后的两个群组都应该被赋予 0 提升值，因为处理根本就没有效果，既不会有正效果（如对于**可被说服者**来说，因此应该得到一个正的提升值），也不会有负作用（如对于**免被打扰者**来说，因此应该得到一个负的提升值）。

如图 4.7 所示，这个排序造就一个完美提升模型的响应率曲线。最优响应率背后的合理性如下：完美提升模型可根据预期效果对客户进行排序。如果根据预期效果从高（左）到低（右）排序，那么最优模型首先排的是全部**可被说服者**。因此响应率最初在控制组中就被预期为 0，在处理组中则为 100%。

接下来，在**可被说服者**后面，无论是从正效果抑或从负作用来看，最优提升模型排序的是那些处理对其无效的客户。这些客户是**必买无疑者**，即无论如何都会购买的客户；以及**必失无疑者**，即永远不会购买的客户。最优提升模型对这两组客户不作区分，因为两组提升相等，都等于 0。这个群组的响应率不等于 0，因为其中有会响应的**必买无疑者**；这个群组的响应率也不等于 100%，因为其中有不会响应

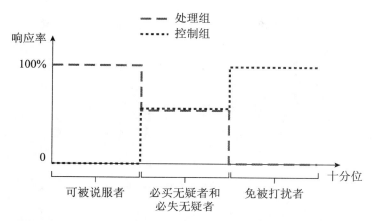

图 4.7　完美提升模型响应率曲线，刻画处理组和控制组的响应率并根据提升估算值进行排序

的**必失无疑者**。要注意，如图 4.7 所示，对于**必买无疑者**和**必失无疑者**的合并群，响应率水平大致设置在 50%，是假设这个群包含着均匀的**必买无疑者**和**必失无疑者**。当然，**可被说服者**、**必买无疑者**、**必失无疑者**和**免被打扰者**的比例取决于应用本身。因此，图 4.7 中最优模型所显示的 x 轴上的分界点也是大概的。

最后，模型对处理对其有负作用的客户，即**免被打扰者**进行排序。因为这些客户不处理也会有响应，在控制组我们观察到其响应率为 100%；相反，对于这些客户来说，观察到处理组的响应率为 0，因为如果处理，他们就不会响应。

要注意，图 4.6 中排前面十分位上的提升都非常低，在第三个十分位上，提升甚至为负。最高的提升位于尾部的十分位上，对应的是那些提升模型赋予很低得分或提升值的客户。因此，我们可以得出结论，从图 4.6 的十分位图看到的提升模型所得到的提升表现并不是很好，其实用价值也有限。如图 4.8 所示，由十分位提升图所示的是一个较好的（即精确的）提升模型。对于得到最高提升得分的客户他们也达到了较大提升，而被赋予最低得分的客户观察到其提升值为负。注意，该曲线与图 4.7 所示的最优曲线形状很接近。

有关提升测算真正价值的最后一个重要意见是，他们之间并不太相关。虽然经校准后的提升因为是以绝对值的方式，所以非常确切，可能有用，但是对于客户的排序来说，或说相对得分更重要一些。

2. 累计提升或 Qini 曲线

另外，提升模型的性能还可以通过刻画测试集中处理组和控制组之间响应率的

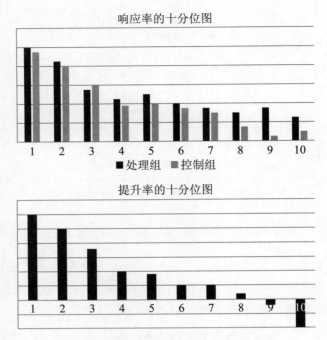

图 4.8 精确提升模型的提升十分位曲线

累计差异来实现可视化，将其作为被选择的客户占比 x 的函数，并通过提升模型的响应率从高到低对客户进行排序。这个曲线称为累计提升曲线、累计边际增益曲线或 Qini 曲线（Radcliffe，2007）。响应率的累计差异通过用新增的响应者的绝对数或相对数进行测算，即分别表示为响应者新增的数量或占总体人数的比例。要注意，性能评估还是对观察对象所在的群组进行比较，而不是对个体观察对象进行比较。

　　如图 4.9 所示，提升模型的 Qini 曲线可以以基线随机模型（baseline random model）的对角线表示的 Qini 曲线作为比较基准。由随机模型所得到的累计边际增益纯粹缘由处理效果导致，而通过模型所选择客户并没有带来额外增益。因此，一个良好的提升模型应该具备高于对角线的 Qini 曲线，这样当对响应进行测算时，才能进一步提升处理效果。

　　要注意的是，如图 4.9 所示，y 轴上的累计边际增益可用相对于总体提升效果的方式来表示，或者由处理导致的响应率的提高，是通过将处理组和控制组的总体响应率相对比才能得到。总体提升效果等于当对 100％ 人群进行处理时所获得的累计边际增益。图 4.9 所示的两个提升模型的 Qini 曲线没有经过标准化，因此，如

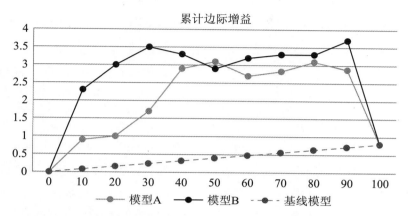

图 4.9　两个提升模型和基线模型的累计边际增益图或 Qini 曲线

所见到的数据，处理的总体提升效果大概是 0.8％。还有，因为对于低于 100％ 比例客户来说，其累计增益高于对角线，选择更小比例客户时，提升率高于 0.8％。因为处于提升得分范围内的处理组和控制组客户分布并不一致，当刻画 Qini 曲线时，应该做一些修正。

4.4.2　性能测算指标

　　性能测算指标通过对模型所做预测的准确率进行加总，以单一数字来对提升模型的质量进行评估。虽然这么一个指标对于更细致结果很少能够提供细节洞察，但它们对于方便不同模型的比较还是有一定优势的。通常，先要建立其他模型，然后需要与它们进行比较。同样地，对于决策树剪枝，也需要性能指标。除了帮助判断最佳模型之外，性能指标还可以在建立提升模型时充当目标函数（Naranjo，2012）。这已经超出本章讨论范畴，但将在下一章利润驱动的分析中进行探讨。

　　当对不同模型进行比较，采用上面讨论的可视化评估方法时，因为性能是针对如所处理的部分客户所构建的函数，可能得到的结果并不确定。例如，如图 4.9 所示，绘制两个模型的 Qini 曲线。可以看到，对于代表所处理客户比例的大多数的 x 值来说，提升模型 B 的黑色曲线都在提升模型 A 的灰色曲线之上。然而，对于 $x=$ 50％，即大概一半客户接受处理时，从曲线表现出模型 A 比模型 B 的性能更好。因此，所绘制的 Qini 曲线对于这两个模型中哪个模型性能最好的问题并没有提供一个结论性的答案（虽然一个人确实可能倾向于选择模型 B）。

虽然测算指标的实用价值很大是显而易见的，但是对提升模型的评估研发出一个合适且直观的指标也是颇有挑战性的。在本部分，我们要探讨两个文献所建议的与前面部分直接相关的可视化评估方法：分位点提升测算法（quantile uplift measures）和 Qini 测算法。

1. 分位点提升测算法

在很多提升建模研究中，通过对特定分位数（quantile）或特定比例（proportion）的人群实施处理所得到的提升数据，而对提升进行性能评估。例如，通常使用前十分位点的提升值作为测算指标。要注意，从上面讨论的十分位提升图中可以直接观察到这个值，另外图中还提供了其他分位点上的提升值。因此，虽然利用分位点提升图所提供的增值并不多，但他们确实促进了模型性能的相关沟通、报表和比较。他们与提升模型的现实使用也建立了直接关联，在现实营销工作中，可以有效选择排前面的分位点并进行目标客户定位。要注意，排前面的分位点提升与分位值图中所提供的提升之间相关联的方式，非常类似于排前面分位点提升与提升曲线之间的关系，正如第 2 章所探讨过的。

更完善和信息量更大的还有**分位提升比率测算法**（quantile uplift ratio measures），如提升在分位点上超过总体或基线提升水平的比率（Radcliffe，Surry，2011）。例如，可以使用排前面分位点上的提升超出基线提升水平的比率，这又提醒我们在第 2 章曾经探讨过的排前面分位点上的提升指标，所提供的是模型带来的超出随机选择处理组的提升程度的指标。

另外一个将客户按照处理效果进行准确排序，提供体现模型能力的比率指标是顶部分位提升值和底部分位提升值所占比率。例如，顶部分位提升值和底部分位提升值所占比率，提供的是对**可被说服者**接受到一个高提升得分和**免被打扰者**接受到一个低提升得分分别效果如何的说明。

要注意，基于指标的分位提升对于所选择的分位值或提升得分的分界线值可能非常敏感，因此，当它们用于模型性能比较时可能导致无效结果。正如 Radcliffe 和 Surry（2011）书中所说："改变分界线值可能改变甚或反转比较的结果。"接下来要讨论的 Qini 测算法提供了另一种不依赖分界线值的方法，因此在这方面大大改善了分位提升测算法。

2. Qini 测算法

Qini 测算法由 Radcliffe（2007）提出，类似于 AUUC（Rzepakowski，Piotr；Jaroszewicz，2010），根据著名的评估二元分类模型的 Gini 测算法修正而成。Gini 测算法（Gini measure）（也称准确率）与 Gini 曲线（Gini curve）（也称累计增益、累计占比或累计准确性轮廓曲线）相关，绘制的是作为分界得分增长函数（function of increasing cutoff score）的得分为正的分类观察对象所占比例，或者通过模型排序所选择的人数占比，与第 2 章所探讨的 AUC 测算有关。

Qini 测算指标的确定与累计边际增益、累计提升或上面所讨论的 Qini 曲线相关。它测算的是提升模型的 Qini 曲线与基线随机模型的 Qini 曲线，即图 4.9 所示的对角线之间的面积。

要注意，Qini 测算因为无法按比例缩放（unscaled）及其值并不局限于 0~1，所以区别于 Gini 测算。Gini 测算采用的是对角线和模型的 Gini 曲线之间的面积占对角线和完美分类模型的最优曲线之间面积的比率。类似地，也可以考虑采用模型的非量化 Qini 曲线与完美模型的 Qini 曲线的比率，其为对角线和最优 Qini 曲线之间的面积。一个显而易见的问题是，最优曲线可能看起来是什么样。确实，这个曲线与图 4.7 所示的最优非累计提升曲线有关，也如图 4.7 所示，其来源于处理组和控制组的最优响应曲线。这种最优提升曲线的累计版本即为最优累计提升，或称 Qini 曲线。

最优 Qini 曲线的问题是，因为我们不知道（因为 FPCI）人群中有多少**可被说服者、必买无疑者、必失无疑者**和**免被打扰者**，所以分界点是未知的。因此，类似 Gini 测算所进行的方式，需要用来对无法按比例缩放的 Qini 曲线进行按比例缩放或标准化的分母就不能确定。在 Radcliffe 和 Surry（2011）书中，提出了一种简化的最优 Qini 曲线。这个最优曲线忽略了下降，通过选择最高排名或得分的局部客户 $\bar{u}$，将对 $\bar{u}$ 所观察到的处理组超出控制组的总体提升作为最优提升模型所获得的总体提升特征。这使得对于最优模型不可按比例缩放的 Qini 测算指标可以进行计算，并使得 Qini 测算指标可按比例缩放，因此其值范围可处于 0~1。

不可按比例缩放的 Qini 法虽然可以帮助对提升模型进行比较，也通常在学术文献中用于提升建模，但因为它不能提供使模型易于解释的基准值，并且值得注意的是，因为它对应用的依赖性，所以它的实用性有限。这就意味着对于不同的处理基于不同数据集等所建立模型的 Qini 值之间不可比。这恰好是 AUC 和 R^2 等测算指标的价值所在之处，因为它们使数据科学家能够通过将模型与其他模型进行比较来解释模型的性能。

因此，对于促进可解释性和比较两方面来说，可按比例缩放的 Qini 法是对不可按比例缩放的 Qini 法的有效完善。但是，当测量涉及对由 Qini 测算所进行的全部排序进行评估时，Qini 测算仍然还有另外一个缺点。因为 Qini 测算（类似于 AUC 或 Gini 测算）基于所有可能的分界得分而对模型性能进行评估，它所依据的是模型对于每个实体在全部人群中所进行的排序有多好，而不管实体的提升得分是非常低、低、中等、高还是非常高。

通常来说，就利润方面来说，对全部客户群执行处理并不最优，这些将在第 6 章进行进一步详细阐述。因此，在很多现实环境中，我们更关心模型对于局部客户的性能如何。更确切地说，我们关心的是对于被有效处理的客户来说模型性能如何。通常这涉及的只是小部分客户（也即，那些具备最高提升得分的客户）。

正如将在第 6 章所要探讨的，要将一个营销活动的运营收益最大化，所选择要进行处理的部分客户需要作为能力（power）或准确度模型函数进行优化（Verbeke，et al.，2012；Verbeke，et al.，2013）。我们还将展示，应该将最优部分客户用作分界得分，以对模型性能进行评估，并得出有效结论。要对提升模型进行评估，还可以开发类似的程序，但是要详细讲述其细节太过复杂。因此，正如对分位提升测算法所探讨过的，所以存在有效的简化版本，将分界得分设置成接近或等于运行点（operating point）。然后可用这么一个分界得分计算分位 Qini 指标值，如排在前面的十分位 Qini 值，它等于 Qini 曲线与对角线之间当 $x \in [0, 0.1]$ 区间内的面积，这里的 x 为所选择的部分客户。

4.5 操作指导

4.5.1 建立提升模型的两步法

本章已经探讨过不同的提升建模方法，因此可能出现的一个重要问题是实际建立提升模型时你应该采用哪种技术。虽然这极大依赖于建立模型所需的时间，依赖于应用环境中需要坚持的特定需求及个人偏好，以及所涉及数据科学家现有的技术和经验，对于建立提升模型，我们提供了以下指导及两步法。

①**从现有不同的方法中选定优秀的备选技术子集**。**优秀**可由上述所谈到的有关因素来进行定义。

a. **可投入用于模型开发的时间**：如果可用的时间不多，可以少选择几种甚至单独一种方法，提供帮助的科学家最好具有经验，或者至少充分了解，这样执行和应用所需要的时间就很少。这里可推荐的方法是双模型法和回归方法，包括 Lo's 方法、Lai's 方法及广义 Lai 方法。如果有更多时间，则可选择的范围更广，或者也可以测试随机森林提升法或装袋法等（对于数据科学家来说）前景不错但是还比较新的技术。

b. **现有的技能和经验**：如果数据科学家对逻吉斯回归法具有较强技能且经验丰富，在对基于树的方法进行测试之前，采用双模型或 Lo's 方法，或 Lai's 或广义 Lai 方法等就更有意义；相反，如果数据科学家之前已经经常使用决策树和综合法，那么可以优先基于树的方法和综合法，将其选择为备选技术。

c. **特定需求和个人偏好**：例如，如果对结果模型的可解释性非常重要（见第 1 章所探讨的分析评估标准），那么好的备选技术就是回归和基于树的方法，这使得对于所总结出的模式和所选择的预测因子变量可以获得洞察。数据科学家的个人偏好可能指导对诸如基于树的方法而不是基于回归的技术做出选择。

除了这些考虑之外，推荐从本章讨论过的每个不同提升建模方法组中选择至少一种技术。考虑到对这些技术的实验性评估中所观察到的性能方面存在的实质性不同，通过预先排除可能更适合特定问题特征的特定方法组，因此我们才能确保不要错过实质上更好的提升模型。

②**对所选择的提升建模方法就合适的评估测算法开展实施并进行实验性评估**。在实施和评估之前，应该确定所用来开发的技术的选择顺序。首先第一步，可以运用一个更简单的方法，以获得对数据和问题特征的相应洞察，以及建立基线模型可供后面的模型进行比较。值得推荐的备选基线技术是双模型法和 Lo's 方法。这些方法所具有的优点是，数据科学家可重新运用他们本身具备相应经验积累的标准分析技术，如逻吉斯回归和决策树。当然，如果有所偏好或合适，神经网络或综合法也是可以采用的。留下来的已经选定的技术其运用顺序可以按照所预期性能和实施相应方法所需花费时间和所面对困难等因素来决定。显然，在投入相应资源执行实验性和冒险型方法之前，应该经过测试，才能希望有一种以较低的执行成本得到较

好性能的方法。

单纯从性能方面看，实验评估表明，基于综合的方法无论在 Qini 测算还是在分位提升测算方面，都能获得总体最优性能（Kane，et al.，2014；Soltys，et al.，2015）。我们自己开展的实验表明，提升随机森林总体上是一个强有力的方法，但是同时我们发现双模型法，以及 Lo's 方法和广义 Lai 方法的性能也不错。然而，贯穿不同应用，我们观察到在性能方面也表现出巨大不同，通常来说，对于一个特定的数据集来说，其他的方法表现还更好。还有，基础响应率和最终接受处理的部分客户具有重要影响，所以应该知道要在特定环境下采用最合适的方法。因此，两步法的第二步——对于所选择的备选技术进行实验评估——在最优方案的确定中具有至关重要的作用。

4.5.2 实施和软件

本部分探讨的所有已经实施的综合提升建模方法都已经由 Leo Guelman 发布在 R 软件包的开源提升建模（Uplift Modeling）中，线上可在 https：//CRAN. R-project. org/package＝uplift 找到，并且它在开源统计软件 R 中已经进行过无缝整合（R Core team，2015）。SBUT 和 DBUT 提升决策树技术在这个包中作为基础学习器运行，可以与提升随机森林法、提升装袋法或因果条件推理森林元学习模式（causal conditional inference forests meta-learning schemes）合并之后进行选择。

双模型法和基于回归的方法可以标准分析软件的方式直接执行。当建立一个二元预测模型时，Lo's 方法需要在备选预测因子变量中包括处理变量和处理交互作用变量，而 Lai's 方法和广义 Lai 方法则需要表 4.4 和表 4.5 所示的对目标变量的转换。

详细例子应用，包括提升模型建立的数据和代码，都发布在本书参考网站：www. profit-analytics. com。

总　　结

提升建模本质上是帮助我们总结和评估处理对一个单独个体的净效果（例如，在一个响应或客户保持活动中，对客户进行目标定位导致客户购买或客户流失行为的变化）。提升建模中的主要挑战是因果推导的根本问题。本质上来说，FPCI 涉及对同一个体同时观察多个不同处理效果的不可能性。例如，一个客户不可能既作为响应活动的目标客户，同时又被排除在活动之外。如果这有可能，我们就能够观察或测算因为处理所导致行为上的确切差异，但是，显然这不可能。因此，提升建模是对获得不同处理的个体群组行为进行对比和分析，间接获得将处理作为实体特征函数（function of an entity's characteristics）的效果情况。

对于提升建模的特定目标来说，正如本章用很大篇幅所探讨的，需要进行相当细致的实验设计构建以获得所需数据。而要对提升进行评估，已经介绍不同建模方法，从简单但直观的方法到复杂然而强大的技术。对所得提升模型进行评估并不是一件琐碎而无足轻重的工作，再次强调，因为 FPCI，简单对比预测和结果是不可能的。因此，要对提升模型的性能提供细致洞察，需要运用提升曲线和 Qini 测算法等专业的图形和测算方法。

复　习　题

一、多项选择题

1. 处理响应者是（　　）。
   A. 必买无疑者或免被打扰者　　　　　　B. 必失无疑者或可被说服者
   C. 可被说服者或必买无疑者　　　　　　D. 必失无疑者或免被打扰者

2. 处理未响应者是（　　）。
   A. 必买无疑者或免被打扰者　　　　　　B. 必失无疑者或可被说服者
   C. 可被说服者或必买无疑者　　　　　　D. 必失无疑者或免被打扰者

3. 控制响应者是（　　）。
   A. 必买无疑者或免被打扰者　　　　　　B. 必失无疑者或可被说服者
   C. 可被说服者或必买无疑者　　　　　　D. 必失无疑者或免被打扰者

4. 控制未响应者是（　　）。
   A. 必买无疑者或免被打扰者　　　　　　B. 必失无疑者或可被说服者
   C. 可被说服者或必买无疑者　　　　　　D. 必失无疑者或免被打扰者

5. 以下（　　）是真正提升公式。

   A. 真正提升 $= (R_{M,T} - R_{M,C}) - (R_{R,T} - R_{R,C})$

   B. 真正提升 $= (R_{M,C} - R_{M,T}) - (R_{R,T} - R_{R,C})$

   C. 真正提升 $= (R_{M,T} - R_{M,C}) - (R_{R,C} - R_{R,T})$

   D. 真正提升 $= (R_{M,C} - R_{M,T}) - (R_{R,C} - R_{R,T})$

6. 假定模型 A 得到 $R_{M,T} = 7.1\%$，$R_{M,C} = 2.8\%$，$R_{R,T} = 6.4\%$，$R_{R,C} = 2.9\%$，模型 B 得到 $R_{M,T} = 13.1\%$，$R_{M,C} = 8.8\%$，$R_{R,T} = 10.5\%$，$R_{R,C} = 6.8\%$，根据真正提升评估标准，最好的模型是（　　）。

   A. 模型 A

   B. 模型 B

   C. 模型 A 和模型 B 表现同样好

   D. 所提供信息不够计算真正提升评估标准

7. 对于一个具有以下概率得分：$p(TR \mid x) = 0.14$，$p(TN \mid x) = 0.04$，$p(CR \mid x) = 0.48$，$p(CN \mid x) = 0.24$ 的客户，采用 Lai's 方法和广义 Lai 方法的提升得分为（　　）。

   A. Lai $= -0.62$，扩展的 Lai $= 0.08$

   B. Lai $= 0.08$，扩展的 Lai $= 0.28$

   C. Lai $= -0.14$，扩展的 Lai $= 0.22$

   D. Lai $= 0.25$，扩展的 Lai $= -0.19$

8. 对于以下拆分来说，（　　）是 Kullback-Leibler 发散增益。

   A. 0.000 8　　　　　B. 0.023 1　　　　　C. 0.027 8　　　　　D. 0.017 9

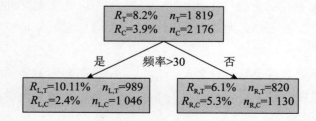

9. 对于提升模型的性能评估来说，（　　）不是可视化评估方法。

   A. 累计准确度轮廓曲线　　　　　　　　　B. 十分位提升图

   C. 十分位响应率图　　　　　　　　　　　D. Qini 曲线

10. 对于提升模型的性能评估来说，（　　）不是合适的评估测算指标。

    A. AUUC　　　　　　　　　　　　　　　B. 排前面的十分位提升

    C. AUC　　　　　　　　　　　　　　　　D. Qini

二、开放性问题

1. 探讨针对提升建模采集所需数据实验设计及其分析应用与传统情境的不同方面。

2. 用你自己的话解释交互作用是什么，为什么要将这些作用被显性地（作为显性变量）包括在 Lo's 方法中。

3. 解释为什么及如何在 Lai's 方法中重新对目标变量进行定义。

4. 解释哪些提升建模方法可以被应用于提升回归建模，哪些不能。

5. 定义和探讨如何将提升曲线以下的面积作为提升模型的评估测算。

注　释

参见 http：//pages. stern. nyu. edu/～adamodar/New _ Home _ Page/datafile/wacc. htm.

参 考 文 献

Baesens B. ，D. Roesch，and H. Scheule. 2016. *Credit Risk Analytics—Measurement Techniques*，*Applications and Examples in SAS*. Hoboken，NJ：John Wiley and Sons.

Breiman，L. 1996. "Bagging Predictors. " *Machine Learning* 24（2）：123-140.

Breiman，L. ，J. H. Friedman，R. Olshen，C. J. Stone，and R. A. Olsen. 1984. *Classification and Regression Trees*. Monterey，CA：Wadsworth and Brooks.

Chickering，D. M. ，and D. Heckerman.（2000，June）. "A Decision Theoretic Approach to Targeted Advertising. " In *Proceedings of the Sixteenth conference on Uncertainty in artificial intelligence*（pp. 82-88）. Morgan Kaufmann Publishers Inc. .

Collett，D. 2015. *Modelling survival data in medical research*. CRC Press.

Csiszar，I. ，and P. C. Shields. 2004. "Information Theory and Statistics：A Tutorial. " *Foundations and Trends in Communications and Information Theory* 1: 417-528.

Dejaeger, K., W. Verbeke, D. Martens, and B. Baesens. 2012. "Data Mining Techniques for Software Effort Estimation: A Comparative Study." *Software Engineering*, *IEEE Transactions* 38 (2): 375-397.

Goetghebeur, E., and K. Lapp. 1997. "The Effect of Treatment Compliance in a Placebo-Controlled Trial: Regression with Unpaired Data." *Journal of the Royal Statistical Society: Series C (Applied Statistics)* 46 (3): 351-364.

Guelman, L., M. Guillén, and A. M. Pérez-Marín. 2012. "Random Forests for Uplift Modeling: An Insurance Customer Retention Case." Lecture Notes in Business Information Processing 115 LNBIP, 123-133.

Guelman, L., M. Guillén, and A. M. Pérez-Marín. 2014. "Optimal Personalized Treatment Rules for Marketing Interventions: A Review of Methods, a New Proposal, and an Insurance Case Study." (working paper) Retrieved from http://diposit. ub. edu/dspace/bitstream/2445/98449/1/Risk14-06 _ Guelman. pdf.

Guelman, L., M. Guillén, and A. M. Pérez-Marín. 2015. "A Decision Support Framework to Implement Optimal Personalized Marketing Interventions." *Decision Support Systems* 72: 24-32.

Hansotia, B., and B. Rukstales. 2002a. "Direct Marketing for Multichannel Retailers: Issues, Challenges and Solutions." *Journal of Database Marketing* 9 (3): 259-266.

Hansotia, B., and B. Rukstales. 2002b. "Incremental Value Modeling." *Journal of Interactive Marketing* 16 (3): 35-46.

Holland, P. W. 1986. "Statistics and Causal Inference." *Journal of the American Statistical Association* 81 (396): 945.

Holmgren, E., and Koch, G. 1997. "Statistical Modeling of Dose-Response Relationships in Clinical Trials—A Case Study." *Journal of Biopharmaceutical Statistics* 7 (2): 301-311.

Issenberg, S. 2012. "How President Obama's Campaign Used Big Data to Rally Individual Voters." *MIT Technology Review*.

Kane, K., V. S. Y. Lo, and J. Zheng. 2014. "Mining for the Truly Responsive Customers and Prospects Using True-Lift Modeling: Comparison of New and Existing Methods." *Journal of Marketing Analytics* 2 (4): 218-238.

Kass, G. V. 1980. "An Exploratory Technique for Investigating Large Quantities of Categorical Data." *Applied Statistics* 29: 119-127.

Kohavi, R., and R. Longbotham. 2015. "Online Controlled Experiments and A/B Tests."

Encyclopedia of Machine Learning and Data Mining (Ries 2011)，1-11.

Lai，L. Y.-T. 2006. *Influential Marketing：A New Direct Marketing Strategy Addressing the Existence of Voluntary Buyers.* Simon Fraser University.

Lai，Y. T.，K. Wang，D. Ling，H. Shi，and J. Zhang. 2006. "Direct Marketing When There Are Voluntary Buyers." In Proceedings of the IEEE International Conference on Data Mining，ICDM，922-927.

Lee，L. 1999. "Measures of Distributional Similarity." In Proceedings of the 37th Annual Meeting of the Association for Computational Linguistics，College Park，Maryland，USA，25-32.

Lo，V. S. Y. 2002. "The True Lift Model：A Novel Data Mining Approach to Response Modeling in Database Marketing." *ACM SIGKDD Explorations Newsletter* 4（2）：78-86.

Naranjo，O. M. 2012. "Testing a New Metric for Uplift Models"（August）. Retrieved from http：//www. maths. ed. ac. uk/~mthdat25/uplift/Mesalles NaranjoOscar-1.

Quinlan，J. R. 1993. *C4. 5：Programs for Machine Learning.* San Francisco：Morgan Kaufmann Publishers Inc.

R Core team. 2015. "R：A Language and Environment for Statistical Computing. R Foundation for Statistical Computing." Vienna，Austria. Retrieved from http：//www. r-project. org/.

Radcliffe，N. J. 2007. "Using Control Groups to Target on Predicted Lift：Building and Assessing Uplift Model." *Direct Marketing Analytics Journal* 3：14-21.

Radcliffe，N. J.，and P. D. Surry. 1999. "Differential Response Analysis：Modeling True Responses by Isolating the Effect of a Single Action." *In Credit Scoring and Credit Control VI.*

Radcliffe，N. J.，and P. D. Surry. 2011. "Real-World Uplift Modeling with Significance-Based Uplift Trees." White Paper TR-2011-1，Stochastic Solutions，（section 6）. Retrieved from http：//www. stochasticsolutions. com/pdf/sig-based-up-trees. pdf.

Russek-Cohen，E.，and R. M. Simon. 1997. "Evaluating Treatments When a Gender by Treatment Interaction May Exist." *Statistics in Medicine* 16（4）：455-464.

Rzepakowski，P.，and S. Jaroszewicz. 2010. "Decision Trees for Uplift Modeling." In *Data Mining（ICDM），2010 IEEE 10th International Conference on*（pp. 441-450）. IEEE.

Rzepakowski，P.，and S. Jaroszewicz. 2012. "Decision Trees for Uplift Modeling with Single and Multiple Treatments." *Knowledge and Information Systems* 32（2）：303-327.

Siegel，E. 2011. "Uplift Modeling：Predictive Analytics Can't Optimize Marketing Decisions Without It." *Prediction Impact white paper sponsored by Pitney Bowes Business Insight.*

Soltys，M.，S.，Jaroszewicz，S.，and P. Rzepakowski. 2015. "Ensemble Methods for Uplift Modeling." *Data Mining and Knowledge Discovery* 29（6）：1531-1559.

Su， X. ， D. M. Nickerson， C. -L. Tsai， H. Wang， and B. Li. 2009. "Subgroup Analysis via Recursive Partitioning." *Journal of Machine Learning Research* 10：141-158.

Verbeke， W. ， K. Dejaeger， D. Martens， J. Hur， and B. Baesens. 2012. "New Insights into Churn Prediction in the Telecommunication Sector：A Profit Driven Data Mining Approach." *European Journal of Operational Research* 218：211-229.

Verbraken， T. ， Verbeke， W. ， and Baesens， B. 2013. "A Novel Profit Maximizing Metric for Measuring Classification Performance of Customer Churn Prediction Models." *IEEE Transactions on Knowledge and Data Engineering* 25：961-973.

5

第 5 章

利润驱动的分析技术

5.1 概述

第 4 章介绍了通过利用提升建模评估一项活动对客户行为所造成的净效果,以此作为营销活动进一步优化的手段。更一般地说,提升建模通过对运营决策的净效果进行评估,使得用户可以优化决策制定。当将提升建模应用于客户保持活动的开展时,使得选择的只是那些能够有效保持的即将流失客户,还能对活动进行定制,对通过活动进行保持的即将流失客户的个体利润实现最大化。通过考虑客户价值并采用本章所介绍的利润驱动分析法,可进一步优化这类活动的收益。具有较高 CLV 的客户如果有流失倾向,则可以给予较强激励以保持其忠诚度,并且对于较高 CLV 客户监测其何时流失,较对更低 CLV 客户监测其何时流失更为重要。当进行预测和描述型分析模型开发时,以及基于这些模型进行决策时,要对客户价值有所认知,这正是利润驱动分析法所重点关注的。

在本章中,我们会介绍不同的利润驱动分析技术。本章第一部分提出了利润驱动预测分析法的应用,并探讨了几个关键概念,如成本矩阵法(cost matrix)和成本敏感性分类分界法(cost-sensitive classification cutoff);接下来,介绍了成本敏感性分类框架,在后面部分以此框架展开了对成本敏感性分类技术的探讨;第三部分,对需求等连续型目标变量的估算,介绍了成本敏感性回归方法。

另外,当建立描述型分析模型时,也可以考虑利润问题。在本章第二部分,我们讨论了利润驱动的客户细分和市场篮分析（market basket analysis），这是对第 2 章所讨论的标准聚类和关联规则挖掘方法的按照利润导向的扩展。

5.2 利润驱动的预测分析法

5.2.1 利润驱动的预测分析案例

成本敏感分析技术所考虑的是，基于结果分析模型所做预测值之上制定的商业决策相关的成本和效益。这些成本和效益通常取决于所导致错误等特性，如错误分类的类型（如假阳性和假阴性）或者错误的大小规模、目标变量的真实价值及（可能）对其所做出预测的实体的其他特性等。

例如，正如在第 3 章所探讨过的，很多企业通过对客户流失进行预测来优化其客户保持能力。一个能够精准识别出即将流失客户的客户流失预测模型可使企业能够通过营销活动对那些客户进行目标定位，并激励客户以保持其忠诚度。正如在第 6 章所深入探讨的，流失预测模型的预测强度显然至关重要，根据预测强度，可将目标定位到更多（或更少）客户以使客户保持活动的收益最大化。如果客户流失预测模型错误地将一个客户识别为流失客户，这个客户就会被包括在客户保持活动中并向其提供激励措施。这里，错误分类的成本就是那些归为接触成本和激励成本的成本。相比来说，将一个流失客户错误归类为非流失客户，这个客户因为不会作为目标定位因此导致不能保持，而前者的成本相对更低。因此，对于后面这类失误的错误分类成本大致等于客户终生价值，其通常远远大于将非流失客户错误分类为流失客户所导致的代价。

因此，当开发客户流失预测模型时，理想情况下，考虑这些不同类型的错误分类成本，即意味着较其他类型的错误，我们更倾向于某种类型的错误。但是，在分类技术的标准设计中所采用的统计视角并没有考虑到错误分类成本之间的不平衡，而是**在学习的时候**对每种错误分类赋予相等的权重，而 AUC 等标准评估测算法**在学习之后**当对模型的预测强度进行评估时也是如此。

我们强烈认为，在商业环境中，带着对成本和效益的认知，学习**更好的**模型非常重要，即让模型具备**更好的**成本最优的意义。当进行模型评估时，可能要考虑成本和效益的不平衡问题，这将在后面一章进行详细探讨。另外，正如将要在本章探讨的，我们在模型学习时已经考虑模型的最终使用和利润结果。本章第一部分，我们有选择地对成本敏感分类技术进行介绍和展示，然后我们还会介绍用于回归的成本敏感学习方法。

成本敏感分类技术，通过让用户按照成本矩阵对任何一个可能分类所做出的正确或错误分类所导致的结果指定一定成本和效益，从而对由运算结果模型所制定的预测进行优化。因为收益是负成本（或，反之，成本是负收益），我们可以使用成本指代收益和成本。为了与学术文献的约定俗成保持一致，在本书和本章中，我们保持并只谈及成本，而成本敏感分类技术的目标是最小化。

在下面的部分，我们首先介绍有关成本敏感分类的几个基本概念，之后会有选择地对几个成本敏感分类技术进行介绍。

5.2.2　成本矩阵

表 5.1 所示为在第 2 章中所定义的二元分类的混淆矩阵（confusion matrix），通过一个二乘二的矩阵对全部正负类别概括正确预测和错误预测的数量。行代表所做的预测，列代表真实的结果或相反（Powers，2007）。

表 5.1　混淆矩阵

	真实阴性	真实阳性
预测阴性	真阴性（TN）	假阴性（FN）
预测阳性	假阳性（FP）	真阳性（TP）

真阴性和真阳性是分别对阴性和阳性类别进行正确分类的观察对象，而假阴性和假阳性代表的是分别对阴性和阳性类别进行的不正确分类的个例。因此，FN 和 FP 代表的是分类模型的错误。即使不是大多数，在很多情况下，这些错误具备不同的含义和重要性，即意味着一个假阳性错误较一个假阴性错误具有不同的成本。

在很多商业应用中（如信用风险建模、客户流失预测、欺诈监测等）和非商业导向应用中（如癌症监测、机器零件缺陷预测等），与假阳性和假阴性相关的错误分类成本通常是不平衡的。

例如，在信用风险建模中，将一个不良的申请者错误分类为好的申请者（对此，我们确定为呈阳性观察对象）较错误地将一个好的申请者预测为违约者（对此，我们确定为呈阴性观察对象）要更费成本。换言之，假阴性的成本大大高过假阳性的成本。在第一种情况下，损失来自放了贷款给不能对部分贷款进行偿还的客户；而在第二种情况下，代价则包括错失收益和利润导致的机会成本。

在第一种情况下，因为当金融机构将贷款给了一个违约者而错失从将贷款给到良好偿付者所获得的收益和利润，所以导致机会成本还可能增加。在第二种情况下，当固定数量或全部贷款额度已经给出时，可能有人要争论说，假阳性的真正代价还取决于选择性方案决策（alternative decision），这也就意味着，取决于申请者是否接受了贷款，而不是错误分类的申请者最终是否违约。如果没有接受，那么成本就为 0；而如果发生违约事件，则成本更高得多。然而，对于给了哪个申请者贷款可能很难表示，因此，有必要利用一些总体平均测算指标来表示。

在上述例子中对所涉及成本进行的探讨表现出，对于混淆矩阵中每个单元格有关精准成本和收益进行确定存在一定挑战性。这显然也是通过分类模型所做出预测，基于预测选择排序靠前的部分客户进行进一步处理的原因。例如，其发生于当只选择一个客户子集来执行以下行动时。

■ 被一个活动作为目标定位。

■ 被发放一笔贷款。

■ 被包括进营销活动中。

■ 被进行欺诈调查。

在这些情况下，错误分类的成本也取决于作为非选定观察对象，其阳性对阴性的比率。要对确切的所涉成本进行指定，通常需要对商业应用的规范并对相应细节会计数据具深度洞察。

错误分类成本存在的不平衡问题并不是与类别分布存在不平衡问题完全相同的问题，虽然用来解决类别不平衡问题的很多解决方案也可以用来处理错误分类成本的不平衡问题，这些将在接下来的部分详细探讨。

表 5.2 所示为二元分类问题的成本矩阵 C，并对每一种可能结果有一个固定的错误分类成本。

表 5.2　二元分类问题的成本矩阵

	真实阴性	真实阳性
预测阴性	$C(0, 0) = -b_0$	$C(0, 1) = c_1$
预测阳性	$C(1, 0) = c_0$	$C(1, 1) = -b_1$

在成本矩阵中，单元格 $C(0,0)$ 和 $C(1,1)$ 分别表示的是真阴性（TN）和真阳性（TP）的预测成本。换言之，这两个单元格表示的是将阴性观察对象正确地预测为阴性，将阳性观察对象正确地预测为阳性的成本。通常 $C(0,0)$ 和 $C(1,1)$ 为负或 0，因此表示正收益或 0 成本。因此，分别将其表示为简化符号 b_0 和 b_1，也运用在下一章中，因为收益即负成本，所以为负数，或者相反。确实，正确地监测（如）一笔欺诈性信用卡交易为恶意的，或者一笔非欺诈性交易是合法的，就都能够产生一定的收益。

另外，单元格 $C(0,1)$ 和 $C(1,0)$（它们将分别表示为简化符号 c_1 和 c_0）表示的分别是将阳性观察对象错误地分类为阴性［即假阴性（FN）］，以及将阴性观察对象错误地分类为阳性［即假阳性（FP）］的相关成本。错误分类必然导致相关成本。如果不对信用卡交易欺诈行为进行监测，因为交易额度通常要由信用卡持有者进行偿还，当还没做偿还时，就会造成相应损失。

阻止一笔合法的交易也会因为错过商户和信用卡公司的收入而产生成本，后者通常要向商户收取一笔固定费用或交易价值的一小笔比例。成本不一定就是金钱，本质而言也可以表示时间、精力的消耗、距离等。

在 UCI 机器学习知识库（UCI Machine Learning Repository）网站发布的，公开可得且经常被引用的**德国信贷数据**（German Credit Data）（Bache，Lichman，2013）中，包括了金融机构客户的观察值，还包括了一些预测因子变量和显示客户是否违约的目标变量。表 5.3 所示的初始问题公式表明了成本矩阵的使用方式。

表 5.3　德国信贷数据的成本矩阵示例

	真实良好	真实不良
预测良好	$C(0,0)=0$	$C(0,1)=5$
预测不良	$C(1,0)=1$	$C(1,1)=0$

表 5.3 中，**不良**意味着违约（$y=1$），而**良好**意味着没有违约（$y=0$）。数据发布者如何得到如此确切的成本矩阵没有文本记录。虽然这些数据可能乍一看显得不现实，但是我们要注意，现实条件下要获得一个合理的数据经常也是一个挑战。另外，正如我们后面要展示的，真正能起作用的是错误分类成本在成本矩阵中的相对比率值，而不是绝对值。

作为对成本矩阵中计算值的备选，这些值可以大概估计如下。通常，如果错误分类成本是不平衡的，那么类别分布也是不平衡的，这些会在本章最后部分进行详细讲述。如果不能获得错误分类成本的进一步信息，就可以将它们假定为与类别分布相反的相对比率值（Japkowicz，Stephen，2002）。例如，以德国信贷数据为例，**不良**和**良好**的比值是30%：70%。因此，可以将对一个不良客户错误分类为良好客户的相应成本估计为1：30，而将一个良好客户错误分类为不良客户的相应成本估计为1：70。这些值可以与一个常数值相乘，而不会改变其相对比率。这个相对比率是有效的，而不是下面将要讨论的错误分类成本的绝对值，在这里非常重要。如果乘以主流类别观察对象（majority class observation）占比，我们总能得到主流类别观察对象的错误分类成本。在这种情况下，对于非主流类别观察对象（minority class observation），即对于不良观察对象，我们就得到错误分类成本为$2.33 = (1/0.33) \times 0.7$。要注意与上述所提供成本矩阵存在的显著差别，它是非主流类别的错误分类成本的两倍多。

错误分类成本也可以由专家以直觉的方式基于业务知识和经验进行估算。虽然这种估算本质上显然不够精准，但当没有现成有用的信息来确定这些值使得我们可以直接使用成本敏感性学习方法（cost-sensitive learning）以建构性能更完善的分类模型时，这种方法需要花费的精力可以更少。

要建立并规范利用专家知识实现的成本矩阵估算法，以下名为规划扑克法（planing poker）的方法，由软件开发团队运用于项目使用时间和成本的估算（Mahnic，Hovelja，2012；Molokken-Ostvold，Haugen，Benestad，2008）。软件开发成本通常都很难进行计划，因此需要通过由具备多年经验的业务专家进行估算。要建立相应估算流程因此获得更精准可靠的估算值，就要召集一群专家，并提供明确指定的需要开发的功能列表及一副纸牌，每个功能都有一个对应价值或值得一些分点。这些分点并无真正意义但可使功能能够按照预期所需要耗费的能力数量进行排序，因此通过对每个功能以相对数的方式配置分点，而对其进行合适安排。围坐一起，而且事先并不对这些问题进行任何讨论，对于每一项功能，专家必须同时发出一张牌。因此，每位专家提供一个**独立**的估算。然后可以对这些估算进行讨论，并对最终的估算获得集体一致认同。另外，对于每一项功能，采用平均值作为最后得分（要注意，这与第2章所介绍的综合法的基础设置非常类似）。软件开发项目的最终成本就这样，基于历史会计信息、相似的过往项目及业务专家的输入信息，对每项功能每个分点分配一个成本，通过将分点数相乘而计算出来。

利用类似的方式，由一群专家通过对一组随机选择观察对象或成本混淆矩阵中的不同单元格所代表的观察对象进行排序或指定分点，从而对错误分类的相对成本进行估算。

另外，通过在实验条件下改变成本值，测试结果成本敏感性分类器（resulting cost-sensitive classifier）对成本矩阵中的真实价值的敏感度，并通过适当的模型评估性能测算法监测模型的最终性能是很有用的。结果的敏感度可能高，也可能低，取决于哪个因素更具影响力。当敏感度低时，成本矩阵的真实值也就不是很重要，所获得的结论和结果对于成本矩阵不够敏感；当敏感度高时，结论和结果高度依赖于成本矩阵，因此并不具健壮性。在这种情况下，建议进一步调查导致不稳定的根本原因，并对成本矩阵创建更可靠的值，这样最终结果才可能可靠，并可采取行动以将利润最大化。

最后，可以并且应该采用机会主义方法（opportunistic approach）建立成本矩阵，这就意味着，当进行模型学习时，所采用的成本矩阵不一定应该代表真实成本。相反，从应该使用的可操作的评估测算指标来说，成本矩阵可以将性能最大化，因此，可将成本矩阵作为分类技术的参数进行使用。事实上，对于不同的成本矩阵，都可以执行敏感度分析以观察对性能的影响，然后支撑对于最终模型的建立选择最优成本矩阵。要注意，敏感度分析及成本矩阵的调试过程中需要基于除去测试数据之外的训练数据来操作，正如在任何参数调试条件下一样。

还有，在多元分类和顺序分类问题中，也可以指定混淆矩阵和成本矩阵，通过用成本矩阵 C 确定与正确分类和不正确分类相关的成本。因此，成本矩阵 C 其指定值 $C(j,k)$ 代表将一个真实类别为 k 的观察对象分类到类别为 j 的成本。如果存在 J 个类别，那么就有 J 乘 J 的混淆成本矩阵，其每个单元格对应一个预测和真实类别对（pair of predicted and true classes）。

在顺序分类问题过程中，可以将混淆矩阵预想为对角占优（diagonally dominant），即意味着矩阵中每个单元格的值，越靠近对角线则越大。这表示预测模型成功地制定了正确的估算，或者即使测算值不准，较大错误比较小错误更不可能发生。

相反，与顺序分类问题相关的成本矩阵可能预计与对角占优正好相反，即意味着，当错误越大，则错误分类的成本增加。例如，当建立一个信用评分模型时（Berteloot，et al.，2013），对一个贷款人的级别评定如果高估了两级（例如，提高了两档），则较对其级别评定高估一级要更严重。同时，矩阵可能是不对称的，这取决于一个人的视角。对于所涉及的信用风险估算来说，低估显得更保守，因此影响也就越小。例如，表 5.4 所示的成本矩阵是对一个信用等级评分估算情况的应用，反映的是以上的推理，并对错漏违约添加了严重惩罚。

表 5.4　顺序分类问题的成本矩阵

		真实评分						
		A	**B**	**C**	**D**	**E**	**F**	**违约**
预测评分	**A**	0	2	4	8	16	32	100
	B	1	0	2	4	8	16	100
	C	2	1	0	2	4	8	100
	D	3	2	1	0	2	4	100
	E	4	3	2	1	0	2	100
	F	5	4	3	2	1	0	100
	违约	6	5	4	3	2	1	0

5.2.3　利用成本非敏感性分类模型进行成本敏感性决策

我们从其能够生成对观察对象 x 属于类别 j 的条件概率进行估算 $p(j \mid x) = p_j$ 的分类模型开始探讨。在一个二元分类问题中，因为 $j = 1$ 代表阳性类别，而 $j = 0$ 则代表着阴性类别，我们可得以下：

$$p(1 \mid x) = p_1$$
$$p(0 \mid x) = p_0 = 1 - p_1$$

如果 $p_1 > p_0$，或同样如果 $p_1 > 0.5$，那么观察对象可归类为阳性。这种分类决策即成本非敏感性，意思是，当对一个观察对象分配类别标签时，它并没有考虑如前一段所探讨过的错误分类的成本。

另外，当确定了成本矩阵，对正确和不正确分类都提供了相应成本，那么，成本敏感性分类决策，正如 Elkan（2001）所讲述的，所分配的类别标签导致的**预期损失**将最低。对于一个观察对象 x 预测其类别为 j，相关的预期损失 $l(x,j)$ 可以利用来自分类模型 $f(x)$ 的条件概率估算值 p_1 和 p_0，以及由前面部分所定义的成本矩阵 C 共同计算出来，方法如下：

$$l(x,j) = \sum_k p(k \mid x) \cdot C(j,k)$$

式中，$l(x,j)$ 为将观察对象 x 分类为类别 j 的预期损失；$C(j,k)$ 为当观察对象真实

类别为 k 而将其分类为类别 j 的成本。

要注意，预期损失的公式也可应用于对多类别分类问题的预期损失计算。在这种情况下，k 从 1 到 J，因为 J 是类别数量。在本部分结尾提供了一个例子，是对德国信贷示例数据进行预期损失的计算，利用的是在前面部分介绍的成本矩阵。

在二元分类情况下，如果将观察对象 x 分类为阳性的预期分类损失小于将其分类为阴性的预期分类损失，利用预期损失概念可将其分类为阳性观察对象。例如，$l(x,1) < l(x,0)$。将如上定义的预期损失公式插入，可得到：

$$p_0 \cdot \boldsymbol{C}(1,0) + p_1 \cdot \boldsymbol{C}(1,1) < p_0 \cdot \boldsymbol{C}(0,0) + p_1 \cdot \boldsymbol{C}(0,1)$$

其等于：

$$p_0 \cdot \left[\boldsymbol{C}(1,0) - \boldsymbol{C}(0,0)\right] < p_1 \cdot \left[\boldsymbol{C}(0,1) - \boldsymbol{C}(1,1)\right]$$

如果 $l(x,1) > l(x,0)$，那么最优的分类是将观察对象 x 标签为阴性观察对象。如果 $p_1 = T_{cs}$，T_{cs} 是成本敏感分界值，那么 $l(x,1) = l(x,0)$。这就意味着，因为观察对象要么分类为阳性要么分类为阴性，得到相同的最小预期损失，所以任何一种标签都为成本最优。这也就等于在成本不敏感情况下，$p_1 = p_0 = 0.5$。

T_{cs} 的计算得自以上等式，将左边设置为与右边相等，并用 $1 - p_1$ 取代 p_0，对 $p_1 = T_{cs}$ 重新运算公式，得到以下表达式（Ling，Sheng，2008）：

$$T_{cs} = \frac{\boldsymbol{C}(1,0) - \boldsymbol{C}(0,0)}{\boldsymbol{C}(1,0) - \boldsymbol{C}(0,0) + \boldsymbol{C}(0,1) - \boldsymbol{C}(1,1)}$$

因此，成本敏感分界值 T_{cs} 表示成本最优类别是阳性类别的 p_1 最小值。当 $p_1 < T_{cs}$ 时，阴性类别标签则为成本最优。要利用成本不敏感分类模型所生成的条件概率测算值进行成本敏感性决策，从 0.5 开始调整观察对象的阳性或阴性分类的分界值，是足够的，这确实可以将成本不敏感分界值 T_{cis} 转换为成本敏感分界值 T_{cs}。要注意，以上等式中，可能假设分母不等于 0，这正是当错误分类成本高于正确预测相关成本的情况。这是一个在现实环境中总能满足的合理条件，因为当代表收益时，后者通常是负的。

当采用一个常数项时，添加左边和右边列中的最上面和最下面的单元格，或者将其从中减掉，观察对象的预测类别不会改变。事实上，该结果得自将这些常数项添加进上述不相等的左边和右边的预期损失 $l(x,1)$ 和 $l(x,0)$ 中。这些所采用的常数项，或者可以与成本矩阵中的左边列中的真实阴性的成本相等，也可与成本矩阵中右边列中的真实阳性成本相等，得到如表 5.5 所示的等同的却更简单的成本矩阵。

表5.5　经简化的成本矩阵

	真实阴性	真实阳性
预测阴性	0	$C'(0,1) = C(0,1) - C(1,1)$
预测阳性	$C'(1,0) = C(1,0) - C(0,0)$	0

表 5.5 所示的成本矩阵中，成本并不与观察对象的分类正确相关联，这使得直观理解起来更容易。当 $C'(1,0) = C'(0,1)$ 时，分类的问题表现为成本不敏感。错误分类成本越不平衡，应用成本敏感性分类方法的理由就越强烈，而从成本敏感性分类技术的采用中获得的潜在收益则越高。

如果采用的是表 5.5 所示的更简单的成本矩阵，上述成本敏感性分界值 T_{cs} 的表达式也可以简化为不影响结果真实值的更简单的形式：

$$T_{cs} = \frac{C'(1,0)}{C'(1,0) + C'(0,1)}$$

最后将分子和分母都除以 $C'(1,0)$，得到以下等式：

$$T_{cs} = \frac{1}{1 + \dfrac{C'(0,1)}{C'(1,0)}}$$

从这个等式中我们可以看到，正是 $C'(1,0)$ 和 $C'(0,1)$ 两者之间的比率决定了成本敏感性分界值，即之前提到过的是相对数而不是绝对数。

■ 示例

我们可以对前面部分所提供德国信贷数据的成本矩阵计算成本敏感分界值 T_{cs}，如下：

$$T_{cs} = \frac{C'(1,0)}{C'(1,0) + C'(0,1)} = \frac{1}{1+5} = \frac{1}{6} = 0.166\ 7$$

因此，如果成本不敏感分类器 $f(x)$ 预测出概率 $p(1 \mid x) = 0.22$，那么运用成本敏感分界值 $T_{cs} = 0.166\ 7$，得到类别 1（不良）；而如果运用成本非敏感分界值 $T_{CIS} = 0.5$，得到类别 0（良好）。

对于两种类别相关的预期损失可计算如下：

$$\ell(x,0) = \sum_j p(j \mid x) \cdot C(0,j) = 0.22 \times 5 = 1.10$$

$$\ell(x,1) = \sum_j p(j \mid x) \cdot C(1,j) = 0.78 \times 1 = 0.78$$

显然，对应当使用成本敏感分界值所得到的分类，类别 1 的预期损失小于类别 0。当概率 $p(1\mid x)=T_{\text{CS}}=0.166\,7$ 时，类别 0 和 1 的预期损失分别等于：

$$\ell(x,0)=\sum_j p(j\mid x)\cdot \boldsymbol{C}(0,j)=0.166\,7\times 5=0.833\,3$$

$$\ell(x,1)=\sum_j p(j\mid x)\cdot \boldsymbol{C}(1,j)=0.833\,3\times 1=0.833\,3$$

虽然通过调整类别分界值进行成本敏感决策的方法很简单、敏感，而且更重要的是，从实践的角度来说，操作所需要花费的劳动很少，却因为使得所创建模型确实具备成本敏感性和利润最大化，而导致结果过优，因此这种方法看起来过于简单（Petrides，Verbeke，2017）。可以得到成本敏感分类模型的更高级和有力的系列方法将会在接下来进行探讨。

5.2.4　成本敏感性分类框架

关于成本敏感性学习方法（cost-sensitive learning）有大量的文献，文献中对很多方法有所介绍、调整、合并等（Ling，Sheng，2008；Lomax，Vadera，2011；Nikolaou，et al.，2016）。对于这些方法的真实性能，也有案例研究和实验评估报告存在相互矛盾的结果。在本部分，我们从三个方面展示，使得我们对不同的成本敏感性方法进行架构、比较和分类，对成本敏感性学习方法本质提供更深入的洞察。

1. 类别依赖成本敏感性学习法和观察对象依赖成本敏感性学习法

前面部分介绍的成本矩阵 $\boldsymbol{C}$ 中对错误分类成本的确定，是假定在不同观察对象之间恒定不变。但是，在很多情况下，它们并不恒等。例如，当对欺诈性信用卡交易进行监测时，错过一次欺诈性交易的成本就取决于所设金额，而对于每一次交易来说，这都存在不同。因此，错误分类成本是取决于观察对象个体。通常，在这种情况下，为确定成本矩阵 $\boldsymbol{C}$ 而计算的错误分类成本，相当于本章将讨论的被称为**类别依赖成本敏感学习法**（class-dependent cost-sensitive learning，CCS）的第一类成本敏感性分类技术的输入。

另外，对于数据集中每个观察对象来说，建构分类模型时可能要考虑确切的成本。将要讨论的第二类技术称为**观察对象依赖成本敏感学习法**（observation-dependent cost-sensitive learning，OSS）技术，其使得我们可以对数据中的观察对象一个一个考虑有关的具体成本（Zadrozny，Elkan，2001；Brefeld，Geibel，Wysotzki，2003；Aodha，Brostow，2013；Bahnsen，Aouada，Ottersten，2015）。

除了着眼于观察对象成本之外，还有一些技术着眼于预测因子变量成本，并从所采用预测因子变量总体成本角度，力求使模型成本最小化。本章不对这些技术进行探讨。想了解更多信息，参见 Maldonado 和 Crone（2016）。

2. 训练前、训练中和训练后方法

CCS 和 OCS 学习法可以根据分析过程模型所处阶段进行分类，在过程模型中引入并考虑成本问题。第一组方法，通过在处理步骤中处理数据，目标是使结果预测模型具备成本敏感性；第二组方法涉及要设计出相关技术，在模型估算的阶段考虑成本问题；第三组方法是关于后处理的方法，基于成本不敏感预测之上进行成本敏感性决策。其中第一组方法，在介绍由 Elkan（2001）提出的成本敏感决策方法和成本敏感性分类分界值 T_{cs} 时，已经在本章进行过探讨。

第一组方法为了获得成本敏感分类模型，采用了一个相当简单的策略（因此，这种方法操作起来相当简单）；第二组方法在模型建立过程中考虑成本，包括本身更复杂的方法在其中，因为这些技术内部学习算法需要调整；第三组方法，后处理方法，与将在下一章探讨的利润测算方法，在基础推导方面有一些关系。从实践者的角度看，这些方法操作起来更简单，因为对于模型学习来说有必要改变内部机制。

实验学习得知，所有以上三组方法，比较采用传统（即成本非敏感性）学习方法，至少在总体成本和收益方面（即从运营结果模型所得到收益结果方面）进行比较时，可能但不总是能够对分类模型进行完善。显然，当开发成本敏感预测模型时，我们需要采用成本敏感评估测算法。如果不采用，因为成本非敏感性评估测算法不能对它们进行简单监测，所以在成本降低和收益提升方面的改善可能就注意不到。

3. 直接法和元学习法的对比

在已经探讨的两个维度之外，根据 Ling 和 Sheng（2008），成本敏感学习法还可以分组成直接法（direct method）和元学习法（meta-learning）或封装法（wrapper）。直接法，是在模型建立过程中，调整学习算法以将成本考虑进来；而封装法则是与任何成本非敏感性学习算法进行合并，以考虑非平衡错误分类成本。

直接法的例子包括 ICET（Turney，1995）和成本敏感性决策树（cost-sensitive decision tree）（Drummond，Holte，2000），而元学习方法组（group of meta-learning approachs）包括阈值法子群（subgroup of thresholding methods）[如 MetaCost（Domingos，1999）]、成本敏感性朴素贝叶斯法（Chai，et al.，2004）、经验阈值法（Sheng，Ling，2006）和抽样法子群[如加权方法（Ting，2002）和成本法（Zadrozny，et al.，2003）]。这几个方法，连同其他，在下面部分都会更详细地进行探讨。

表 5.6 所示对成本敏感性分类方法的一个结构性概览，这些方法将在本章进行探讨，运用的是按训练前、中、后方法，以及直接法和元学习法的两种分组法。

表 5.6 本章要讨论的成本敏感性分类方法

	训练前	训练中	训练后
直接法	数据抽样 ■ 过抽样 ■ 欠抽样 ■ SMOTE 加权法 ■ C4.5CS ■ C4.5OCS ■ 加权逻吉斯回归 ■ 成本敏感性逻吉斯回归 ■ 观察对象依赖成本敏感性逻吉斯回归	决策树修正法 ■ 成本敏感性剪枝 ■ 最小成本决策树 ■ 成本敏感性决策树	直接成本敏感性决策
元学习法	加权方法 ■ 朴素成本敏感性 AdaBoost ■ 朴素观察对象依赖成本敏感性 AdaBoost ■ 加权随机森林 ■ 成本敏感性随机森林 ■ 个例依赖成本敏感性随机森林 重新平衡综合模型 ■ SMOTEBoost ■ EasyEnsemble ■ RUSBoost ■ 成本敏感性随机树	AdaBoost 变异体 ■ CSB0 ■ CSB1 ■ CSB2 ■ AdaCOST ■ AdaC1 ■ AdaC2 ■ AdaC3	MetaCost

5.3 成本敏感性分类法

因为很多成本敏感性学习技术已经被开发出来，在本部分，我们只介绍一些精选出来的方法子集。所展示的方法之所以被选择出来，是针对有关预期目标根据其普及程度和适用性，最重要的是，基于它们在成本降低方面性能的提升潜力。这部分的内容结构，我们使用的是表5.6所示的按照训练前、中、后三种方法进行的分类方法。

5.3.1 训练前方法

在众多训练前方法中，可以划分为三种方法子群。

①第一组方法是调整数据分布，因此被称为**数据抽样法**（data sampling）或**重新平衡法**（rebalancing methods）。

②重新平衡法可应用于与任何分类器相合并，但是鉴于其本身适配性，它们通常与成本敏感性分类法等综合法进行合并。这种合并设置称为重新平衡综合法（rebalancing ensemble methods），鉴于其普及性，本部分会单独对其进行探讨。

③对训练前方法赋予错误分类成本占数据集中所有观察对象比例的权重，称为**加权方法**（weighting methods）。对于观察对象加权，本质上具备与抽样同样的目的，但是立足技术角度，它们需要精选的基础分类器，在对分类模型进行学习时来考虑权重问题。权重由数据集中的**频率变量**（frequency variable）来决定，每一个观察对象都存在一个数值，表现其相对优势或一个观察对象的重要性。

在下面部分，我们更近距离地来看这三组方法。

1. 重新平衡法

类别分布（class distribution）φ定义为，一个数据集中，阳性观察对象数量n_1相对阴性观察对象数量n_0的比率：

$$\varphi = \frac{n_1}{n_0}$$

数据抽样的基本前提是，通过改变数据集的类别分布，并用于分类模型学习，任何分类技术都可以被调整，使得其本身可以运用由成本矩阵隐性决定的成本敏感

分界值 T_{CS} ，而不是运用默认的成本非敏感性类别分界值 $T_{\mathrm{CIS}} = 0.5$（Elkan，2001）。

通过对数据集的重新抽样，结合分界值 T_{CS} ，这样阳性观察对象数量 n_1 相对阴性观察对象数量 n_0 的比率在训练数据集中就变成：

$$\varphi_{\mathrm{CS}} = \varphi \cdot \frac{(1 - T_{\mathrm{CS}})}{T_{\mathrm{CS}}} = \frac{n_1}{n_0} \cdot \frac{(1 - T_{\mathrm{CS}})}{T_{\mathrm{CS}}}$$

要注意，对以上公式进行重新抽样，利用成本非敏感分界值 $T_{\mathrm{CIS}} = 0.5$ 相当于对原始类别分布 φ 运用成本敏感性分界值 T_{CS} 。正像能从以上等式推导出来的，可以通过重新抽样使阳性观察对象数量 n_1 等于 n_1' ，得到类别分布 φ_{CS}：

$$n_1' = n_1 \cdot \frac{(1 - T_{\mathrm{CS}})}{T_{\mathrm{CS}}}$$

重新组织该公式，得到更具解释性的表达式，因为：

$$\frac{(1 - T_{\mathrm{CS}})}{T_{\mathrm{CS}}} = \frac{\boldsymbol{C}'(0,1)}{\boldsymbol{C}'(1,0)}$$

所以得到：

$$n_1' = n_1 \cdot \frac{\boldsymbol{C}'(0,1)}{\boldsymbol{C}'(1,0)}$$

这意味着，阳性对象数量等于初始阳性对象数量乘以假阴性成本相对假阳性成本的比率。因为阳性类别通常代表着**利益类别**（如违约、流失、欺诈等），而一个假阴性通常成本高过假阳性。换言之，举例来说，错过一个违约者，代价高过对一个良好客户的错误分类。这也就意味着，$\boldsymbol{C}'(0,1)$ 对 $\boldsymbol{C}'(1,0)$ 的比率大于 1，因此，$n_1' > n_1$。所以，阳性类别观察对象的数量要增加，在下部分将要展示如何通过过抽样方式实现。因为通常来说，利益类别（也即，阳性类别）总是比较小众的类别，这就意味着必须增加阳性观察对象的数量。可以预期，这可能确实导致阳性类别观察对象呈现出更重要性，因其错失的代价更大，因此间接导致预测模型考虑错误分类成本。

要得到成本敏感类别分布 φ_{CS} ，对阳性类别的过抽样还有一个替代方案，即可以考虑对阴性类别的欠抽样（undersample）。从上述计算 φ_{CS} 的等式我们可以看到，如果对阴性观察对象进行重新抽样，数量从 n_0 变成 n_0' ，也可以得到成本敏感分布值：

$$n_0' = n_0 \cdot \frac{T_{\mathrm{CS}}}{(1 - T_{\mathrm{CS}})} = n_0 \cdot \frac{\boldsymbol{C}'(1,0)}{\boldsymbol{C}'(0,1)}$$

因为 $\boldsymbol{C}'(1,0) < \boldsymbol{C}'(0,1)$ ，就像之前所解释过的，阴性观察对象的数量减少，就像在接下来的部分要阐述的，可以通过欠抽样来实现。阴性类别通常是主要类别，这就意味着要减少数据集中的阴性观察对象的数量。再次强调，可以预想到会

导致阳性类别观察对象变得更占主导（更重要），因此分类更准确。

■ 示例

建立在之前的示例上，我们对包含 1 000 个观察对象的德国信贷数据计算成本敏感性类别分布，其中 700 个是良好客户（$y=0$），300 个是不良客户（$y=1$）：$n_0 = 700$，$n_1 = 300$。类别分布 φ 可以计算如下：

$$\varphi = \frac{n_1}{n_0} = \frac{300}{700} = 0.428\,6$$

假定之前已经计算的成本敏感分界值 $T_{CS} = 0.166\,7$，在此基础上用上述讨论过的以下公式计算成本敏感类别分布 φ_{CS}：

$$\varphi_{CS} = \frac{n_1}{n_0} \cdot \frac{(1 - T_{CS})}{T_{CS}} = \frac{300}{700} \cdot \frac{(1 - 0.166\,7)}{0.166\,7} = 2.14$$

通过对阳性观察对象过抽样，从数量 n_1 增加到 n_1'，可以得到成本敏感类别分布：

$$n_1' = n_1 \cdot \frac{(1 - T_{CS})}{T_{CS}} = n_1 \cdot \frac{C'(0,1)}{C'(1,0)} = 300 \cdot \frac{5}{1} = 1\,500$$

可以检查一下，通过计算 n_1' 对 n_0 的比率，是否也可以得到成本敏感类别分布：

$$\varphi' = \frac{n_1'}{n_0} = \frac{1\,500}{700} = 2.14 = \varphi_{CS}$$

另外，还可以对阴性观察对象欠抽样，使阴性观察对象数量等于 n_0'：

$$n_0' = n_0 \cdot \frac{T_{CS}}{(1 - T_{CS})} = n_0 \cdot \frac{C'(1,0)}{C'(0,1)} = 700 \cdot \frac{1}{5} = 140$$

再次检查通过计算 n_1 相对 n_0' 的比率是否能得到成本敏感类别分布：

$$\varphi' = \frac{n_1}{n_0'} = \frac{300}{140} = 2.14 = \varphi_{CS}$$

2. 过抽样和欠抽样

图 5.1 所示为过抽样。阳性类别（如欺诈性信用卡交易）的观察对象只是简单地复制。如果对成本敏感性分类运用过抽样，每个阳性观察对象复制多次以满足全部阳性观察对象数量能够等于 n_1'，即如上所述和所展示的，原始数量 n_1 乘以 $C'(0,1)$ 对 $C'(1,0)$ 的比率。在图 5.1 所示的示例中，观察对象 1 和对象 4，两个

都是欺诈性交易，经复制后得到阳性观察对象的所需数量 n_1'。

原始数据

	ID	变量	类别
训练	1	…	欺诈
训练	2	…	无欺诈
训练	3	…	无欺诈
训练	4	…	欺诈
训练	5	…	无欺诈
训练	6	…	无欺诈
测试	7	…	无欺诈
测试	8	…	无欺诈
测试	9	…	欺诈
测试	10	…	无欺诈

过抽样数据

	ID	变量	类别
训练	1	…	欺诈
训练	1	…	欺诈
训练	2	…	无欺诈
训练	3	…	无欺诈
训练	4	…	欺诈
训练	4	…	欺诈
训练	5	…	无欺诈
训练	6	…	无欺诈
测试	7	…	无欺诈
测试	8	…	无欺诈
测试	9	…	欺诈
测试	10	…	无欺诈

图 5.1　对于欺诈者的过抽样

图 5.2 所示为欠抽样。观察对象 2 和对象 5 涉及的都是非欺诈性交易，因为要达到成本敏感类别分布 φ_{CS} 所需的阴性类别观察对象的数量，创建训练集时，已经被剔除。要被剔除的观察对象可以随机选择；也可以综合过抽样和欠抽样两种方法，以达到前面部分所确定的成本敏感类别分布 φ_{CS}。很重要的是，要注意无论是过抽样还是欠抽样，都应该是在训练数据而不是在测试数据中开展。要记住，正如在第 2 章所讨论过的，要使模型性能得到一个非偏差性的结论，那么在模型建立过程中，后者应该保持不动。

3. 合成少数过抽样技术

为达到成本敏感性类别分布 φ_{CS}，可以使用对过抽样和欠抽样的替代抽样方法。其中一种替代抽样方法是 SMOTE，它是合成少数过抽样技术（synthetic minority oversampling technique）的缩写。

不像在标准过抽样法中简单复制观察对象的做法，SMOTE 基于现有少数类别或阳性观察对象创建另外的合成对象（Chawla，et al.，2002）。如图 5.3 所示的 SMOTE，圆圈代表阴性观察对象，方形代表阳性观察对象。SMOTE 计算出 k 个最接

原始数据				欠抽样数据		
ID	变量	类别		ID	变量	类别
1	⋯	欺诈		1	⋯	欺诈
2	⋯	无欺诈		3	⋯	无欺诈
3	⋯	无欺诈		4	⋯	欺诈
4	⋯	欺诈		5	⋯	无欺诈
5	⋯	无欺诈		6	⋯	无欺诈
6	⋯	无欺诈		7	⋯	无欺诈
7	⋯	无欺诈		8	⋯	无欺诈
8	⋯	无欺诈		9	⋯	欺诈
9	⋯	欺诈		10	⋯	无欺诈
10	⋯	无欺诈				

图 5.2　对于非欺诈者的欠抽样

近邻点，k 是可以由用户设置或调整的参数。假定我们来看由十字方形代表的阳性观察对象，选定五个最接近的邻点，其由全黑方形代表。根据所需要的另外少数类别观察对象的数量，就可以选择一个或更多的最接近邻点，创建另外的合成的阳性观察对象。

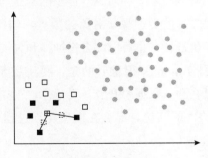

图 5.3　SMOTE

例如，如果所需要的成本敏感性分布等于初始类别分布的三倍，那么就需要初始阳性观察对象的三倍数量。这样，我们需要使每个初始观察对象增加两个，因此就选择 k 个最接近邻点的随机两个（或者可以选择两个最接近的邻点，如 k 可以设置为等于 2）。下一步是沿着所调查观察对象与两个随机最接近邻点所连接的线，随机创建两个合成观察对象。

这两个合成观察对象由图 5.3 中的虚线方形代表。例如，思考一个观察对象，其（如年龄和收入）特征值分别为 30 和 1 000，其最接近邻点相应特征值分别为 62 和 3 200。我们要生成一个在 0 到 1 之间的随机数字，如 0.75。合成观察对象其年龄为 $30+0.75\times(62-30)$，等于 54，而收入为 $1\,000+0.75\times(3\,200-1\,000)=2\,650$。

另外，SMOTE 还可以将阳性类别合成过抽样与阴性类别合成欠抽样两者进行综合，得到所需的类别分布。要注意，在其初始文章中，对于分类变量，Chawla 等（2002）也开发了一种 SMOTE 的扩展方法。经验证明，SMOTE 较单独过抽样或欠抽样通常表现更好一些。例如，在欺诈监测领域，SMOTE 已经证明是能够有效提升监测能力的有价值工具（Van Vlasselaer，Eliassi-Rad，Akoglu，et al.，2015）。最后，抽样还可以用于解决**不平衡类别分布问题**（imbalanced class distribution problem），其在本章后面会进行更详细的探讨。

4. 重新平衡综合法

有些文献已经提出一些成本敏感性综合法，基本上都是将一个重新平衡法和一个合成法进行综合，可能还要进行一些其他的调整。将欠抽样法、过抽样法或 SMOTE 法与装袋法、推进法或随机森林法进行综合，就像第 2 章所讨论过的，得到一系列的综合方法。其中一些方法在文献中已经经有效测试并有报告发布。另外，在这些综合方法中，可以改变基本学习器，因此其可以面向更多综合法甚至成本敏感性学习法。表 5.7 所示为文献中已经提出的并经评估的对成本敏感性学习（cost-sensitive learing）的再平衡综合法概览。

表 5.7　成本敏感性学习的基于抽样的综合法概览

参 考 名 称	描　　述
SMOTEBoost（Chawla，Lazarevic，Hall，et al.，2003）	利用在本部分讨论过的 SMOTE 抽样法，就像在第 2 章讨论过的那样，调整 AdaBoost 中每一个观察对象的权重。这里要注意，SMOTEBoost 是由 SMOTE 的开发者提出的
EasyEnsemble（Liu，Wu，Zhou，2009）	将随机欠抽样与装袋法进行综合，代替 CART 作为 AdaBoost 的基本学习器，得到一个复杂但是灵活的（因此潜力很大的）方法
RUSBoost（Seiffert，et al.，2010）	通过随机欠抽样方案代替 SMOTEBoost 方法中的 SMOTE
成本敏感随机森林法（Petrides，Verbeke，2017）	类似处理不平衡类别分布的平衡随机森林法（Chen，Liaw，Breiman，2004），这种方法从训练集中抽取相同规模的样本集，每一个都具备成本敏感性类别分布 φ_{cs}。所采用的抽样方法可能是过抽样法、欠抽样法、SMOTE 或任何其他可以相应改变类别分布的抽样方法

将一种综合法与抽样方法进行综合，以改变类别分布，作为替代，任何分类技术都可用于代替综合法。这将得到更多可能的综合法和成本敏感性学习方法。所有方法本质上都是讨论过的再平衡方法中的个例。

虽然重新平衡方法的设置相当直接而且直观，在使分类器具成本敏感性且因此提升可测算收益方面的效果来看，这些方法表现良好。抽样方法还可以对逻吉斯回归或决策树等传统方法再利用，因此并不需要对运营分析流程的复杂调整。因此，它们还可以促进可解释模型的开发，这在很多情况下是必不可少的需求。要注意，模型的可解释性取决于选定的分类方法，当使用的是综合法时，如表 5.7 所示的综合法一样，可能得到黑盒子模型。但是，令人焦虑的是，这些方法并不一定而且不会总是得到好结果。一如既往地，建议进行谨慎评估和做一些实验。本章后面部分会探讨更为高级的训练中方法，它们并不会增加复杂性，还可以进一步提升性能。

5. 加权法

类似于抽样的方法是加权法。加权法通过对训练集中的每个观察对象配置相应权重而达到成本敏感类别分布 φ_{CS}。权重通常由数据集中的**频率变量**（frequency variable）来决定，它对每个观察对象所指定的权重表现了观察对象的相对普遍性或重要性。这些权重因此由所运用的学习方法进行考虑。

相应地，从必须调整真正的学习技术以适应权重的使用意义而言，加权法较抽样法更复杂。然而，一旦一种技术经调整和执行，应用就很直接，而且事实上，用户可以不必要确切地知道学习方法是如何进行调整的。加权法本质上是分类技术的扩展技术，配以权重的使用和对这些权重值设置的流程。表 5.8 所示为文献提出的一些加权法的深度总览。

表 5.8　用于成本敏感性学习的加权法总览

参 考 名 称	描　述
C4.5CS (Ting, 2002)	在第 2 章中探讨过的经典 C4.5 决策树技术的扩展，使得可以在学习过程中结合权重因素，目标为学习成本敏感性决策树。 对阳性和阴性观察对象设置权重如下： $$w_1 = \frac{C'(0,1)}{C'(0,1) \cdot n_1 + C'(1,0) \cdot n_0}$$ $$w_0 = \frac{C'(1,0)}{C'(0,1) \cdot n_1 + C'(1,0) \cdot n_0}$$

参 考 名 称	描 述
C4.5CS （Ting，2002）	所有权重的总和等于 1。为支撑对在节点 t 如何进行拆分的决策，用于熵和增益指标计算中的占比值，由按照如下方法计算的加权占比值来替代： $$P_{w_{1,t}} = \frac{n_{1,t} \cdot w_1}{n_{1,t} \cdot w_1 + n_{0,t} \cdot w_0}$$ 并且 $P_{w_{0,t}} = 1 - P_{w_{1,t}}$。 对于剪枝来说，考虑最小权重而不是最小误差，如果在叶片节点 t，一个新观察对象被分类为阳性： $$n_{1,t} \cdot w_1 > n_{0,t} \cdot w_0$$ 要注意，在表 5.8 后面提供了一个详细例子讲解
C4.5OCS （Petrides，Verbeke，2017）	要注意，以上方法可以直接扩展到考虑观察对象依赖型错误分类成本而不是类别依赖型错误分类成本。例如，如果 $C'(0,1)$ 是观察对象依赖型，那么对于阳性观察对象 i 来说，假设 $C'(1,0)$ 是常数，则可计算如下： $$w_{1,i} = \frac{C'(1,0)}{\left[\sum_{i=1}^{n_1} C'(0,1)_i\right] + C'(1,0) \cdot n_0}$$ 阴性观察对象的权重一直为常数，且等于： $$w_0 = \frac{C'(1,0)}{\left[\sum_{i=1}^{n_1} C'(0,1)_i\right] + C'(1,0) \cdot n_0}$$ 在剪枝时对拆分的熵值计算中，考虑个例依赖型的权重因素，再对 C4.5CS 中其他步骤进行相应调整
朴素成本敏感性 AdaBoost（NCSA）（Masnadi-Shirazi，Vasconcelos，2011；Viola，Jones，2001）、朴素观察对象依赖型成本敏感性 AdaBoost （ NECSA ）（Petrides，Verbeke，2017）	这种方法区别于 AdaBoost，除了权重的初始化之外，它以成本敏感性方式而存在。例如，利用以上 C4.5CS 方法所提供的 w_1 和 w_0 的定义，对每个阳性观察对象赋予权重为 w_1，而对每个阴性观察对象赋予权重为 w_0，这样，所有的权重总和为 1。 另外，观察对象依赖型权重 w_1 可如上述定义（参见 C4.5OCS）那样运用，得到观察对象依赖型的成本敏感性推进法（observation-dependent cost-sensitive boosting approach）
加权随机森林（WRF）（Chen，et al.，2004）成本敏感随机森林（CSRF）、观察对象依赖成本敏感随机森林（OCSRF）（Petrides，Verbeke，2017）	加权随机森林是随机森林算法的一种变异，使得可以利用加权后的观察对象。通过采用 C4.5CS 定义的对阳性类别赋权 w_1，对阴性观察对象赋权 w_0，如第 2 章所介绍的基本随机森林法就扩展成为具成本敏感性。 另外，观察对象依赖型权重 w_1 可如上述定义（参见 C4.5OCS）那样运用，得到观察对象依赖型的成本敏感随机森林法

续表

参考名称	描述
加权逻吉斯回归（WLR）（King，Zeng，2001）、成本敏感逻吉斯回归（CSLR）、观察对象依赖成本敏感逻吉斯回归（OCSLR）（Petrides，Verbeke，2017）	用于逻吉斯回归模型估算的最大似然法可以直接扩展到适应观察对象相关的权重的需要，通过如下方式进行加权似然值 L_w 的定义： $$L_w(\beta \mid y) = \prod_{i=1}^{n} (w_1 \cdot p_{1,i})^{y_i} \cdot [w_0 \cdot (1-p_{1,i})]^{1-y_i}$$ 拟合逻吉斯回归过程中涉及找到系数 β 集，使加权似然值 L_w 最大化，而不是使标准情况下的非加权逻吉斯回归中的非加权似然值最大化（参见第 2 章）。通过采用如上探讨（参见 C4.5CS）的对阳性和阴性观察对象赋权，就得到成本敏感性逻吉斯回归模型。通过在加权似然函数中运用观察对象依赖型权重，可以对观察对象依赖型成本敏感性逻吉斯回归模型进行估算： $$L_{ew}(\beta \mid y) = \prod_{i=1}^{n} (w_i \cdot p_{1,i})^{y_i} \cdot [w_i \cdot (1-p_{1,i})]^{1-y_i}$$ 式中，L_{ew} 为观察对象依赖型加权似然值，可以最大化

鉴于加权似然值和观察对象依赖加权似然值的定义，使标准似然值扩展到可以考虑频次变量，因此允许加权。本质上用于估算模型参数适合最大似然方法的任何技术都可以分别变成具类别依赖型的成本敏感性和观察对象依赖型的成本敏感性。

将决策树学习算法扩展到在分拆、停止和分配策略阶段可将权重包括进去，这使得通过将加权决策树学习器作为基础学习器使用，而实现对成本敏感性决策树和成本敏感性综合法的归纳推导。

■ 示例

对上述介绍的德国信贷数据进行具体分析，可以按照 C4.5CS（Ting，2002）方法对拆分 S 计算出增益估算值。

用于不良情况（$y=1$）阳性观察对象的权重，可以依照表 5.8 所定义的方法进行计算：

$$w_1 = \frac{\boldsymbol{C}'(0,1)}{\boldsymbol{C}'(0,1) \cdot n_1 + \boldsymbol{C}'(1,0) \cdot n_0} = \frac{5}{5 \times 300 + 1 \times 700} = 0.002\,3$$

用于良好情况（$y=0$）阴性观察对象的权重等于：

$$w_0 = \frac{\boldsymbol{C}'(1,0)}{\boldsymbol{C}'(0,1) \cdot n_1 + \boldsymbol{C}'(1,0) \cdot n_0} = \frac{1}{5 \times 300 + 1 \times 700} = 4.545\,5 \times 10^{-4}$$

然后，假设以下候选拆分 S：

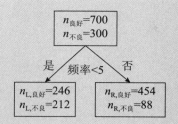

加权比例用于对父节点计算熵和增益值，左右子节点的计算如下：

$$P_{w_{1,父}} = \frac{n_{1,父} \cdot w_1}{n_{1,父} \cdot w_1 + n_{0,父} \cdot w_0} = \frac{300 \times 0.002\,3}{300 \times 0.002\,3 + 700 \times 4.545\,5 \times 10^{-4}}$$
$$= 0.684\,4$$

$$P_{w_{0,父}} = 1 - P_{w_{1,父}} = 0.315\,6$$

$$P_{w_{1,左}} = \frac{212 \times 0.002\,3}{212 \times 0.002\,3 + 246 \times 4.545\,5 \times 10^{-4}} = 0.813\,5$$

$$P_{w_{0,左}} = 1 - P_{w_{1,左}} = 0.186\,5$$

$$P_{w_{1,右}} = \frac{88 \times 0.002\,3}{88 \times 0.002\,3 + 454 \times 4.545\,5 \times 10^{-4}} = 0.495\,1$$

$$P_{w_{0,右}} = 1 - P_{w_{1,右}} = 0.504\,9$$

将这些加权比例插入公式，计算父节点、左右子节点的熵：

$$E(S)_父 = -Pw_{0,父} \cdot \log_2(Pw_{0,父}) - Pw_{1,父} \cdot \log_2(Pw_{1,父})$$
$$E(S)_父 = -0.315\,6\log_2(0.315\,6) - 0.684\,4\log_2(0.684\,4) = 0.899\,5$$
$$E(S)_左 = -0.186\,5\log_2(0.186\,5) - 0.813\,5\log_2(0.813\,5) = 0.694\,1$$
$$E(S)_右 = -0.504\,9\log_2(0.504\,9) - 0.495\,1\log_2(0.495\,1) = 0.999\,9$$

然后，要计算增益值，我们需要用如下方法对左右子节点观察对象计算加权比例：

$$P_{w_左} = \frac{212 \times 0.002\,3 + 246 \times 4.545\,5 \times 10^{-4}}{300 \times 0.002\,3 + 700 \times 4.545\,5 \times 10^{-4}} = 0.706\,3$$

$$P_{w_{1,右}} = 1 - P_{w_左} = 0.293\,7$$

我们因此可以对候选拆分计算成本敏感增益值：

$$Gain = E(S)_父 - P_{w_左} \cdot E(S)_左 - P_{w_{1,右}} \cdot E(S)_右,$$
$$Gain = 0.899\,5 - 0.706\,3 \times 0.694\,1 - 0.293\,7 \times 0.999\,9 = 0.115\,6$$

5.3.2 训练中方法

第二组成本敏感性分类技术，是在训练分类模型时，调整学习过程以直接考虑错误分类成本。在本部分，我们主要聚焦基于决策树的技术，它们天生可以扩展到考虑成本问题。其与之前讨论过的加权方法主要不同在于，它们需要对学习机制进行扩展，以考虑权重，即训练中方法是通过改变内在学习机制而不是通过将其进行扩展，以适应权重。

1. 决策树修正法

在第 2 章中讨论过的**标准的**诸如成本不敏感性决策树算法，在本章将被调整为考虑不平衡的错误分类成本因素。要使树算法具备成本敏感性，可以设想两种这类的调整。

①决策树算法使用杂质测算（impurity measure）是为了进行拆分决策，如就像由 C4.5 使用的熵值，或由 CART 使用的 Gini 值，都可以代之以**成本测算指标**（cost measure）。那么节点拆分的目标就是降低总体错误分类成本，而不是降低类别成员的杂质度。

②另外，或者可以使用成本测算指标代替用于树剪枝的评估测算指标，对树进行调整的同时实现推广能力，并基于验证集使错误分类总成本达到最小化。

如表 5.9 所示为文献中提出的几个精选的成本敏感性决策树方法，即对标准的分类树学习算法使用以上一种或两种通用调整的方法。

表 5.9　基于树的成本敏感方法总览

参 考 名 称	描 　 述
成本敏感性剪枝法 （Bradford, et al., 1998）	剪枝法可以通过就像本章之前所定义的最小化预期损失 $\ell(x,j)$ 而不是最小化预期错误或错误分类率，直接使成本敏感性化，就像第 2 章所阐述的（参见第 2 章的图 2.13）。 要注意，对节点贴标签得到最小错误分类成本结果。错误分类成本可以通过对子节点进行汇总，作为树的规模函数对总体错误分类成本进行监控，并因此确定最优的树的大小规模

续表

参 考 名 称	描　　述
最小成本决策树法（DTMC） （Ling，et al.，2004）	DTMC 执行的是成本最小化拆分及贴标签方法，而不是运用成本敏感性剪枝法。 在一个节点所选定的拆分，不是信息增益价值最大化，而是总体错误分类成本降低最大的拆分，其测算方法如下： $$\text{成本降低} = C_t - \sum_{i=1}^{k} C_{t_i}$$ 式中，C_t 为节点 t 的成本。若节点标签为阴性，等于 $n_{1,t} \cdot \boldsymbol{C}'(0,1)$；若节点标签为阳性，则为 $n_{0,t} \cdot \boldsymbol{C}'(1,0)$。$C_{t_1}$ 到 C_{t_k} 是节点 t 的子节点的成本，计算方法同 C_t。 在树的生长过程中，如果 $P_{1,t} > T_{\text{CS}}$，节点 t 就标签为阳性，这意味着运用了在本章概述部分讨论过的成本敏感分界值
成本敏感性决策树法（CSDT） （Bahnsen，et al.，2015）	CSDTs 运用的是与 DTMCs 相同的成本最小化拆分及标签法，只是还包括观察对象依赖型成本敏感性分类方法。 另外，成本敏感性剪枝法也如上面讨论过的同样方式运用（Bradford，et al.，1998），但还要考虑的是观察对象依赖型成本而不是类别依赖型错误分类平均成本

CSDT（cost-sensitive decision trees，成本敏感性决策树法）的开发者最近重新出版的一本书介绍了一种成本敏感性决策树合成法（ensemble of cost-sensitive decision trees，OCSDT）（Bahnsen，Aouada，Ottersten，2016），本质上是通过另外的**成本敏感性投票系统**（cost-sensitive voting system）对一些 CSDT 方法进行合并（如表 5.9 所讨论）。与 OCSDT 方法类似，其他成本敏感性决策树法是可以用作与任何合成法进行合并的基础学习器，最终得到成本敏感性分类器。

一般来说，可以构思很多的综合法及变异体。很多文献已经对这类综合法进行定义、执行、实验性评估和发布，并处理了很多相关的问题和实例。因此，鉴于大量的论文和方法已经充斥着成本敏感性学习法这个领域，当具体处理一个实际应用时，对于要获得相应洞察并确定最优方法也就提出了相应的挑战。

■ 示例

让我们继续前面的例子展示成本降低所依据的标准，正如在表 5.9 最小成本决策树中所运用和定义的，来对以下候选拆分 S 进行评估：

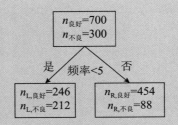

首先，我们需要对不同节点 t 计算成本 C_t，当节点标签为良好时，则等于 $n_{1,t} \cdot \boldsymbol{C}'(0,1)$，节点标签为不良，则 $n_{0,t} \cdot \boldsymbol{C}'(1,0)$。要注意，如果 $P_{1,t} > T_{\mathrm{CS}}$，节点 t 就标签为不良；如果 $P_{1,t} < T_{\mathrm{CS}}$，则标签为良好。

对于父节点和左右子节点，我们得到：

$$P_{1,\text{父}} = \frac{300}{1\,000} = 0.3$$

$$P_{1,\text{左}} = \frac{212}{212 + 246} = 0.462\,9$$

$$P_{1,\text{右}} = \frac{88}{88 + 454} = 0.162\,4$$

正如上面详述，我们得出成本敏感分界值 $T_{\mathrm{CS}} = 0.166\,7$，因此，鉴于 $P_{1,\text{父}} > T_{\mathrm{CS}}$ 及 $P_{1,\text{左}} > T_{\mathrm{CS}}$，父节点和左子节点标签为阳性，即不良，而右子节点则标签为良好。然后，成本 C_t 的计算如下：

$$C_{\text{父}} = n_{0,\text{父}} \cdot \boldsymbol{C}'(1,0) = 700 \times 1 = 700$$

$$C_{\text{左}} = n_{0,\text{左}} \cdot \boldsymbol{C}'(1,0) = 246 \times 1 = 246$$

$$C_{\text{右}} = n_{1,\text{右}} \cdot \boldsymbol{C}'(0,1) = 88 \times 5 = 440$$

要注意，如果我们将节点的标签倒换，那么每个节点的成本就会更高，分别等于 $C_{\text{父}} = 300 \times 5 = 1\,500$，$C_{\text{左}} = 212 \times 5 = 1\,060$ 及 $C_{\text{右}} = 454 \times 1 = 454$。对于拆分 S 来说，成本降低则可以计算如下：

$$\text{成本降低} = C_t - \sum_{i=1}^{k} C_{t_i} = 700 - (246 + 440) = 14$$

通过对所有可能的拆分计算可得到的成本降低，最佳拆分则可以在生成一棵树的过程中迭代确定，因此可以运用标准的（成本不敏感）剪枝法。

2. AdaBoost 变异法

对于在第 2 章探讨的推进元学习法的调整方法（adaptation of the boosting meta-learning approach，AdaBoost），就成本敏感性学习来说，已经有很多文献进行介绍。表 5.10 总结了这些方法中的几个精选。要注意，在表 5.10 中，只有步骤与已经讨论过的初始 AdaBoost 算法有所区别。

表 5.10　基于成本敏感推进的方法总览

参 考 名 称	描 述
CSB0、CSB1、CSB2（Ting，2000）	在表 5.8 中所讨论的 NCSA 方法中，通过对每个阳性观察对象赋予权重 w_1，对每个阴性观察对象赋予权重 w_0，从而初始化权重。这样，所有权重加总和等于 1。 除了以成本敏感性方式初始化权重外，每次迭代后，如就像在初始 AdaBoost 方法中，在对合成中的每棵树进行架构之后，还可以成本敏感性方式进行权重升级。 对于 CSB 方法 j 来说，权重作为参数函数 α_j 进行升级，$j=0$、1 或 2；CSB0 和 CSB1 则运用固定参数 α，分别为，$\alpha_0=0$，$\alpha_1=1$；CBS2 运用参数 α，误差为 ε 的函数：$$\alpha=\frac{1}{2}\ln\left(\frac{1-\varepsilon}{\varepsilon}\right)$$式中，ε 为树的总体误差。 然后，正确分类观察对象，无论阳性或阴性，其权重 w 用如下方式进行升级：$$w'=\frac{w\cdot e^{-a_j}}{Z}$$阳性或阴性错误分类观察对象的权重则分别以如下方式进行升级：$$w'_1=\frac{\boldsymbol{C}'(0,1)w_1\cdot e^{\alpha_j}}{Z}$$ $$w_0'=\frac{\boldsymbol{C}'(1,0)w_0\cdot e^{\alpha_j}}{Z}$$要注意，如果 $\boldsymbol{C}'(0,1)=\boldsymbol{C}'(1,0)=1$，那么错误分类成本相等，且 $w'_1=w_0'$，则 CSB2 就简化成了初始 AdaBoost 方法
AdaCost（Fan，Stolfo，Zhang，et al.，1999）	AdaCost 对错误分类观察对象的权重随成本而成比例提高；而当正确分类时则相反，随成本成比例地降低相应权重。初始权重的设置如上面 CSB 方法 j 一样。然后，权重用如下方式进行升级：$$w'=\frac{w\cdot e^{-\alpha yh\beta}}{Z}$$这里 α 等于：$$\alpha=\frac{1}{2}\ln\left(\frac{1-r}{1+r}\right)$$式中 $r=\sum w\cdot y\cdot h\cdot\beta$。

参 考 名 称	描 述
AdaCost （Fan，Stolfo，Zhang，Chan et al.，1999）	β 为成本调整函数，定义如下： $$\beta = 0.5(1-C_+)$$ $$\beta = 0.5(1-C_-)$$ 对于正确分类的阳性和阴性观察对象来说，则为 $$\beta = 0.5(1+C_+)$$ $$\beta = 0.5(1+C_-)$$ 对于不正确分类的阳性和阴性观察对象而言，分别对 C_+ 和 C_- 用取值在（0，1）区间的 $C'(0,1)$ 和 $C'(1,0)$ 进行成比例缩放或标准化。
AdaC1 （Sun，Kamel，Wang，et al.，2007）	AdaC1 包括在初始 AdaBoost 方法中权重升级公式中指数中的成本。错误分类的阳性和阴性观察对象的权重，以如下方式分别进行升级： $$w'_1 = \frac{w_1 \cdot e^{-\alpha h} C'(0,1)}{Z}$$ $$w_0' = \frac{w_0 \cdot e^{\alpha h} C'(1,0)}{Z}$$ 式中，α 等于： $$\alpha = \frac{1}{2}\ln\left(\frac{1+r_t-r_f}{1-r_t-r_f}\right)$$ 以及 $$r_t = \sum_{y=h} w_1 \cdot C'(0,1) + \sum_{y=h} w_0 \cdot C'(1,0)$$ $$r_f = \sum_{y\neq h} w_1 \cdot C'(0,1) + \sum_{y\neq h} w_0 \cdot C'(1,0)$$
AdaC2 （Sun，et al.，2007）	与 AdaC1 相比，AdaC2 包括初始 AdaBoost 方法中权重升级公式中指数之外部分的成本。权重以如下方式进行升级： $$w'_1 = \frac{C'(0,1)w_1 \cdot e^{-\alpha h}}{Z}$$ $$w_0' = \frac{C'(1,0)w_0 \cdot e^{\alpha h}}{Z}$$ 式中： $$\alpha = \frac{1}{2}\ln\left(\frac{r_t}{r_f}\right)$$ 且 r_t 和 r_f 如上面 AdaC1 中所定义
AdaC3 （Sun，et al.，2007）	AdaC3 包括指数内外的成本，因此是对 AdaC1 和 AdaC2 的综合。观察对象以如下方式进行升级： $$w'_1 = \frac{C'(0,1)w_1 \cdot e^{-\alpha h} C'(0,1)}{Z}$$ $$w_0' = \frac{C'(1,0)w_0 \cdot e^{\alpha h} C'(1,0)}{Z}$$

续表

参 考 名 称	描　　述
AdaC3 (Sun, et al., 2007)	式中： $$\alpha = \frac{1}{2}\ln\left(\frac{r_t + r_f + r_{2t} - r_{2f}}{r_t + r_f - r_{2t} + r_{2f}}\right)$$ r_t 和 r_f 如上面 AdaC1 和 AdaC2 中所定义，且 $$r_{2t} = \sum_{y=h} w_1 \cdot \boldsymbol{C}'(0,1)^2 + \sum_{y=h} w_0 \cdot \boldsymbol{C}'(1,0)^2$$ $$r_f = \sum_{y\neq h} w_1 \cdot \boldsymbol{C}'(0,1)^2 + \sum_{y\neq h} w_0 \cdot \boldsymbol{C}'(1,0)^2$$

正如在第 2 章所讨论的，初始 AdaBoost 算法对每一个观察对象赋予一个初始权重 $w = \frac{1}{n}$，并基于加权的观察对象建立模型。接着，将预测结果 $h \in \{-1,1\}$ 与真实标签 $y \in \{-1,1\}$ 进行比较，利用以下公式对每一个观察对象确定升级权重：

$$w' = \frac{w \cdot e^{-\alpha y h}}{Z}$$

式中，Z 为标准化因子，使得所有权重加总和等于 1；α 为模型误差率 ε 的函数，计算如下：

$$\alpha = \frac{1}{2}\ln\left(\frac{1-\varepsilon}{\varepsilon}\right)$$

本质来说，如表 5.10 中所示，所有方法根据训练数据的不同，根据观察对象的类别标签，并考虑成本矩阵中所指定的错误分类成本，升级了观察对象的权重。换言之，**不同的成本敏感性权重升级函数**（cost-sensitive weight update function）在文献中都已有介绍，每次都是以微小不同的方式在每次迭代后对观察对象的权重进行调整。

如表 5.10 中的公式，就像初始 AdaBoost 中的条件设置，模型的总体误差 ε 是对所有错误分类观察对象的权重之和，y 是观察对象的真实类别标签，而 Z 则是使得全部权重的和等于 1 的标准化因子。

还有几个 AdaBoost 变异法采用的是成本敏感性权重升级函数（cost-sensitive weight update function）而不是表 5.10 中所讨论的方法，在文献中都有介绍，包括 AdaUBoost（Karakoulas，Shawe-Taylor，1999）、Asymmetric AdaBoost（Viola，Jones，2001），以及成本敏感性 AdaBoost（Masnadi-Shirazi，Vasconcelos，2011）。但是，这些变异方法在实际中应用很少，而且从经验来看，看起来它较之前所讨论过的方法并没有提供任何更突出的优势。

在 AdaBoost 及所讨论过的变异方法中，一个额外的步骤是，通过如上述所讨论过的成本敏感分界值 T_{cs} 的应用，可以对每个观察对象得到一个类别标签。分界值既可被用来得到一个最终预测值，也可在合成学习过程中对每棵树进行估算以计算出成本敏感性误差，将其用于对观察对象进行加权。

5.3.3 训练后方法

已经在文献中对其进行过定义的有两种训练后方法——直接成本敏感性决策法（direct cost-sensitive decision making）（运用的是如上探讨过的成本敏感分界值 T_{cs}）和 MetaCost 法。

1. 直接成本敏感性决策法

正如在本章概述部分所讨论过的，当将概率估算转化为类别标签时，可以将成本敏感分界值 T_{cs} 用来考虑错误分类成本。任何分类器都能产生概率估算，因此可转化为成本敏感性分类器。

但是在商业应用中进行分类模型构建，通常是为对实体排序而不是对其贴标签。例如，当构建客户流失预测模型时，目标是尽可能准确地将流失风险从高到低对客户进行排序。这就使得可以选择那些看起来最像是要流失的排在前面的特定比例客户包括进一个客户保持活动中。正如在第 6 章将要讨论的，要对确切的比例进行优化，以使活动回报实现最大化。当客户是被排序而不是被贴标签时，对于由设置分界线值进行排序而被包括进保持活动的客户，大大简化了实际应用，但有损其提供的灵活性。其他应用，如信用计分和欺诈监测，也需要准确排序而不是贴标签。在所有这些情况中，直接成本敏感性决策法的价值就很小，甚至没有，相反更推荐训练前方法和训练中方法。另外，正如接下来要讨论的，也可以运用 MetaCost 法。

2. MetaCost 法

因其简单性和灵活性，由 Domingos（1999）所提出的 MetaCost 法，是对成本敏感性分类模型非常流行的估算方法之一。MetaCost 通过三个步骤开发成本敏感性分类模型：

第一步，通过应用综合法，对于每一个观察对象，MetaCost 得到其属于某个类别的概率估算值。

第二步，采用本章第一部分定义的成本敏感分界值 T_{CS}，基于在第一步中综合法所预测的概率值，对每个观察对象进行分类和重贴标签。

第三步也即最后一步，基于重新贴标签的训练数据集，训练独立分类器。

表 5.11 所示为 MetaCost 法示例。在初始公式中，MetaCost 采用装袋法构建方法第一步中的综合法。但是，也有可能采用备选的如推进法或随机森林法等元学习方案。在 MetaCost 法的最后一步中，本质上在第 2 章中讨论过的任何分类技术都可用来开发成本敏感性分类模型。因此，这种方法的一个主要优点是，通过构建逻吉斯回归模型、决策树或最后一步中的任何其他可解释性的分类模型，具备对模型进行直观的可解释性估算的可能性。通过对现有的运营分析流程增加两个步骤，即 MetaCost 方法中的前面两个步骤，MetaCost 提供了简单的方法使得任何运营分析模型具备成本敏感性。

表 5.11　MetaCost 法示例

MetaCost						
步骤#	描　　　述	数　据　输　入				
		ID	最近期	频次	金额	流失
步骤 1	使用原始数据集学习一个综合模型预测原始目标变量，如流失	C1	26	4.2	126	是
		C2	37	2.1	59	否
		C3	2	8.5	256	否
		C4	18	6.2	89	否
		C5	46	1.1	37	是
		…	…	…	…	…
		ID	最近期	频次	金额	综合估算
步骤 2	在第二步中对综合模型的估算，运用成本敏感性分界值 $T_{CS}=0.23$，获得综合分类标签	C1	26	4.2	126	0.42
		C2	37	2.1	59	0.27
		C3	2	8.5	256	0.04
		C4	18	6.2	89	0.15
		C5	46	1.1	37	0.21
		…	…	…	…	…
		ID	最近期	频次	金额	综合估算
步骤 3	在第三步中，利用标准分类法对分类模型进行学习，将综合分类标签作为目标变量	C1	26	4.2	126	是
		C2	37	2.1	59	是
		C3	2	8.5	256	否
		C4	18	6.2	89	否
		C5	46	1.1	37	否
		…	…	…	…	…

5.3.4 成本敏感性分类模型评估

除第 2 章探讨的标准性能测算指标之外，第 6 章将提供对利润驱动和成本敏感性评估测算方法的延伸介绍。对于分类模型的评估法，对比纯粹统计的角度，采用利润驱动的角度将展示出对模型选择和参数调整的效果，一个分析模型最终将提升实施和运营的利润（从商业的角度）。

当构建一个成本敏感性分类模型时，很显然对于模型性能评估时采用将在第 6 章介绍的成本敏感性评估测算法，而不只是依赖 AUG、Gini 和 KS-距离等标准的成本不敏感性能测算法，更有意义。当然，这些测算法要有用并能提供洞察与模型特定特征相关，但是对于不平衡的错误分类成本，它们就不能进行准确解释。因此，当对成本敏感性预测模型进行评估时，需要采用成本敏感性测算法才能提供互为补充的洞察。一如既往地，强烈建议利用多种测算法覆盖模型性能的不同维度，进行模型的性能评测。

5.3.5 不平衡的类别分布

成本敏感性分类法也可以用于处理有关不平衡类别分布问题，但在一定程度上存在着不同的挑战，这意味着同一个类别中的观察对象较其他类别的观察对象更普遍。在很多商业应用中，类别分布表现出极度不平衡。

- 在客户流失预测中，通常只有一小部分客户是流失者，可能甚至小于 1%，取决于所记录流失的条件和时间范围设定（Verbeke, et al. , 2012）。
- 在信用风险建模中，只有少数客户是违约的，在一些信贷产品中数量只到几个或甚至完全没有。这种信贷产品称为低—违约产品，对于金融机构来说不仅重要而且具有特殊利益（Pluto, Tasche, 2006）。
- 在很多欺诈监测应用中，也观察到极度不平衡的类别分布情况。例如，只有少数的信用卡交易具欺诈性，只有少数人和公司没有准确地缴纳他们的税费等（Van Vlasselaer, et al. , 2015）。

另外，在响应建模、人力资源分析、机器失误预测、健康分析及很多其他领域，对于一个类别或群体来说，通常观察对象都极少。在所有这些应用中，占少数的类别通常被设定为阳性类别。

虽然具备不平衡的错误分类成本通常导致不平衡的类别分布，这也不是自动出现的情况。不平衡的类别分布也不一定就导致不平衡的错误分类成本。但是，在大多数情况下，两种问题特征都会有效地同时表现出来，正如上述提供的例子一样。直观来说，一些稀少的东西会更贵或失去的代价更高，或者反之亦然——越昂贵的东西越稀少。

类别不平衡问题可能导致分类算法得到性能不好的预测结果，因为要对强有力的预测模式进行学习，可获得的训练数据不够。通常运用成本敏感性学习方法来解决这个问题。鉴于其简便性，通常使用加权法（参见，如 Verbeke，et al. ，2012）。通过使占少数的类别更普遍，如通过对训练数据集中少数类别进行过抽样或对占多数的类别进行欠抽样，因此通过对类别分布进行平衡，影响学习过程。对于少数类别或阳性类别观察对象来说，不正确的分类就会变得更重要，因此，最终结果模型将更聚焦于对这些观察对象的正确分类。目标在于，发现少数类别并将其预测模式包括进模型中，因此使得分类模型对于占少数类别的观察对象的预测能够更准确。

当因为类别分布出现高度偏态，抽样的目标是解决预测性能不佳问题时，由数据科学家来决定抽样比率或者抽样的类别分布。对于最有抽样率实验性研究并没有定论，因此也不能得出固定不变的指导意见或经验法则。抽样的影响既可能取决于给定分类问题的特性，也可能取决于所采用的分类技术。因此，能够提供的唯一可靠的指导意见就是，将所抽样的类别分布作为模型参数进行考虑，经调整，这或可能实现性能最优。

文献还显示，与过抽样相比，欠抽样可以得到更好的分类器结果（Chawla，et al. ，2002）。但是，对于不同应用，当进行过抽样或欠抽样时，大型的实验性标杆研究并不能对其性能建立统计意义上的显著性差别（Verbeke，et al. ，2012）。虽然在特定情况下，对于特定数据集来说，抽样表现出来确实能够提升分类性能，而效果还表现出取决于所使用的分类技术。

当应用抽样法或加权法处理分类不平衡问题时，必须注意，结果模型并不能生成经过充分校准的代表**真**的概率估算值，即不能对结果为阳性的可能机会生成绝对估算值。例如，通过应用抽样程序，当数据集中阳性观察对象的占比从 1％提升到 5％时，在这些数据之上训练的分类模型对于结果为正的概率的平均预测值为 5％，而不是 1％，而后者才是测试集中**真**的阳性所占比率。

当需要的是经校准的概率估算值而不是一个得分时，基于样本数据训练出来的分类模型所生成的估算值就需要调整。介绍一个简单的调整程序（Saerens，Latinne，Decaestecker，2002）：

$$p(y_i \mid x) = \frac{\dfrac{p(y_i)}{p_S(y_i)} p_S(y_i \mid x)}{\displaystyle\sum_{j=1}^{J} \dfrac{p(y_j)}{p_S(y_j)} p_S(y_j \mid x)}$$

式中，y_j 为类别 $j=1$，$\cdots$，J；J 为类别数；$p_S(y_i \mid x)$ 为在过抽样或欠抽样的训练数据集中的观察对象 x 属于类别 y_i 的概率估算值；$p(y_i \mid x)$ 为经调整的概率估算值；$p_S(y_i)$ 为类别 y_i 在过抽样和欠抽样的训练数据集中的先验概率；$p(y_i)$ 为类别 y_i 的初始先验概率。

示例

让我们回到上面的例子来对这个公式计算进行展示，初始的二元类别分布是 1‰ 的阳性观察对象比 99‰ 的阴性观察对象，过抽样类别分布达到 5‰ 阳性观察对象比 95‰ 的阴性观察对象。因此，通过基于过抽样数据之上训练的分类模型，预测观察对象 x 有 5‰ 为阳性的概率，根据以上公式，为阳性的调整概率等于

$$p(1 \mid x) = \frac{\dfrac{1\%}{5\%} \times 5\%}{\dfrac{99\%}{95\%} \times 95\% + \dfrac{1\%}{5\%} \times 5\%} = 1$$

因为 5‰ 是过抽样训练数据集中为阳性结果的平均先验概率，这看得出来是一个符合逻辑的结果，应该符合等于原始数据集中为阳性结果的初始概率的调整概率。

5.3.6 操作

在本章讨论的成本敏感分类方法将在 2018 年由 George Petrides 和 Wouter Verbeke 作为开源 R 软件包发布在 https://cran.r-project.org/web/packages/。

更详细的案例应用，包括学习成本敏感性分类模型的数据和代码，发布在本书

的同步网站：www. profit-analytics. com。

5.4　成本敏感性回归法

本小节我们聚焦成本敏感性回归法，其可使用户直接对与回归模型所做出的误差估算相关的**真实**成本进行解释。成本非敏感性回归法通常假设成本是误差规模的二次函数，独立于误差的正负符号和对其生成估算值的实体的特征。然而，由回归模型产生的预测误差估算所带来的商业环境中的真实成本，通常本质上更复杂，它在很大程度上依赖于确切的应用特性（precise application properties）。与成本敏感性分类法类似，从利润的角度看，对于真实成本的忽略很有可能导致模型性能不可能最优，只可能次优。

例如，在一个商业情境中，为优化产品规划和供应链，对客户需求进行预测。当对未来需求过高估算和过低估算时，显然所涉及的成本是不同的。图 5.4 对需求预测中二次成本函数和真实成本函数进行了对比。过高估算带来过高库存，因此导致库存成本一定水平地逐步增加；过低估算则导致库存不足的情况，因此，可能会错失销售收入。从一定程度而言，因为所带来的成本更低，所以过高库存更好一些，当开发预测模型应该这样考虑，而这也是成本敏感性回归法应用的驱动力。

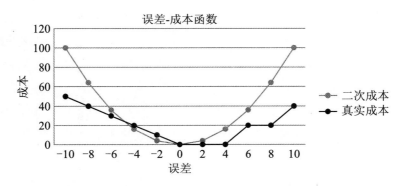

图 5.4　预测误差-成本函数的二次成本与真实成本对比

显然，这与成本敏感性分类领域也有关系，本章稍后会对这种关系进行大致探索。但是，虽然对于分类来说，成本敏感性学习法受到了来自科学家和实践者的很大关注，也有很多方法得以开发并对使用做好了充分准备，成本敏感性回归法看起来依然是尚待开发的领域，文献中只有屈指可数的几篇论文和案例记载。

5.5 回归的成本敏感性学习法

5.5.1 训练中方法

回归模型的成本敏感性学习方法允许在模型学习过程中采用备选的非对称性成本函数。这些方法很复杂，没有实验评估能表明这些方法的优势。因此，本章中对这些方法只提供一个概述。

通过对训练神经网络的预测因子指定经调整的目标函数，利用对比过低估算和过高估算的不对称损失，Crone、Lessmann 和 Stahlbock（2005）着重于时间序列回归的成本敏感性学习法，目标是将通过由回归模型所做的预测所得到的效用结果最大化。通过对基于不准确预测所制定的次优决策而导致的成本额度提高进行测算，如客户的未来需求导致库存过高或库存不足状况，作者特别强调了对预测进行评估的必要性。在库存管理中，这两类错误相关的成本极为不同，这显然是非二次式的，通常是非对称式的。由 Granger（1969）介绍的线性非对称或不对称成本函数，被作为训练神经网络预测模型中的目标函数被采用。作者指出，对于支持向量回归法（support vector regression，SVR），由 Haiqin、Irwin 和 Chan（2002）开发的用于神经网络训练的动态或可变成本函数的可能使用，使得训练目标可变动或具异质差异性，即使得可以基于目标变量的领域范围来考虑非统一的成本函数。

Haiqin 等（2002）着重于对金融时间序列的预测，这种时间序列通常在本质上是不稳定且噪声很大的，与过高估算和过低估算相关的成本显然也极为不同。他们的方法是对在 SVR 中采用的ε-非敏感性损失函数的边际率依照问题界定进行调整，使得非对称的和不固定的（或不统一的）边际率可被用于训练 SVR 模型。有趣的是，为了对模型性能进行评估并提供更具体的洞察，他们计算了 MAD 及上行平均绝对偏差（upside mean absolute deviation，UMAD）和下行平均绝对偏差（downside mean absolute deviation，DMAD），以区别和分别测算当过高估算或过低估算真实价值时的上行风险和下行风险。

对于 $\hat{y}_i > y_i$ 来说:

$$UMAD = \frac{1}{n} \sum_{i=1}^{n} | y_i - \hat{y}_i |$$

对于 $\hat{y}_i < y_i$ 来说:

$$DMAD = \frac{1}{n} \sum_{i=1}^{n} | y_i - \hat{y}_i |$$

经检索,Granger(1969)是最早报告二次损失函数的不对称性及不对称成本函数在经济和管理领域中存在的资源,研究广义成本函数的使用结果及目标变量的分布,评估目标变量的线性预测因子在预测因子变量和偏差项方面的恰当性及可能的偏差。Christoffersen 和 Diebold(1996,1997)进一步探讨了不对称损失条件下的预测,并对于在更通用的损失函数条件下,通过级数展开(series expansion)提供优化预测因子的近似方法。

5.5.2 训练后方法

在 Bansal、Sinha 和 Zhao(2008)一书中,介绍了一种简单却优雅的成本敏感性回归的调优方法。与所讨论过的成本敏感性分类的训练后方法类似,其所提出的方法通过调整预测以使收入结果实现成本-最优而对回归方法进行调整。文献中的这种方法以开发者的姓氏首字母缩写 BSZ 作为名称,主要优势是,其所具备的灵活性使得能够采用任何回归方法用于对经调优过的基本回归模型进行学习。

调优法的重要构成部分,是对回归模型以成本敏感性方式进行性能评估的评估指标——平均错误预测成本(average misprediction cost,AMC)。假定预测误差 e 获得由成本函数 $C(e)$ 所定义的成本,那么成本模型 f 的 AMC 则定义如下:

$$AMC = \frac{1}{n} \sum_{i=1}^{n} C(e_i) = \frac{1}{n} \sum_{i=1}^{n} C(y_i - \hat{y}_i)$$

正如已经讨论过的,AMC 应该基于一个独立测试集进行测算。成本函数所需要的一些特性如下:

① $C(e) \geqslant 0$;

② $C(0) = 0$;

③ $|e_1| < |e_2| \wedge e_1 e_2 \rightarrow C(e_1) < C(e_2)$

首先的两个特性表明，本质上当预测正确，即当误差为 0 时，成本函数应该分别为非负的或等于 0。第三种特性需要成本函数无论对于误差为正或负均具单调性。因此，成本函数是凸函数。成本函数 C 具有问题依赖性，即它需要反映回归模型所运行的商业环境中所经历的真实成本。成本函数类似于将在第 6 章从利润角度对分类模型进行评估而定义的利润函数。

所建议的方法目标是在通过调整回归模型预测值而进行学习之后，将回归模型的相关成本最小化。在 Bansal 等（2008）一书中提出了一个简单的调整程序，通过增加调整因子 δ 而改变预测值。换言之，基于训练数据，通过发现使 AMC（参见上面定义）最小化的 δ 的最优值，来调整后模型 $f' = f + \delta$。调整后模型的 AMC 是如下 δ 的函数：

$$AMC = \frac{1}{n}\sum_{i=1}^{n}C(y_i - f'(x_i)) = \frac{1}{n}\sum_{i=1}^{n}C[y_i - f(x_i) + \delta]$$

因此，对模型所增加的灵活性是，使得预测实现对平均错误预测成本的改变更小。可以通过应用合适的优化方法对以上目标函数最小化而进行参数 δ 的拟合。但是，因为成本函数是凸函数，要设计一个有效的爬山算法（hill-climbing algorithm）（Bansal，et al.，2008），详见算法 5.1。

算法 5.1　BSZ 性能调整算法

输入：
    Γ：一个基本的回归方法（如线性回归）
    S：一个训练数据集，$S = \{(x_i, y_i)\}_{i=1}^{n}$
    C：一个成本函数
    p：一个给定的调整精度（$p > 0$）
1：基于 S 利用 Γ 训练回归模型 f
2：**if** $AMC(p) < AMC(0)$
3：　　　$d = 1$（d 是调整的方向）
4：**else if** $AMC(p) > AMC(0)$
5：　　　$d = 1$
6：**else**
8：　　　Return f
9：**end if**
10：$\delta_{prev} = 0$
11：loop
12：　　　$s = 1$（s 是爬山步数）
13：　　　$\delta = \delta_{prev}$
14：　　　**loop**

续表

15：	$\delta_{\text{prev}} = \delta$
16：	$\delta = \delta + \text{s} \cdot d \cdot p$
17：	$s = s \cdot 2$
18：	$\delta_{\text{next}} = \delta + \text{s} \cdot d \cdot p$
19：	until $\text{AMC}(\delta_{\text{next}}) > \text{AMC}(\delta)$
20：**until** $s \leqslant 2$	
21：返回调整后的回归模型 $f' = f + \delta$	

■ 示例

　　文献中有关成本敏感性回归的几篇论文是对贷款（坏账）冲销的应用（Bansal，et al.，2008；Czajkowski，Czerwonka，Kretowski，2015；Zhao，Sinha，Bansal，2011）。假定我们有一个数据集 S，可使线性回归模型 f 的估算利用普通最小二乘法（ordinary least squares，OLS）对贷款冲销进行预测。要注意，OLS 假定的是一个非对称的二次误差函数。但是，就像在 Bansal 等（2008）一书中所延伸探讨的，一个 linlin 成本函数 $C_{\text{linlin}}(e)$（图 5.5）更好地反映了对所预测数量的误差有关的**真实成本**。所采用的过低估算 C_u 的每单位成本与过高估算 C_o 的每单位成本相比的比率为 1∶5。linlin 成本函数通常如下面所定义：

$$C_{\text{linlin}}(e) = \begin{cases} C_u |y - \hat{y}| & \hat{y} < y \\ 0 & \hat{y} = y \\ C_o |y - \hat{y}| & \hat{y} > y \end{cases}$$

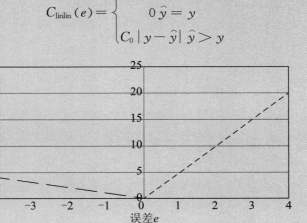

图 5.5　在预测误差 e 函数中的 linlin 成本函数 C_{linlin}

接下来，我们可以对算法 5.1 中的全部步骤进行检查。在第一步，对线性回归模型 f 进行估算。假设该模型与 AMC 和调整因子 δ 之间的关系有关，如图 5.6 所示。要注意，我们不能直接得到这个函数，但是可以用上面介绍的公式对任何 δ 值计算 AMC。算法 5.1 的目标是有效达到使 AMC 最小的调整因子值 δ，而无须完全详尽地计算这个函数。

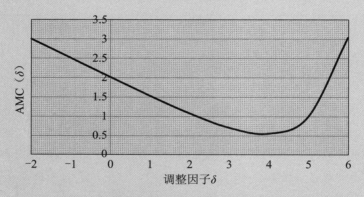

图 5.6　调整因子与函数中的平均错误预测成本

在算法 5.1 的步骤 2 中，模型 f 的调整方向是确定的。目标是使 AMC 最小化，所以在步骤 2 中，要检查当 δ 值为正时，AMC 是否在减少。本例中 p 的调整精度设为 0.1，这表示用来调整的每步增加或减少的大小。因为 AMC（0）＝2.01 且 AMC（p）＝AMC（0.1）＝1.96，在第二步中，我们发现 AMC（p）＜AMC（0），因此，在步骤 3 中调整 d 的方向设为 1，意味着通过增加 δ，AMC 将减少。

然后，算法跳到第 10 步，在这里将调整值 δ 初始化为 0。然后执行爬山法（hill-climbing）[或山地下降法（hill-descent）] 两次循环，找到最优调整因子 δ。基本的做法是，以加速步进的方式简单达到最优值，这由成本的凸面性促成，并因此成就 AMC 函数。在内循环中，每次迭代，调整因子 δ 都大概能翻倍，因为在每次迭代中，参数 s 都能翻倍，与其一起的还有精度参数 p 控制着每步的大小，即 δ 的增长或提高。当新的或下一个 δ 较当前的 δ 更大时，内循环即结束。然后外循环将 δ 设为前值，重启内循环，再次试图达到最优值。重新初始化参数 S，使其得到一个更精确的近似值。当 s 在内循环最后迭代中等于 1 或 2 时，就意味着在最后迭代中的 δ 接近或等于最优值，于是外循环结束。表 5.12 具体介绍了一些迭代过程以展示算法如何实现找到最优调整值 δ。最后，如图 5.6 所示，算法将收敛到一个接近 3.91 的值。

表 5.12 算法 5.1 的具体示例

loop	iteration	1						2	…
$s=1$	S	1						1	…
$\delta=\delta_{prev}$	δ	0						1.5	…
	loop Iteration	1.1	1.2	1.3	1.4	1.5	2.1	…	
$\delta_{prev}=\delta$	δ_{prev}	0	0.1	0.3	0.7	1.5	1.5		
$\delta=\delta+s*d*p$	δ	0.1	0.3	0.7	1.5	3.1	1.6	…	
$s=s*2$	s	2	4	8	16	32	2	…	
$\delta_{next}=\delta+s*d*p$	δ_{next}	0.3	0.7	1.5	3.1	6.3	1.8	…	
until AMC$(\delta_{next})>$AMC(δ)		AMC$(\delta_{next})>$or$<$AMC(δ)					1.86		

<1.96	1.67
<1.86	1.29
<1.67	0.67
<1.29	4.30
>0.67	1.16
<1.25	…
until	$s\leqslant2$ …

对上面介绍的调优方法的扩展法是由同样一个作者在 Zhao 等（2011）文中提出的。虽然基本的调整方法只是通过添加一个常数调整因子 δ 而对初始回归模型的预测值进行了简单变动，扩展的方法却使其能有一个更通用的函数拟合，即 m 次的多项式函数，其将原始回归模型 f 作为输入变量，对目标变量生成成本敏感性估算：

$$f'(x)=g[f(x)]=\sum_{j=1}^{m}\beta_j f(x)^j$$

要注意，虽然 $f(x)^0=1$，当设定 $m=1$ 时，我们并不能完全符合基本调整方法。因为对于 $m=1$ 来说，我们得到 $f'=\beta_0+\beta_1 f$，鉴于扩展的调整方法对基本回归模型 f 乘以系数 β_1，其区别于基本调整方法中 $f'=\delta+f$ 的运算。

对于就扩展的爬山算法（hill-climbing algorithm）寻求最优参数 β_j 和多项式次

数 m 以对 AMC 最小化的方法，我们推荐 Zhao 等 （2011）。然而，从无论是在 Zhao 等 （2011） 或 Czajkowski 等 （2015） 中所报告的实验评估中，看起来从对调整方法 的扩展中，对于错误预测成本的进一步降低只有很小的改进，而简单的方法却达到 了潜在收益的大部分。然而，当对一个很大的人群如客户群进行汇总时，对于每个 预测平均成本的一个小小的降低可能就表现出总体成本的显著降低。

5.6 利润驱动描述性分析

在本章第二部分，我们聚焦于利润驱动的描述性分析。我们首先针对细分法采 用利润导向的角度，然后针对关联规则法，再拓展到第 2 章所讨论的标准聚类和关 联规则挖掘方法。

5.6.1 利润驱动的细分法

1. 直接的利润驱动细分法

以利润驱动方式对客户进行细分的直接方法是基于客户终生价值对其进行分 群，就像在第 3 章讨论过的。CLV 的定义之所以用于客户细分，可能是因为既具 有后瞻性，也具有前瞻性，还可以综合二者。后瞻性 CLV 和前瞻性 CLV 分别指的 是一个客户在过去已经产生或在将来即将产生的净收益，换算成当前的货币价值。

贯穿整个部分，我们会详细讲解一个案例，并对一个综合 CLV 示例数据集应 用已经讨论过的方法，数据集包括 1 000 个客户的信息，包括 CLV 及 RFM 和服务 成本等信息。示例数据集可以从本书同步网站获得。我们通过对数据集中观察对象 的客户终生价值的分布图开始分析，如图 5.7 所示。

图 5.7 中的分布可使我们基于 CLV 以直观的方式对客户群进行细分。

这样做之后，我们可以得到，例如，如图 5.8 所示和如表 5.13 所报告的三个 客户细分群。

- 第一个群，依照常用营销方法对客户细分群体进行的特征刻画，被称为青 铜群，这一群体为企业带来严重损失。

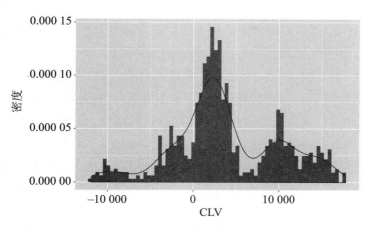

图 5.7　一个包括 1 000 个客户的数据集的客户终生价值分布

- 第二个群（即**白银**群），这一类别包括大多数客户，他们中的大多数客户带来正收益，虽然他们中的一些客户带来的收益为负。

- 最后的**黄金**群只包括对公司带来主要利润的那些客户。

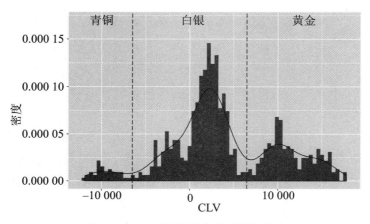

图 5.8　对于 CLV 细分的三分法策略

表 5. 13　平均 CLV 和每个细分群的观察对象占比

细分群	CLV（欧元）	个例（%）
青铜	−9 545	5
白银	1 225	65
黄金	11 579	30

对于一个企业的营销流程来说，正确的客户细分起到至关重要的作用。Stahl 等（2012）显示出，CLV 与品牌资产（如品牌的经济价值）直接相关。因此，营销活动的开展策略和活动的至关重要性就取决于 CLV。基于 CLV 客户细分的定义支撑聚焦高价值客户的客户保持或客户获取等活动。例如，根据由 CLV 示例数据集的细分所提供的洞察，我们可以决定处于青铜细分群的客户应该要么作为向上销售活动的目标定位，要么作为交叉销售活动的目标定位。另外，我们可以寻求机会主动中止与青铜细分群客户之间的关系（也称被迫流失），或者如果不可能或不值得，至少我们应该确保在防止客户流失的客户保持活动中永远不要将这些客户作为目标客户。另外，失去黄金细分群的客户的代价非常高昂，因此应该更迅速地将其包含进客户保持活动中。

但是，在前面的例子中所采用的直观的直接细分方法并不是基于数据之上，因此较为主观，可能并非最优。作为备选方案，可以采用 K-means 和 SOM 两种方法定义利润驱动的细分方法。

2. 利润驱动细分的 K-means 法

工业界一个非常流行的细分方法是 K-means 聚类法，正如在第 2 章讲述过的。通过揭示关键利润驱动变量如何与不同客户细分群发生关系，K-means 聚类法可被用于利润分析的执行。K-means 在利润驱动环境中的一个典型应用，是根据最终结果细分群中客户的平均 CLV 对集群进行特征刻画。要注意，CLV 通常不会被考虑进细分步骤中用来发现类似客户群，而只是用来在处理后的步骤中用来对已经得到的分群进行分析。

我们将就之前介绍的 CLV 示例数据集对这个方法进行详细阐述。我们从构建三个细分群开始，以便能与之前的分析进行比较。因此，我们对于 CLV 数据集中的观察对象，已经应用 K＝3 的 K-means 程序，除 CLV 变量之外，得到图 5.9 所示的三个分群。在图 5.9 中，我们使用第 2 章所讨论的主成分分析法（PCA），将这三个最终结果群进行可视化。使用 PCA 进行聚类可视化的做法是，创建一个具备最初两个或三个主成分的图，分别是 2D 或 3D 图形，然后覆盖集群的边界。在一个简单数据集中，如这个，聚类程序给了收拾得整整齐齐的结果；但是在一个现实数据集中，观察对象可能分布在整个图中，而没有明显的秩序。PCA 虽然能够帮助可视化，但我们还是需要认真考虑通过画出来的主成分要展现出多大的差异性。如果首先的两个或三个主成分不能把握数据集中差异的大部分，那么可视化就可能会起误导作用。

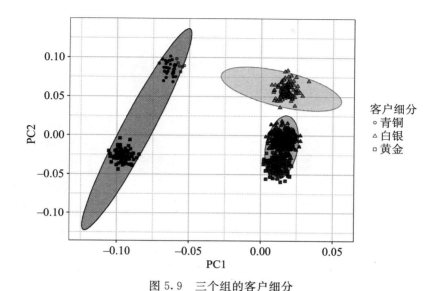

图 5.9　三个组的客户细分

从图 5.9 我们可以看到，三个群并不足以适合对客户群进行划分。事实上，左边的集群包括两组客户。因此，我们重新运行 $K=4$ 的 K-means 聚类程序，通过拆分左边最大的群，将客户群划分为四个群，如图 5.10（a）所示。

比较直接细分为青铜、白银和黄金客户的 K-means 聚类的结果，得到以下发现：

■ 大部分青铜客户位于左上角的细分群中。

■ 右上群客户仅仅包含了白银客户。

■ 至少有四个群，甚至可能有五个群，而不是只有三个群。

观察图 5.10（a）中的最右下的那个群，其主要由黄金客户构成，看起来适合进一步将这个群拆分为两个细分群。如果这样做，就得到表 5.14 所示特征刻画的五个细分群，这使得我们可以通过对五个最终结果群的数据集里的平均变量价值（CLV、RFM、CoS）进行分析，而确定创建五个群的合理性。总归，如果总体平均值显示出足够差异，那么创建出不同的群就是有意义的。然而，如果我们发现平均值很类似［如对于如图 5.10（a）中构成最右下角分群的两个细分群而言］，那么可能最好就是将这些细分群进行合并。

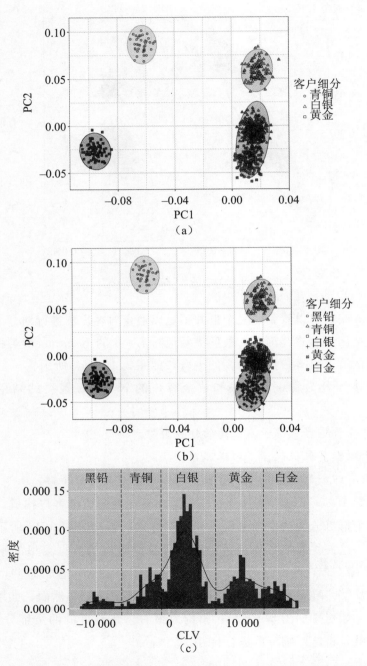

图 5.10 依照 *K*-means 聚类法对 CLV 示例数据集细分的首先两个主成分的图示

表 5.14　五个 _K_-means 集群中观察对象的平均 CLV、RFM 变量和 CoS（服务成本）

细分群	CLV	最近期	频次	金额	CoS
白金	14 952	3	89	2 392	2 552
黄金	9 989	17	18	9 809	8 974
白银	2 360	31	17	9 462	8 605
青铜	−2 829	56	13	6 903	9 530
黑铅	−9 555	58	48	2 607	3 615

对于表 5.14 中的五个最终结果细分群来说，将平均 CLV 进行比较，表明五个看起来是一个合适的分群数量。不同细分群之间平均 CLV 显著不同，平均 RFM 和 CoS 值在五个细分群之间也显著不同，因此，得出的结论足以证明客户群可以被划分为五个不同的客户群。

如图 5.10（b）和 5.10（c）所示的五个最终结果客户细分群，然后就可以通过表 5.14 中报告的平均值的解释来进行分析和特征刻画。例如，白金群可被描述为看起来购买频繁的高价值客户，通过对这个群所观察到的高平均 CLV 和低平均最近期及高平均频次可以分别表现出来。要注意，购买高频次弥补了每次购买的相当低平均金额，再结合极低服务成本，解释了对这个细分群所观察到的高平均 CLV。另外，白银群中的客户花费大量的金钱，但他们的购买处于一个较高的服务成本之上。白银客户购买也很频繁，总体上使得他们成为有价值客户。同样，对于其他群也能进行更细致的分析，为我们提供洞察，并使我们能够开展定制活动和策略，实现总体利润提升。

3. 利润驱动细分的自组织映射图

在第 2 章中介绍的自组织映射图（Self-Organizing Maps，SOM）可以被用来以利润驱动的方式进行数据集的可视化，以发现要创建细分群的最优数量。我们用之前介绍过的 CLV 示例数据集再对这个方法进行详细讲述。现在的目标是得到这个数据集的 2D 可视化，如通过利用热力图对 _U_-矩阵和构成平面法进行可视化，并对映射图上的神经元设计聚类策略，以得到既有意义也有用的细分群。

开发一个 SOM 的第一步是确定要被包括进分析中的变量，在我们的例子中，包括 RFM 和 CoS 变量。第二步包括映射图的设计，更具体的是，映射图的拓扑结构和大小规模。一般来说，推荐六边形拓扑结构，合适的映射图大小取决于数据集的大小和复杂性。Kohonen（2014）已经建议过，映射图的大小应该通过实验和误差来决定。这可以通过将不同大小的映射图从所产生的**密度**和最终图片的分辨率方面进行对比而实现。两者应该都要**充分满足**，这正是接下来要解释的。

一张映射图的密度，指的是图上由每个神经元所代表的观察对象的数量，即一个神经元作为最佳匹配单元所对应的观察对象数量（参见第 2 章）。一个充足的密度通常定义为每个神经元至少大概 30 个观察对象。因为 CLV 数据集包括 1 000 个观察对象，所以映射图至多有 $\frac{1\,000}{30} \approx 33$ 个神经元。映射图的分辨率指的是对不同观察对象之间差异提供精准、细致洞察的能力。如果一张映射图只是由一个单独的神经元构成，代表的是平均化的观察对象，对于差异性或分布完全没有提供相应洞察，那么分辨率为 0。我们使用的神经元越多，映射图具有的分辨率就越高。但是结果是使用越多神经元，密度就变得越低。因此，对于映射图的大小的决定，就是在密度和分辨率之间找到最佳平衡。

数据集里的观察对象应该分布在整个 SOM，在预期可接受的密度方面具备一定的可变性。当数据集倾向于具备自然存在的观察对象集群时，映射图的一些区域只代表着很少的几个观察对象也是符合预期的（且可以接受的）（Kangas，Kohonen，Laaksonen，1990）。

对于上述 CLV 案例，我们训练数据集映射图的大小为 4×4、5×5、6×6 的规格。结果密度图如图 5.11 所示。密度图是热力图，指的是观察对象的数量由图中的神经元通过颜色编码来表示。暗颜色表示对于较多观察对象是最佳匹配单元的神经元，而淡颜色表示一个神经元所代表的观察对象较少。要注意，规格 6×6 的映射图一共包含 36 个神经元，其多过之前按照最小密度规则计算出来的最多 33 个神经元的数量，但是相差很少，所以可能还是可以接受的。

从图 5.11 可以得出的第一个结论是，4×4 规格的图填充太过密集，观察对象密度最小为 50，最大为 150，即为数据集中 15％的观察对象。这确实太多了。这张图代表着变量空间的拓扑结构不具有足够分辨率，因此被丢弃。另外，6×6 规格的图，其密度看起来太小。要注意，6×6 的图的颜色编码与其他规格的图不同，暗色代表数值 50。这张图中的一些神经元甚至区域所代表观察对象的数量不足，图中密度较低部分，每个神经元降低到代表大约 20 个观察对象。虽然第一眼看上去很有希望，但 6×6 的图所代表的数据集的形状却不一定可靠。要注意，6×6 的图中的神经元的数量大于依照最小密度规则所计算出来的最大神经元数量，如前面

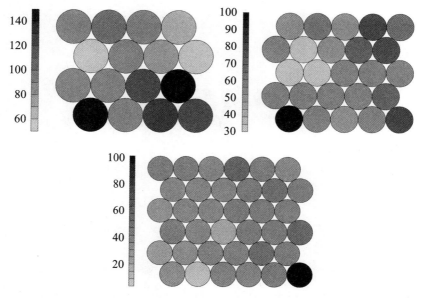

图 5.11　CLV 示例数据集不同规格 SOM 的密度图

已经指出的，因此，可能会被认为分辨率太低。

　　最后，5×5 的图，具有混合型神经元，每个神经元代表的观察对象为 35～100 个。有一个神经元代表 100 个观察对象，非常多。但是，后面的分析将展示这并不是问题，而与数据集的特定特征有关系。我们可以开展延伸分析，以确定 5×6 的不对称图是一个合适的大小。但是，对于这个详细说明的例子来说，我们更满意 5×5 规格的图。

　　对于选定的 5×5 SOM 的另一种可视化，有助于理解示例 CLV 数据集的多维结构的是距离图（distance map），如图 5.12 所示。正如第 2 章所定义的，距离图本质上是对 *U*-矩阵进行可视化，就像热力图。颜色编码表示一个神经元和邻近神经元在连接权重方面的平均距离。如图 5.12 所示，暗颜色表示较大距离，因此可被理解为集群边界。

　　如果变量数量较少（最多四五个），编码簿向量图（codebook vector graph）是一种有助于每个变量图完美可视化的方法。编码簿向量图主要是以一个单独的可视化，综合了不同的构成方案，如第 2 章所介绍的。如图 5.13 所示，是基于 CLV 示例数据集的 5×5 SOM 的编码簿向量图。

图 5.12　CLV 示例数据集 SOM 的距离图

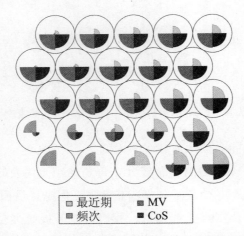

最近期	■ MV
频次	■ CoS

图 5.13　CLV 示例数据集 SOM 的编码簿向量图

　　通过对每个神经元和输入神经元（即变量）之间连接权重的相对大小进行可视化，编码簿向量图显示出映射图中每个神经元的变量的相对重要性。编码簿向量图能够对数据集在细分及决定这些细分的变量差异两方面提供相应洞察。图 5.13 所示的编码簿向量图中可得到的示例 CLV 数据集的有关细分特征如下所述。

- 图 5.13 中右下区域，看起来代表着的一个客户细分群具有较高服务成本（CoS）、低金额（MV）和高最近期值。沿着对角线，最近期值看起来是具有较大差异的变量。
- 图 5.13 中左下区域，看起来代表着的一个客户细分群具有极高购买频率。这看起来像是之前的白金客户定义。

要注意,要使用编码簿向量图(以及使用密度图、距离图或热力图)来解释SOM 需要一些技能、洞见和经验,这些均来自实践。

当数据集中的变量很多时,研究变量的构成平面图而不是编码簿向量图就更有意义。构成平面图已经在第 2 章中介绍过,也可以使用热力图来实现可视化,再次采用颜色编码方案展示所选定变量在整个图中的神经元上的分布。

如图 5.14 所示的热力图,其提供的更多洞察使得我们对于数据集中不同的细分群能够获得更清晰的画面。数据集中的变量已经经过标准化到 [0,1] 范围内,所以颜色刻度可以跨整个热力图在不同变量之间进行比较。从图 5.14 看到,最近期和服务成本分布在图的相反位置(即左上区域对比右下区域),而频次和服务成本看起来几乎可联结在一起。这些热力图有助于创建有意义的聚类,但是最好我们还是使用 SOM 的神经元创建统计意义上的有效细分群,这在接下来将进行解释。

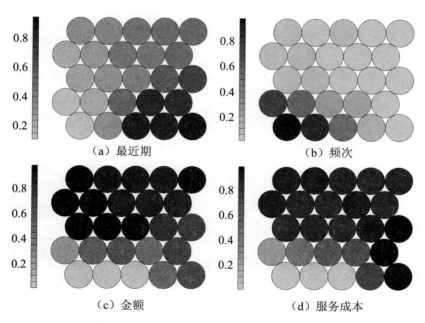

图 5.14　CLV 示例数据集中的变量热力图

我们在第 2 章中介绍了当数据集中的观察对象只有不多的几个时,分层聚类法如何用于微调细分群(fine-tuned segments)的创建。自组织映射图事实上可以作为原型观察的小数据集,既然神经元也确实如此,可将分层聚类算法应用于这些观察对象，以发现相似神经元群组（groups of similar neurons）。每个结果群组基于底层数据集构成细分群，包括群组中神经元所代表的观察对象。原型观察对象的结果集群之上的平均观察对象即为这些细分群的代表，并可将其用于解释，类似于表 5.13 和表 5.14 所示的方式。图 5.15 所示为应用分层聚类程序通过利用 5×5 SOM 上的单一联结（single linkage）而生成的树形图。

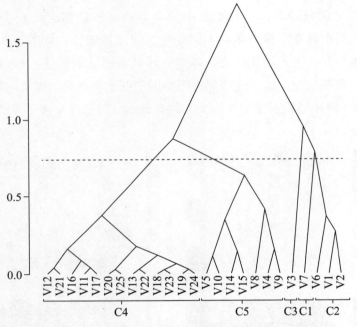

图 5.15　利用单一联结的分层聚类程序的树形图

　　从图 5.15 所示的树形图可以看到，比较大的神经元群组非常类似。这些神经元被划分为集群 C4。我们通过设定最大组内距离为 0.75 而定义的其他集群为集群 C1、C2、C3 和 C5，如图 5.15 所示。这些集群包括不多的神经元，看起来相似性也不强。最终结果分群通过 SOM 的编码簿向量图来绘制，如图 5.16 所示。

　　图 5.16 可使我们通过对其在 RFM 和 CoS 变量方面的客户行为分析，来解释客户细分结果。集群 C2 中的客户位于 SOM 的左下部分，看起来在频次方面具有相当高值，但是服务成本、最近期和金额则很低。这就是当我们探讨 K-means 和直接利润驱动细分方法时，之前我们定义的白金客户。黄金客户在集群 C1，在自组织映射图中正好挨着白金客户，他们的最近期值很大，但是仍然有一个相当高的频

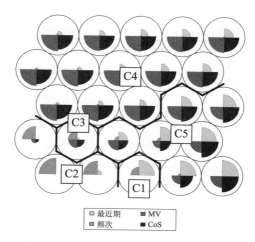

图 5.16　叠加集群限制的编码簿向量图

次。集群 C5 中的客户处于映射图的右下部分，他们是损失诱因客户，具有高服务成本，但具有低金额和低频次。这些是之前划分在黑铅群的客户。

回顾图 5.14 所示的热力图，我们可获得相同的洞察。面包-黄油基本生活消费品型的白银客户代表着最大多数的客户，被划分在图 5.16 中顶端的集群 C4 中。最后，剩下的集群 C3，包括混合型客户，不同价值的客户混杂并集中于一个单独的神经元中，其看起来与其邻近节点非常不同，正如从图 5.12 所示的距离图也可以观察到的。

本部分对一个连续案例已经完成详细讲述，展示了自组织映射图对复杂数据集提供洞察性的利润驱动可视化的潜力，并展示了它如何创建价值集中的代表性的客户细分群及其特征概览。作为用于生成最终聚类的分层聚类方法，无论如何没有什么能够阻止我们使用更多或更少的分群方法。这种灵活性使得我们，如能够对应公司的总体营销战略或业务流程配置相应的集群数量。当需要非常细节的客户细分群时，甚至个体神经元可以用作集群。在自组织映射图中，通过在自组织映射图中找到最匹配的单元，可以简单地将新客户迅速分配到这么一种更细致的客户细分群中。

5.6.2　利润驱动的关联规则法

在第 2 章中，我们讨论了如何从交易数据库中抽取关联规则。要记住，关联规则以其支持度、置信度和提升度为特征。这三个测算指标是统计性能测算指标，但是没有表达出有关收益效果的信息，而后者是立足商业角度，显然更具关联性。事实上，关联规则的统计强度与其经济关联互为制约。例如，所监测出来关联规则很可能占总体利润的一小部分比例。看以下两个有关奢侈品商店的关联规则的例子：

$$香槟 \to 鱼子酱（支持度 = 1\%；置信度 = 72\%）$$

$$香槟 \to 橄榄油（支持度 = 10\%；置信度 = 78\%）$$

虽然第二条规则具有更高的支持度和置信度，但是从收益角度来看，第一条规则更具价值。通常来说，鱼子酱这类高利润商品出现的机会更少，这就意味着要监测到它们就应该降低最小支持度的阈值。遗憾的是，这会导致关联规则的组合爆发并因此导致更密集的后处理步骤。因为这些高利润商品通常更少出现，另外一种方案是指定一个强制条件（如价格 > 100 欧元），这样就能很明确地被考虑进生成关联规则的算法中（Han，Kamber，2011）。

让我们重新考虑之前探讨过的关联规则示例。假设我们知道一位客户购买了香槟，我们应该推荐看起来最可能买的商品，如橄榄油，或利润最高商品，如鱼子酱？在最可能购买和花费金额之间的相反关系使这个选择进一步复杂化。一个较好的策略是用如下方法计算预期收益（expected profit，EP）（Kitts，et al.，2000）：

$$EP(X \to Y) = 置信度(X \to Y) \sum_i 利润(Y_i)$$

这里的汇总范围包括在商品集 Y 中的所有商品。EP 本质上测算的是，客户如果已经购买在 X 中的商品，其购买商品 Y_i 的利润。因此，它测算的是商品集 Y 的推荐价值，它可被用来推荐具有最大 EP 而非置信度最高的商品集 Y。EP 的一个关键缺点是，在购买商品 Y 的基线概率或先验概率 $P(Y)$ 中，它并不起因子作用。对于以任何方式频繁购买的商品［因此具备较高 $P(Y)$］，推荐它们并没有意义。新增利润（incremental profit，IP）解释的就是这个，其定义类似提升，除了它是相减而不是相除之外，如下所示（Kitts，et al.，2000）：

$$IP(X \to Y) = [置信度(X \to Y) - P(Y)] \sum_i 利润(Y_i)$$

因此，一旦一位客户已经买了商品 X，就可以推荐具有最高 $IP(X \to Y)$ 的商品 Y。

■ 示例

考虑以下交易数据集：

交易 ID	商品
T001	斯特拉（啤酒）、福佳白（啤酒）、尿布、婴儿食品、比萨
T002	可乐、绷带、尿布
T003	香烟、尿布、婴儿食品、比萨
T004	巧克力、尿布、福佳白、苹果
T005	番茄、水、乐飞（啤酒）、斯特拉、比萨
T006	意面、尿布、婴儿食品、斯特拉、比萨
T007	水、斯特拉、婴儿食品、比萨
T008	尿布、婴儿食品、意面
T009	婴儿食品、斯特拉、尿布、福佳白、比萨
T010	苹果、智美（啤酒）、婴儿食品

关联规则婴儿食品→斯特拉、比萨，支持度为 30% 且置信度为 60%。

让我们假设婴儿食品、尿布、斯特拉和比萨的利润分别是 2、3、1 和 4。EP 就变为

$$EP = 0.6 \times (1+4) = 3$$

既然商品集 $Y = \{斯特拉、比萨\}$ 被购买的先验概率为 50%，如 $P(Y) = 0.5$，那么：

$$IP = (0.6 - 0.5) \times (1+4) = 0.5$$

以上示例隐含了两个简化条件。第一个，它假设所有产品购买的数量都相同；第二个，它不对目标商品（即斯特拉和比萨）的价格折扣和推广产生影响，也不起说服客户实现购买的作用。因为这两个因素都对利润有影响，我们下面对其进行详述。

量化关联规则取决于商品数量。要对关联规则进行量化的一个直接方法，是通过将量化商品离散化为离散变量，将它们作为在交易数据库中的名义变量进行处理（Srikant，Agrawal，1996）。这样，不再只是具备斯特拉、番茄之类的商品，而是具备斯特拉：3～6（表示购买的 3～6 瓶的斯特拉）、番茄：6＋（表示购买的多过 6 个的番茄）等的购买。由业务专家提供的概念分层，或通过利用商品的定量分布可以进行数据离散化。显然，一个更精细的离散化意味着更低支持度也具发现规则

的可能性（Han，Kamber，2011）。

Wang 等（2002）提出了利润挖掘（profit mining）的概念，在挖掘并使用关联规则时，将推广代码（promotion codes）考虑进来。他们对交易重新编码，在推荐商品（目标商品）和其他商品（非目标商品）之间做出明显的区别。还有，每个交易都包括推广码和每件商品购买的数量。然后利润挖掘的目标就是对于无论何时购买非目标商品的客户推荐目标商品和推广码。

还有人曾经做过将关联规则与利润或其他业务目标进行结合的其他尝试。Brijs 等（1999）提出了 PROFSET 模型，其利用整数程序（integer programming），将频繁购买商品组合集的发现与产品选择模型进行整合。PROFSET 代表每个组合集（SET）的盈利能力（FROFitability），因为模型包括每个频繁购买的产品组合的盈利能力，因此要将产品之间的交叉销售效益最大化。通过利用敏感性分析，就能够对产品组合决策的盈利效益进行定量评估。Tao、Murtagh 和 Farid（2003）提出了一种新的被称为 WARM（加权关联规则挖掘，weighted association rule mining）的算法，其将商品权重（如基于利润）整合进关联规则的挖掘流程中。Choi、Ahn 和 Kim（2005）通过考虑其最近期、频次和金额（RFM）属性，对关联规则的商业价值进行特征刻画。最近期指的是关联规则的时间趋势，可以通过计算支持的变化程度而进行量化。具备剧烈增长支持度的规则可能表示新出现的模式，对应着新的商业机会。频次指的是统计显著性，可以通过支持度、置信度和提升度来进行计算。最后，金额反映的是如之前探讨过的规则的盈利能力。

总　　结

在本章中，我们已经介绍了一系列的利润驱动分析技术。利润驱动的预测分析目标是，通过对处于商业环境运作中的分析模型做出预测导致利润最大化。要将利润最大化，误差成本也就不仅可以在处理前的步骤中明确考虑，还可以在训练中或处理后步骤中加以考虑。所涉及的误差要么是分类情境中的错误分类误差，要么是在回归模型开发过程中的回归误差。我们已经讨论并展示了可以应用在这三个步骤中的不同的成本敏感性分类方法和成本敏感性回归方法，所讨论的技术复杂度的范围从相当低到非常高都有。显然，所涉及的复杂度可能影响这些方法在可解释性方面的现实应用，并影响成本敏感性分析模型的开发和部署所需要的能力。另外，对于利润驱动预测分析的成功运用，可以产生利润方面的显著增益并导致重要的竞争优势。

利润驱动描述型分析是在应用预测分析之前探索和理解数据的优秀工具，关键聚焦于利润。客户可被细分，如依照一种直接的利润驱动细分方法，对整个客户群的客户终生价值的分布进行分析。如果一家公司有更多其他的客户数据，那么可以使用适当的聚类算法创建更精细的细分群。RFM 和社会-人口统计变量也可以添加进分析中，使得 K-means 等聚类方法创建出既有意义又有用的细分群。一种更高级的分析，当其具备更多数据时尤其有用，这种方法就是对自组织映射图的训练。自组织映射图，毫不夸张地说，为数据结构勾画出了一幅清晰的图画，正如在本章所介绍过的，因此能够对全部客户细分群的利润分布提供有用的洞察。最后，我们还探讨了利润驱动的关联规则，通过在分析中添加一个盈利层而拓展了在第 2 章中所介绍过的标准方法，因此所生成的关联规则能够立足商业角度实现最优化。

为支撑本章所介绍方法的实践者的应用，示例数据集和操作方法都已经发布在本书的同步网站：www.profit-analytics.com。

复 习 题

一、多项选择题

假设有一个包含 8 663 个阴性和 2 337 个阳性观察对象的数据集，以下是其成本矩阵：

	真实的阴性	真实的阳性
预测的阴性	$C(0, 0) = 0$	$C(0, 1) = 7$
预测的阳性	$C(1, 0) = 2$	$C(1, 1) = 0$

1. 类别分布 φ 为（　　）。

    A. 0. 27   B. 0. 22   C. 3. 50   D. 0. 29

2. 成本敏感分界值 T_{CS} 为（　　）。

    A. 0. 27   B. 0. 22   C. 3. 50   D. 0. 29

3. 如果成本非敏感性分类器 $f(x)$ 预测概率为 $p(1 \mid x) = 0.22$，那么两种类别的预期损失为（　　）。

A. $\ell(x,0)=5.46$ 和 $\ell(x,0)=0.44$

B. $\ell(x,0)=0.50$ 和 $\ell(x,0)=0.50$

C. $\ell(x,0)=0.44$ 和 $\ell(x,0)=5.46$

D. $\ell(x,0)=1.54$ 和 $\ell(x,1)=1.56$

4. 成本敏感性类别分布 φ_{CS} 为（　　　）。

A. 0.96　　　　　B. 0.78　　　　　C. 12.41　　　　　D. 0.08

5. 要达到以上成本敏感性分布（像在问题 4 中那样，取小数点后两位），所需要的重新抽样阴性样本数量是（　　　）。

A. 6 757　　　　B. 8 316　　　　C. 8 180　　　　D. 8 286

6. 要达到以上成本敏感性分布（像在问题 4 中那样，取小数点后两位），所需要的重新抽样阳性样本数量是（　　　）。

A. 2 443　　　　B. 2 475　　　　C. 2 244　　　　D. 2 434

7. 对于阳性和阴性观察对象，用在 C4.5CS 方法中的权重是（　　　）。

A. $w_0=2.078\,1\times10^{-4}$，$w_1=5.937\,4\times10^{-5}$

B. $w_0=0.222\,2$，$w_1=0.777\,8$

C. $w_0=0.777\,8$，$w_1=0.222\,2$

D. $w_0=5.937\,4\times10^{-5}$，$w_1=2.078\,1\times10^{-4}$

8. 对于以下拆分，应用 C4.5CS 方法计算出的成本敏感性增益价值为（　　　）。

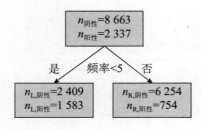

A. 0.024 5　　　　B. 0.432 1　　　　C. 0.024 5　　　　D. 0.034 1

9. 因子 δ 在 BSZ 成本敏感性回归方法中的意义或效果是（　　　）。

A. 该因子决定了在 BSZ 的爬山优化程序中的步子的大小

B. 将因子添加到对回归模型的估算值中，以使成本估算最优

C. 因子 δ 通过回归模型的后处理，决定了估算值调整的方向

D. 因子 δ 是由 BSZ 方法运算的指数加权函数中的衰减参数

10. 思考以下利用 CLV 分布创建基于 CLV 的客户细分的看法：

    Ⅰ. 没有考虑利润，因为没有使用 RFM 变量。

    Ⅱ. 要基于分布峰值创建细分，必须研究分布。

    Ⅲ. 只是利用 CLV 作为分布可能条件不充分，并不一定正确。

    这些看法中，为真的是（　　　）。

    A. Ⅰ和Ⅱ　　　　　　　　　　　　B. 只有Ⅰ

    C. Ⅱ和Ⅲ　　　　　　　　　　　　D. Ⅰ、Ⅱ和Ⅲ

11. 思考以下有关 *K*-means 聚类用于细分的看法：

    Ⅰ. 只有 RFM 变量是相关的，不应该包括进其他变量。

    Ⅱ. 集群的几何中心给出了每个集群的平均情况描述。

    Ⅲ. 必须利用实验和误差来决定集群的数量。

    Ⅳ. 图形分析必须通过表格和数据分析来进行补充。

    这些看法中，为真的是（　　　）。

    A. Ⅰ和Ⅲ　　　　　　　　　　　　B. Ⅱ和Ⅲ

    C. Ⅱ和Ⅳ　　　　　　　　　　　　D. Ⅲ和Ⅳ

12. 思考以下有关自组织映射图的看法：

    Ⅰ. 它们是神经网络的一种。

    Ⅱ. 它们需要分层聚类程序才能获得结果集群数量。

    Ⅲ. 它们利用竞争学习模式进行训练。

    Ⅳ. 它们本身，或者配合其他聚类技术，可以用来进行聚类。

    这些看法中，为真的是（　　　）。

    A. Ⅰ和Ⅲ　　　　　　　　　　　　B. Ⅰ、Ⅱ和Ⅲ

    C. Ⅰ、Ⅲ和Ⅳ　　　　　　　　　　D. 只有Ⅰ

13. 当确定一个自组织映射图拓扑结构时，以下看法中不正确的是（　　　）。

    A. 神经元的数量必须具有统计显著性

    B. 原型的数量可以由实验和误差来决定

    C. 对于空间的初始拓扑结构，六边形的代表性好过四边形

    D. 如果所选择的形状和大小足够，密度图有助于学习

14. 思考以下有关自组织映射图可视化的看法：

    Ⅰ. 只是当数据集中只有很少几个变量时，可以用编码簿法。

Ⅱ. 热力图可以用来对所有的原型向量观察所有变量的分布。

Ⅲ. 距离图可以通过对独立群组的监测而对潜在集群有一个快速浏览。

Ⅳ. 在热力图上叠加集群边界可以观察集群的特征。

这些看法中，为真的是（　　　）。

A. Ⅰ、Ⅱ和Ⅲ   B. Ⅰ、Ⅲ和Ⅳ

C. Ⅱ和Ⅲ   D. Ⅰ、Ⅱ、Ⅲ和Ⅳ

15. 下列看法中，不正确的是（　　　）。

A. 关联规则的支持度、置信度和提升度不传达有关规则的利润效果的信息

B. 关联规则的预期利润（EP）取决于某种商品购买的先验概率

C. 量化关联规则考虑商品的数量

D. 具有强劲增长支持度的关联规则可能表现新兴模式并对应相应的商业机会

二、开放性问题

1. 解释利润驱动预测分析和第 2 章中所讨论的标准预测分析之间的不同，展示商业环境中对利润驱动预测分析的需要。

2. 讨论训练前、训练中和训练后成本敏感性分类方法之间的不同，以及因此在如客户流失预测商业环境中实际应用方面的影响。

3. 用你自己的话解释，当开发成本敏感性分类模型时采用成本敏感性评估测算指标的重要性。

4. 讨论要将标准决策树方法成本敏感化而做的两个基本调整。

5. 解释成本敏感性回归方法 BSZ 的基本工作过程。

6. 讨论在如需求估算的商业环境中，将标准损失函数用于训练和评估回归模型的局限性。

7. 在贯穿利润驱动描述型分析的整个部分所讨论的示例应用中，将 CLV 变量用来分析从 K-means 和 SOM 得到的结果，但是并不包括在聚类程序本身的计算中。重复相应分析，包括相应变量，并回答以下问题：

（1）所包括的变量对每个聚类算法都起作用吗？为什么是或为什么否？

（2）你认为应该将其包括进一般的更复杂的数据集中吗？

（3）要正确描述最终结果 SOM，所需要的神经元数量相同吗？

（4）在每个变量的构成平面热力图中，你能看到图形的差别吗？为什么存在这些差别？

注　释

1. http：//archive. ics. uci. edu/ml/index. html.

2. 本书中，我们保持对如第 1 章中所探讨的术语观察对象（observation）的使用，因此，同样使用术语观察对象依赖（observation-dependent）。但在一般文献中，通常使用术语样例依赖（example-dependent）作为同义词（Aodha，Brostow，2013），还有用个案变化（instance-varying）或样例特异（example-specific）等术语的。

3. 所有 SOM 都使用 Kohonen 的 R 软件包进行创建（Wehrens，Buydens，2007）。

参 考 文 献

Aodha，O. Mac，and G. J. Brostow. 2013. "Revisiting Example Dependent Cost-Sensitive Learning with Decision Trees." *Proceedings of the IEEE International Conference on Computer Vision*，193-200.

Bache，K.，and M. Lichman. 2013. "UCI Machine Learning Repository." *University of California Irvine School of Information*. Retrieved from http：//www. ics. uci. edu/~ mlearn/ MLRepository. html.

Bahnsen，A. C.，D. Aouada，and B. Ottersten. 2015. "Example—Dependent Cost-Sensitive Decision Trees." *Expert Systems with Applications*，42（19）：6609-6619.

Bahnsen，A. C.，D. Aouada，and B. Ottersten. 2016. *Ensemble of Example—Dependent Cost-Sensitive Decision Trees*. Retrieved from http：//arxiv. org/abs/1505. 04637.

Bansal，G.，A. P. Sinha，and H. Zhao. 2008. "Tuning Data Mining Methods for Cost-Sensitive Regression：A Study in Loan Charge-Off Forecasting." *Journal of Management Information Systems*，25（3），315-336.

Berteloot，K.，W. Verbeke，G. Castermans，T. Van Gestel，D. Martens，and B. Baesens. 2013. "A Novel Credit Rating Migration Modeling Approach Using Macroeconomic Indicators."

Journal of Forecasting，32：654-672.

Bradford，J. P.，C. Kunz，R. Kohavi，C. Brunk，and C. E. Brodley.（1998，April）."Pruning Decision Trees with Misclassification Costs." In *European Conference on Machine Learning* (pp. 131-136).Springer，Berlin，Heidelberg.

Brefeld，U.，P. Geibel，and F. Wysotzki. 2003."Support Vector Machines with Example Dependent Costs." *Proceedings of the European Conference on Machine Learning*，23-34.

Brijs，T.，G. Swinnen，K. Vanhoof，and G. Wets. 1999."Using Association Rules for Product Assortment Decisions." *Proceedings of the Fifth ACM SIGKDD International Conference on Knowledge Discovery and Data Mining - KDD*，99，254-260.

Chai，X. C. X.，L. D. L. Deng，Q. Y. Q. Yang，and C. X. Ling. 2004. "Test-Cost Sensitive Naive Bayes Classification." *Fourth IEEE International Conference on Data Mining*（ICDM2004），51-58.

Chawla，N. V，K. W. Bowyer，L. O. Hall，and W. P. Kegelmeyer. 2002. "SMOTE：Synthetic Minority Over-Sampling Technique." *Journal of Artificial Intelligence Research*，16（1）：321-357.

Chawla，N. V，A. Lazarevic，L. O. Hall，and K. Bowyer. 2003. "SMOTEBoost：Improving Prediction of the Minority Class in Boosting." *Principles of Knowledge Discovery in Databases*，*PKDD*，2003，107-119.

Chen，C.，A. Liaw，and L. Breiman. 2004. "Using Random Forest to Learn Imbalanced Data." *University of California*，*Berkeley*，110.

Choi，D. H.，B. S. Ahn，and S. H. Kim. 2005. "Prioritization of Association Rules in Data Mining：Multiple Criteria Decision Approach." *Expert Systems with Applications* 29（4）：867-878.

Christoffersen，P. F.，and F. X. Diebold. 1996. "Further Results on Forecasting and Model Selection under Asymmetric Loss." *Journal of Applied Econometrics*，11（5）：561-571.

Christoffersen，P. F.，and F. X. Diebold. 1997. "Optimal Prediction Under Asymmetric Loss." *Econometric Theory*，13（6）：808-817.

Crone，S. F.，S. Lessmann，and R. Stahlbock. 2005. "Utility-Based Data Mining for Time Series Analysis—Cost-Sensitive Learning for Neural Network Predictors." *UBDM*'05 *Proceedings of the 1st International Workshop on Utility-Based Data Mining*，59-68.

Czajkowski，M.，M. Czerwonka，and M. Kretowski. 2015. "Cost-Sensitive Global Model Trees Applied to Loan Charge-Off Forecasting." *Decision Support Systems*，74：57-66.

Domingos，P. 1999. "MetaCost：A General Method for Making Classifiers Cost-Sensitive." In *Proceedings of the Fifth ACM SIGKDD International Conference on Knowledge Discovery and Data Mining KDD*，99（pp. 155-164）.

Drummond，C.，and R. C. Holte. 2000. "Exploiting the Cost（In）sensitivity of Decisions Tree Splitting Criteria." *International Conference on Machine Learning*，1（1）：239-246.

Elkan，C. 2001. "The Foundations of Cost-Sensitive Learning." In *Proceedings of the Seventeenth International Joint Conference on Artificial Intelligence*（IJCAI' 01）.

Fan，W.，S. J. Stolfo，J. Zhang，and P. K. Chan. 1999. "AdaCost：Misclassification Cost-Sensitive Boosting." In *Proceedings of the 16th International Conference on Machine Learning*，Morgan *Kaufmann*，San Francisco，CA（pp. 97-105）.

Granger，C. W. J. 1969. "Prediction with a Generalized Cost of Error Function." *Journal of the Operational Research Society*，20（2）：199-207.

Haiqin，Y.，K. Irwin，and L. Chan. 2002. "Non-fixed and Asymmetrical Margin Approach to Stock Market Prediction Using Support Vector Regression." In *Proceedings of ICONIP* 2002（pp. 1-5）. Singapore.

Han，J.，and M. Kamber. 2011. *Data Mining：Concepts and Techniques*. Elsevier.

Japkowicz，N.，and S. Stephen. 2002. "The Class Imbalance Problem：A Systematic Study." *Intelligent Data Analysis*，6（5）：429-449.

Kangas，J. A.，T. K. Kohonen，and J. T. Laaksonen. 1990. "Variants of Self-Organizing Maps." *IEEE Transactions on Neural Networks*，1（1）：93-99.

Karakoulas，G.，and J. Shawe-Taylor. 1999. "Optimizing Classifiers for Imbalanced Training Sets." *Neural Information Processing Systems*，11：253-259.

King，G.，and Zeng，L. 2001. "Logistic Regression in Rare Events Data." *Political Analysis*，9（2）：137-163.

Kohonen，T. 2014. "MATLAB Implementations and Applications of the Self-Organizing Map." Helsinki：Unigrafia.

Ling，C. X.，and V. S. Sheng. 2008. "Cost-Sensitive Learning and the Class Imbalance Problem." In *Encyclopedia of Machine Learning*.

Ling，C. X.，Q. Yang，J. Wang，and S. Zhang. 2004. "Decision Trees with Minimal Costs." *Twenty-First International Conference on Machine Learning*（ICML 2004），69.

Liu，X. -Y.，J. Wu，and Z. -H. Zhou. 2009. "Exploratory Undersampling for Class Imbalance Learning." *IEEE Transactions on Systems，Man and Cybernetics*，39（2）：539-550.

Lomax，S.，and S. Vadera. 2011. "An Empirical Comparison of Cost-Sensitive Decision Tree Induction Algorithms." *Expert Systems*，28（3）：227-268.

Mahnič，V.，and T. Hovelja. 2012. "On Using Planning Poker for Estimating User Stories."

Journal of Systems and Software，85：2086-2095.

Maldonado，S.，and S. F. Crone. 2016. "Time Series Feature Selection with SVR." Poznan, Poland：EURO2016.

Masnadi-Shirazi，H.，and N. Vasconcelos. 2011. "Cost-Sensitive Boosting." *IEEE Transactions on Pattern Analysis and Machine Intelligence*，33 (2)：294-309.

Moløkken-Østvold，K.，N. C. Haugen，and H. C. Benestad. 2008. "Using Planning Poker for Combining Expert Estimates in Software Projects." *Journal of Systems and Software*，81 (12)：2106-2117.

Nikolaou，N.，N. Edakunni，M. Kull，P. Flach，and G. Brown. 2016. "Cost-Sensitive Boosting Algorithms：DoWe Really Need Them?" *Machine Learning*，104 (2-3)：359-384.

Petrides，G.，and W. Verbeke. 2017. "Cost-Sensitive Learning for Binary Imbalanced Datasets Using Decision Trees Ensembles." *Machine Learning*，Submitted.

Pluto，K.，and D. Tasche. 2006. "Estimating Probabilities of Default for Low Default Portfolios." In *The Basel II Risk Parameters：Estimation，Validation，and Stress Testing* (pp. 79-103).

Powers，D. M. W. 2007. "Evaluation：From Precision，Recall and F-Factor to ROC，Informedness，Markedness and Correlation." School of Informatics and Engineering，Flinders University Adelaide Australia，Technical Report SIE-07-001 (December).

Saerens，M.，P. Latinne，P.，and C. Decaestecker. 2002. "Adjusting the Outputs of a Classifier to New a Priori Probabilities：A Simple Procedure." *Neural Computation*，14 (1)：21-41.

Seiffert，C.，T. M. Khoshgoftaar，J. Van Hulse，and A. Napolitano. 2010. "RUSBoost：A Hybrid Approach to Alleviating Class Imbalance." *IEEE Transactions on Systems，Man，and Cybernetics Part A：Systems and Humans*，40 (1)：185-197.

Sheng，V.，and C. Ling. 2006. "Thresholding for Making Classifiers Cost-Sensitive." *Proceedings of the National Conference on Artificial Intelligence*，476-481.

Srikant，R.，and R. Agrawal. 1996. "Mining Quantitative Association Rules in Large Relational Tables." *ACM SIGMOD Record*，25 (2)：1-12.

Stahl，F.，M. Heitmann，D. R. Lehmann，and S. A. Neslin. 2012. "The Impact of Brand Equity on Customer Acquisition，Retention，and Profit Margin." *Journal of Marketing*，76 (4)：44-63.

Sun，Y.，M. S. Kamel，A. K. C. Wong，and Y. Wang. 2007. "Cost-Sensitive Boosting for Classification of Imbalanced Data." *Pattern Recognition*，40 (12)：3358-3378.

Tao，F.，F. Murtagh，and M. Farid. 2003. "Weighted Association Rule Mining Using Weighted Support and Significance Framework." *KDD* 2003 *Proceedings of the Ninth ACM SIGKDD*

International Conference on Knowledge Discovery and Data Mining，661-666.

Ting，K. M. 2000. "A Comparative Study of Cost-Sensitive Boosting." In *Proceedings of the 17th International Conference on Machine Learning*.

Ting，K. M. 2002. "An Instance-Weighting Method to Induce Cost-Sensitive Trees." *IEEE Transactions on Knowledge and Data Engineering*，14（3）：659-665.

Turney，P. 1995. "Cost-Sensitive Classification：Empirical Evaluation of a Hybrid Genetic Decision Tree Induction Algorithm." *Journal of Artificial Intelligence Research*，2：369-409.

Van Vlasselaer，V.，T. Eliassi-Rad，L. Akoglu，M. Snoeck，and B. Baesens. 2016. "Gotcha! Network-based Fraud Detection for Social Security Fraud." *Management Science*，forthcoming.

Verbeke，W.，K. Dejaeger，D. Martens，J. Hur，and B. Baesens. 2012. "New Insights into Churn Prediction in the Telecommunication Sector：A Profit-Driven Data Mining Approach." *European Journal of Operational Research*，218（1）：211-229.

Viola，P. A，and M. J. Jones. 2001. "Fast and Robust Classification Using Asymmetric AdaBoost and a Detector Cascade." *Proc. NIPS* (December)，1311-1318.

Wang，K.，S. Zhou，and J. Han. 2002. "Profit Mining：From Patterns to Actions." *Advances in Database Technology*，EDBT 2002，*Lecture Notes in Computer Science*，2287：70-87.

Wehrens，R.，and L. M. C. Buydens. 2007. "Self- and Super-Organizing Maps in R：The Kohonen Package." *Journal of Statistical Software*，21（5）：1-19.

Zadrozny，B.，and C. Elkan. 2001. "Learning and Making Decisions When Costs and Probabilities Are Both Unknown." In *Proceedings of the Seventh ACM SIGKDD International Conference on Knowledge Discovery and Data Mining -KDD' 01* (pp. 204-213).

Zadrozny，B.，J. Langford，and N. Abe. 2003. "Cost-Sensitive Learning by Cost-Proportionate Example Weighting." *ICDM' 03 Proceedings of the Third IEEE International Conference on Data Mining*.

Zhao，H.，A. P. Sinha，and G. Bansal. 2011. "An Extended Tuning Method for Cost-Sensitive Regression and Forecasting." *Decision Support Systems*，51（3）：372-383.

6

第 6 章

利润驱动的模型评估和实施

6.1 概述

　　作为对前面一章探讨的利润驱动分析技术的补充，我们可以通过在评估阶段观察了解分析模型的盈利能力而开展利润驱动分析战略的实施。其因为避免了复杂建模技术的应用而因此能得以推荐。但是，我们确实想要提醒读者的是，在一个适当且准确的利润敏感性评估方法的开发和应用中，可能会表现出来极具挑战性。在本章，我们将通过探讨分类模型和回归模型相应利润驱动绩效评估的一系列高级测算方法，对这类评估方法的开发进行支撑。我们的目标在于对支撑这些测算方法的基本原理提供更深层的洞察，并从相应探讨中得到这些方法运营实施有关的一些关键指引。

　　在本章的第一部分，我们将聚焦于分类模型。我们从探讨计算平均错误分类成本（average misclassification cost）等最直接和最直观的基于利润的评估方法入手。与此相关的是确定分类分界值（classification cutoff score）的得分，其可以利用平均错误分类成本来加以调整，以优化模型的最终盈利能力。因此，针对模型实施，分类模型的评估具有重要的实践性意义。接下来是对一系列基于接受者运行特征（receiver operating characteristic，ROC）曲线的利润驱动评估的测算方法的研究：首先，我们将开展 H-测算法并探讨当错误分类成本不平衡时利用接受者运行特征曲线之下面积（area under the receiver operating characteristic，AUC）相关的问题；

其后，我们会介绍更复杂的利润最大化（maximum profit，MP）及预期利润最大化（expected maximum profit，EMP）的测算。MP 和 EMP 测算法都让用户可以考虑复杂的具体的成本－利润分布，对此我们将以客户流失预测和信用评分两个具体案例进行例证。本章第一部分最后以对 ROCIV 测算法的解释作为总结，可使用户在对分类模型进行评估时，考虑观察对象依赖型成本。所有这些测算法都将通过案例研究的方式进行展示，贯穿本章第一部分的模型开发，利用的都是由本书同步网站 www. profit-analytics. com 提供的有关小额金融借贷的合成数据集。

在本章第一部分将介绍的平均错误分类成本方法是直接的且具直观性（并不提供有价值的洞察和实用价值），本章有关基于 ROC 利润驱动评估测算法的讨论则本质上更高级且更具技术性，需要读者具备相应高级背景知识。如果读者缺乏，我们会提供一些建议帮助读者获取这些背景知识。

本章第一部分的主要结论是，当涉及利润问题时，这是商业环境中常见的问题，在第 2 章探讨的 ROC 分析或标准统计评估测算并不足以对分析模型进行合理的评估。好消息是，有大量现成指标可用来对这些问题进行合适的评估支撑；坏消息是，依然还有一个重要挑战有待数据科学家加以解决，即选择合适的测算法，并尽可能对其进行调整以适应应用环境的具体特征。本章的讨论和示例应该有助于读者解决这个挑战。

在本章的第二部分，我们将聚焦于对回归模型的评估。前面一章谈到利润驱动回归模型的需求，因此也就全面激发对回归模型的性能进行评测的利润驱动评估测算方法的需求。另外，在分类情境中，显示出对这些测算法有需求的大量案例，也显示出在回归情境中存在着同样的需求。但是，尽管对于分类模型已经开发了相应强有力的利润驱动评估方法，对于回归模型的相应现成评估方法却是有限的。因此，本章将探讨和展示两个最近开发的有趣测算法。接着在对损失函数和基于误差的标准评估测算法进行大量探讨之后，在本章最后部分，我们将介绍 REC 曲线和 REC 曲面（surface）。对于特定的应用特征所要进行的调整，REC 曲面提供了相当的灵活性。更特别的是，它们还可以考虑所涉及的具体的成本－利润结构，对模型的盈利能力提供精确的显示，并辅以 R^2 或 MSE 等标准评估测算指标作为补充。

6.2 分类模型的利润驱动评估

以利润驱动的方式对分类模型进行评估的一种直接且直观的方法，是通过对由分类模型所造成的预测误差相关的总体或平均错误分类成本进行测算。这种方法将在下一部分通过一个案例研究来进行解释和展示。更高级的测算方法全部都与ROC曲线（参见第2章）相关，近些年得到充分的开发。这些测算方法中的第一种，Hand's H-测算法，就是基于成本分布的预期价值这一概念。Verbeke等（2012）和Verbraken等（2014）分别提出了最大利润（MP）和预期最大利润（EMP）测算法，并将同一观点延伸到更普遍的情况，包括成本和利润都是不确定或随机的情况中。所有这些测算方法都聚焦于具备不平衡的、类别依赖的错误分类成本的情况。另外，对于观察对象本身可能包含变动的错误分类成本的情况（也即，观察对象依赖型错误分类成本），Fawcett（2006b）提出了ROCIV曲线的概念。

6.2.1 平均错误分类成本

计算平均错误分类成本（即在第5章中介绍的平均错误预测成本）是从利润驱动角度分析分类模型性能的最直接和最直观的方法。要注意，平均错误分类成本独立于测试集中的观察对象的数量，因此使用起来比总体错误分类成本更方便。接下来，我们讨论针对分类模型的评估如何计算平均错误分类成本，并探讨我们可能碰到的问题。

在第2章中，模型通常被定义为一个函数 $f: X \rightarrow Y$，式中，X 对应全部预测因子变量集，Y 对应要作为预测因子变量函数进行估算的目标变量。如果目标变量只有两个可能结果（如一个信贷申请人要么良好要么不良），那么我们就有一个二元分类问题，而且 $Y = \{0,1\}$。如果目标变量是两个以上，但可能结果依然是离散的而且数量有限，那么 $Y = \{0,\cdots,J\}$，J 是类别的数量。无论商业界内外，二元分类问题都远远多于多元类别问题。还有，利用如一对一或一对多编码法，多元分类问题总是可以映射到一组二元分类问题（Baesens，2014）。在一个分类问题中，经建模的函数 f 近似为类别概率 $p(j \mid x_i)$，如一个具备特征 x_i 的观察对象 i，为简化起见，代指为观察对象 x_i，可属于不同类别 j，且 $\sum_j p(j \mid x_i) = 1$。

在前面一章中，我们延伸探讨了由 Dominguez（1999）所介绍的成本矩阵 C，用以对分类问题中的不平衡成本进行特征化考虑。成本矩阵 C 中的元素与在第 2 章中介绍的混淆矩阵中的元素有关。成本矩阵中的元素 $C(j, k)$ 表示将一个真实属于类别 k 的观察对象预测为属于 j 的成本。要记住，这在之前的第 5 章讨论过，当成本为负时，就表示收益。对于二元问题，成本矩阵看起来如表 6.1 所示。

表 6.1 二元分类问题的成本矩阵

	真实阴性	真实阳性
预测阴性	$C(0,0)$	$C(0,1)$
预测阳性	$C(1,0)$	$C(1,1)$

要注意，我们可以通过从第一列和第二列的值中分别减去 $C(0,0)$ 和 $C(1,1)$ 的值，得到的成本矩阵 C'，其 $C'(0,0)$ 和 $C'(1,1)$ 等于 0，来对成本矩阵进行简化。最终起作用的是经简化成本矩阵 C' 中的 $C'(0,1)$ 和 $C'(1,0)$ 的比值，正如第 5 章所讨论过的。贯穿本章，将讨论几个特定应用的成本矩阵。

当我们知道测试集中每个观察对象的真实类别标签时，成本矩阵就可以对基于测试集建立的分类模型的预测结果计算错误分类成本。有两种方法可以用来计算平均错误分类成本。

①第一种方法，是对测试集中的每个观察对象的类别进行简单对比，即将由分类模型做出预测的类别与真实类别进行对比。将阳性和阴性观察对象的正确和错误分类所包括的成本进行平均，得到平均错误分类成本。当分类模型生成条件类别概率时，那么也就可以针对观察对象 x_i 得到估算类别标签：

a. 具有最高条件类别概率 $p(j \mid x_i)$ 的类别标签，如 $\hat{y}_i = arg\max_j\{p(j \mid x_i)\}$；

b. 如前面章节所探讨过的，导致最低预期损失 $\ell(x_i, k)$ 的类别标签。

这两种方法分别对应的是使用将类别概率转换成类别标签的成本非敏感性分界值或成本敏感性分界值（参见第 5 章）。事实上，我们可以使用任何分界值将类别概率转换成类别标签。正如在将要展示的下面有关信用得分的分界点调整的案例研究中，改变所采用的分界值通常可生成一个可变的平均错误分类成本。

对于观察对象 x_i 预测类别标签 $\hat{y}_i$ 的成本 $C(x_i)$，等于（经简化的）成本矩阵的元素 $C(\hat{y}, y_i)$，对应真实类别标签 y_i 和所预测类别标签 $\hat{y}_i$ 的配对。因此，对于

测试集中的观察对象，计算出相应的平均错误分类成本为

$$AMC = \frac{1}{n}\sum_i C(\hat{y}_i, y_i)$$

②另外一种方法不是使用预测类别标签，而是使用由分类模型估算的条件类别概率 $p(j \mid x_i)$ 计算所使用模型的预期平均错误分类成本 E-AMC（Elkan，2001）。对于类别 k 的观察对象 x_i 来说，错误分类成本 $C(x_i)$ 计算如下：

$$C(x_i) = \sum_j p(j \mid x_i) C(j, k)$$

要注意，以上预期错误分类成本等式与类别标签为 k 而被预测为类别 j 的观察对象 x_i 的预期损失 $\ell(x_i, j)$ 等式之间的相似之处，就像前面章节所定义的：

$$\ell(x_i, j) = \sum_k p(k \mid x_i) \cdot C(j, k)$$

对于预测类别 j 计算预期损失，这是固定的，通过将由分类模型估算的类别概率与相关成本 $C(j, k)$ 相乘，并对全部真实类别标签 k 进行求和。但是，预期成本不同于预期损失，因为预期成本是从真实类别 k 的角度进行计算，其是固定的，通过将由分类模型估算的类别概率与相关成本 $C(j, k)$ 相乘，并对全部预测类别 j 进行求和。正如第 5 章所探讨的，计算全部可能类别 j 的预期损失，使得可以对观察对象 x_i 的预测成本实现最优。只是对于观察对象所观察到的真实类别来说，计算预期错误分类成本才有意义。以下提供的一个实际例子，是对预期损失和预期错误分类成本的计算和解释进行详细比较。

预期平均错误分类成本，我们称其为 E-AMC，以区别之前所讨论过的方法，通过对测试集中的观察对象的预期错误分类成本平均而进行计算：

$$E\text{-}AMC = \frac{1}{n}\sum_i C(x_i)$$

平均错误分类成本的测算，使得用户能够通过以更具敏感性和直观化的利润驱动方式对分类模型进行评估。它们提供了成本或利润方面的可解释的性能指标，因此可用于与其他分类模型进行比较。另外，就像将在以下案例研究中对分界点调整进行详细阐述的，平均错误分类成本使得用户可以对不同分类分界点进行分类模型的盈利能力的比较。

▌ 示例

从上一章介绍的德国信贷数据示例数据集得到表 6.2 所示的成本矩阵，不良表示违约，良好表示不违约。不良是阳性类别（$y=1$），良好是阴性类别（$y=0$）。

表 6.2　德国信贷数据示例数据集的成本矩阵

	真实良好	真实不良
预测良好	$C(0,0)=0$	$C(0,1)=5$
预测不良	$C(1,0)=1$	$C(1,1)=0$

在上一章中，我们对类别为良好或不良的观察对象 x 计算预期损失，因此通过分类器 $f(x)$ 估算出的条件类别概率等于 $p(1 \mid x)=0.22$，$p(0 \mid x)=1-p(1 \mid x)=1-0.22=0.78$，因此将 x 分类为良好或不良的预期损失等于：

$$\ell(x,0)=\sum_k p(k \mid x)C(0,k)=0.78 \times 0 + 0.22 \times 5 = 1.10$$

$$\ell(x,1)=\sum_k p(k \mid x)C(1,k)=0.78 \times 1 + 0.22 \times 0 = 0.78$$

将 x 分类为不良的预期损失小于将其分类为良好，因此将此观察对象分类为不良，$\hat{y}=1$。

如果观察对象的真实类别为良好，$y=0$，则我们用以上介绍过的两种方法对观察对象 x 计算（预期）错误分类成本 $C(x)$，如下：

①利用预测分类标签：

$$C(x)=C(\hat{y},y)=C(1,0)=1$$

②利用条件类别概率估算：

$$C(x)=\sum_j p(j \mid x)C(j,0)=0.78 \times 0 + 0.22 \times 1 = 0.22$$

假设我们有另外一个备选分类模型——$f'(x)$，对于相同的观察对象，其生成的条件概率估算 $p(1 \mid x)=0.12$ 及 $p(0 \mid x)=0.88$，按照预期损失的计算结果，因此将观察对象分类为良好。按照两种方法对平均错误分类成本进行计算，我们分别得到 $C(x)=0$ 和 $C(x)=0.12$。要注意，这较第一种错误分类模型分值更低，因为备选分类模型 $f'(x)$ 准确地预测出观察对象为良好的类别，所以这就很好理解了。

得到最低（预期）平均错误分类成本的分类模型，从盈利能力角度来看，可以被认为是最好的模型。一般来说，平均错误分类成本的估算在短期内是稳健的，并对模型的未来性能提供了一个可信的表征。但是，与特别设计来直接估算观察对象分布盈利能力的如 MP 和 EMP 测算指标相比，平均错误分类成本更易因条件类别概率估算受观察对象分布变化的影响，这将在本章接下来的部分进行讨论。

可将平均错误分类成本扩展到如下更直接的方式，以使成本矩阵更符合时间依赖性或观察对象依赖性（参见第 5 章）。

■ 如果成本矩阵具有时间依赖性，可以用一系列矩阵 $\{C_t(j,k)\}_t$ 来计算如上等式中的平均错误分类成本，将每个观察对象与一个时间窗口进行关联，这样每个观察对象 i 就有一个关联时间窗口 t_i。对于一个类别 k 的观察对象 x_i 来说，对应的预期错误分类成本即为

$$C(x_i) = \sum_j p(j \mid x_i) C_{t_i}(j,k)$$

这种方法在成本受市场评估价格等外部因素影响的快速变化的环境中，或在通货膨胀可能对名义利润的比较造成误导的长期模型中更有用。

■ 如果成本矩阵具有观察对象依赖性，可以依照上面对时间依赖成本矩阵提供的表达式，再将一组矩阵集 $\{C_i(j,k)\}_i$ 用于计算平均错误分类成本。这里需要引起注意的是，因为观察对象的分布随时间而变化，平均错误分类成本可能并不能准确地表示分类模型的未来盈利能力。由 Fawcett（2007）所提出的对于 AUC 测算延伸方法，可使用户通过观察对象依赖型成本因素而进行分类模型性能的分析，这将在本章的后面部分展开探讨。

6.2.2 分界点调优

本部分要对分界点调优（cutoff point tuning）进行大致探讨，这是一种被广泛使用的方法，当对一个分类模型进行评估时，能够支撑对其盈利能力的分析，并与在前面部分讨论的平均错误分类成本也具有相关关系。分界点调优与本章稍后要探讨的基于 ROC 的测算指标有关，其特别关注观察对象依赖型的错误分类成本的相关应用环境。

要在利润导向环境中正确评估一个模型的性能，很有必要模拟模型运行所在的真实环境。大多数分类模型会对条件类别概率进行估算，但是要制定明确的分界决策，就需要对类别标签进行相关估算。例如，在信用申请评分中，需要基于对申请者违约可能的条件概率估算，制定对其信贷申请接受或拒绝的决策。

通过不同方式，如就像已经探讨过的，采用成本敏感性或成本非敏感性分界值

进行类别概率的估算，可以得到类别标签。当问题是二元的，目标是要对模型采用和执行的未来利润实现最大化，决策则最终要落到设置分界值 T 的问题上，这将使未来盈利能力最大化，或同等地，使未来损失最小化。于是在利润驱动环境中，一个合适的模型评估就必须包括与最优分界值相关的利润导向的决策。此即被称为分界点调优，其可使用户通过利润非敏感性分类模型进行利润敏感性决策。

在前面部分所探讨的平均错误分类成本方法是对常数成本矩阵 C 做出前提假设。但是，在观察对象依赖的错误分类成本的应用环境中，平均错误分类成本将取决于所选定的分界值，或更确切地说，平均错误分类成本在由模型所推导出的观察对象的不同概率分布之间具有不同的值。例如，这种情况存在于信贷计分中，越高值的贷款通常包含着越高的风险和越高的错误分类成本。我们将研究的方法显然包括这种影响，其以 ROC 曲线作为输入，并提供相应测算指标，对不同概率估算所对应不同利润分布的影响进行考虑。但是，在工作之前，我们要对一个案例研究进行详细阐述，展示平均错误分类成本评估方法如何用于实际案例研究中的决策。

案例研究

在本案例研究中，正如前面部分所探讨的，我们采用平均错误分类成本进行分界点设置的相关决策，这个决策很关键，会严重影响信贷风险模型的盈利能力，正如在第 3 章所全面探讨过的。基于对申请者违约概率估算，是接受还是拒绝一个申请，要做出有关决策，就需要确定分界点。在本案例研究中，我们将使用 MicroCredit（小额信贷）数据集，这是一个对小额贷款的真实信贷数据的模拟数据集。MicroCredit 数据集可以从本书的同步网站进行自由下载。在本章最后开放问题部分还提供了数据集的更多有关信息（还参见，Bravo, et al.，2013）。

MicroCredit 数据集包括 10 000 个观察对象，随机拆分为分别包括 70% 和 30% 观察对象的训练集和测试集。基于训练集对逻吉斯回归模型进行估算，并基于测试集对模型进行评估。对于可变的分界点 T 来说，将其用来将条件类别概率转换为类别标签估算值 $\hat{y}$，如表 6.3 所示的报表：

■ 被分类为良好申请者因此也就成为被接受的部分观察对象的占比，即 $p(1 \mid x_i) < T$（$y=1$ 代表不良的观察对象）的观察对象 x_i 的百分比。

- 对于良好的准确度（即特异度）、不良的准确度（即敏感度）及总体准确度，有关准确度的评估测算指标在第 2 章已经作为被准确分类的观察对象所占百分比而作界定。

- 对于良好和不良来说，每个错误分类观察对象在分界值 T 的平均真实成本，这些可以分别近似解释为观察对象依赖型成本条件下的成本矩阵中元素 $C(1,0)$ 和 $C(0,1)$。要记住，这些值并不等同于之前定义的平均错误分类成本，因为它是对测试集中的错误分类的不良和良好的真实错误分类成本的平均值进行计算，而 AMC 则是对测试集中全部良好和不良（既包括错误分类，也包括正确分类）进行计算。

- 每个单独类别的平均错误分类成本也是基于测试集中的全部观察对象。

表 6.3 分界点、准确度和成本。最高准确度的分界值为 0.9，
而最低平均分类成本的分界值为 0.55

分界值（T）	接受率（%）	准确度（%）			成本（欧元）		AMC（欧元）		
		良好	不良	总体	良好	不良	良好	不良	总体
0.40	16.50	19.20	91.00	38.10	256	1789	206.57	56.95	194.46
0.45	24.40	28.00	85.60	43.10	238	1614	171.34	82.68	187.46
0.50	34.20	38.70	78.30	49.10	220	1402	134.66	107.84	178.94
0.55	45.30	50.50	69.10	55.30	207	1226	102.65	134.62	175.11
0.60	57.00	62.10	57.20	60.80	196	1102	74.15	167.52	178.34
0.65	68.30	72.80	44.80	65.40	184	1009	49.97	199.43	184.04
0.70	79.40	83.00	30.60	69.30	170	941	28.89	232	192.54
0.75	89.00	91.40	17.70	72.10	152	886	13.03	258.92	200.69
0.80	95.70	96.70	7.30	73.30	130	848	4.24	279.02	209.02
0.85	99.10	99.30	1.40	73.60	94	820	0.66	287.04	212.3
0.90	99.90	99.90	0.10	73.80	64	813	0.03	288.52	212.93

分界值使得可以对测试集中的每个观察对象进行贴标签，如表 6.3 所示，对全部良好和不良的数量分别进行良好和不良的分类，通过对全部的不正确分类计算错误分类成本的合计占比，最后对所有的良好和不良计算出总体 AMC。当分界值提高时，良好的 AMC 则下降，因为错误分类的良好数量下降，就像对于更高 T 值来说，变异度（即良好的准确度）也越高。因此，

全部错误分类成本的汇总值也是如此，因此对于上升的分界值来说，良好的 AMC 将随之下降。另外，不良的 AMC 随着分界值的增长而增长，因为由敏感度（即不良的准确度）的增长所反映的对于不良的错误分类的总体数量会随之增加。因此，对于更高的分界值来说，错误分类的总体求和和不良的 AMC 会提高。

如下是对在 MicroCredit 案例条件下的观察对象依赖的错误分类成本的估算：

- 将一个真实为良好的申请者分类为违约者的成本，即虽然实际上观察对象 i 为阴性，但将其预测为阳性的成本 $C_i(1,0)$，等于贷款预期投资回报额 ROI_i 乘以放贷额度 A_i：

$$C_i(1,0) = ROI_i \cdot A_i$$

- 将一个真实为违约者的分类为良好申请者的成本，即虽然实际上观察对象 i 为阳性，但将其预测为阴性的成本 $C_i(0,1)$，等于因为违约而导致的金额损失。当所有催款行动都用尽之后，损失即是计算没有弥补上的违约敞口部分（见第 3 章）：

$$C_i(0,1) = LGD_i \cdot EAD_i$$

这样，得到观察对象依赖型成本矩阵 C_i：

$$C_i = \begin{bmatrix} 0 & LGD_i \cdot EAD_i \\ ROI_i \cdot A_i & 0 \end{bmatrix}$$

对于良好和不良的错误分类进行平均得到的观察对象依赖型错误分类成本如表 6.3 所示。从表 6.3，我们可以看到对于良好的平均错误分类成本，以及对于不良的平均错误分类成本，都严重依赖于分界值 T。这种依赖性可以通过风险（由信用得分反映）和回报（由平均成本反映）都不具独立性的事实来加以解释。换言之，观察对象依赖型成本分布并不独立于信用得分的分布。

对这种影响的解释尤其适用于小额信贷业务，具有较低违约概率的申请者可以申请更高贷款并提供更小额的抵押（当出现债务人违约时，可以收回抵押物来减少损失）。另外，有相当高违约概率的未被拒申请者，对其放出的贷款涉及额度将较小，并需提供相应贷款额度来说更高额的抵押物。另外，在小额贷款中，收取的利息率对于全部客户来说也大概相同，通常独立于申请人的信用。[1]所以，一个微贷款的回报只是由贷款额度而不是由利息率决定。最后，申请时被评估为不良的概率与目前我们正建立模型所评估出来的不良概率之间强烈相关，知道这个很重要。

当分界值低时，对于不良情况的错误分类来说，通常涉及的就是在申请时间信用得分方面较高的观察对象，因此涉及高贷款额度及低抵押数量和质量。因此，对于这些错误分类的不良客户来说，所涉及的成本就较高。另外，如果分界值高，对不良的错误分类就既涉及信用得分较高的申请者，也涉及信用得分较低的申请者。平均来说，在对不良的错误分类中所涉及的成本因此较分界值低时更低。

同样的推导也适用于良好的情况。当分界值高时，对良好的错误分类涉及那些在申请时间信用方面得分较低的观察对象。因此，所涉及的贷款额度较低，而抵押额度较高，当分界值高时，就导致对良好错误分类的较低平均成本。另外，当分界值低时，在申请时得分较高的观察对象也可能被错误分类。这些涉及更高的贷款额度及可能更低的抵押数额。当我们设置一个较低分界值时，这将导致对于良好的错误分类的相关的更高平均成本。

因为对于良好和不良的错误分类成本取决于分界值，就像在前面章节介绍过的，将客户分类为良好或不良并决定接受和拒绝哪些客户，利用平均成本矩阵和成本敏感性分类分界值 T_{CS} 就不合适。因此，在这种情况下，如表 6.3 所示的分析，要制定分界值相关的利润最优决策，以作为对贷款申请接受或拒绝的补充，是必不可少的。

在这个案例中，另外一个重要问题涉及类别分布的严重不平衡问题，其良好和不良之间的比率为 73.8% ∶ 26.2%。在一个典型的零售银行中，希望一个贷款产品组合较不良借贷者包含更多良好借贷者，但是所接受违约者的成本远远高于拒绝良好申请者的成本。这给数据科学家留下了一个棘手的选择——是将总体准确度最大化，通过补充一个较高分界值，$T=0.9$，而接受更多违约者，因此对新增违约者损失 100 万欧元；抑或通过设置分界值为 $T=0.55$ 而将平均错误分类成本最小化，因此将接受率保持在 34%。

这个案例的一个备选方案可能就是使用一个（决策）委员会。如果我们接受在一定得分范围之外的不够精确的普通模型，为什么却要对得分在模型范围之内的观察对象留下有待决策？一个具有敏感性的备选方案是，在对这些观察对象进行最终决策时，利用人类专家的决策能力。这引发利用双分界点策略（two－cutoff－point strategy）按照以下规则对申请者进行分类：

- 得分低于最初分界值（如 $T_1 = 0.55$）的申请者在立即可接受范围内。在此范围内的申请自动获得批准，无须进一步的信用风险分析即可提供业务，而现成的贷款发放的明示程序已经包含最小申请障碍在内。在这个预批准范围内，对于不良申请者模型具有非常高的准确率，这就意味着，得分低于首条分界线的不良申请者很少，所以所涉及的成本就很低。

- 得分高于第二条分界线（如 $T_2 = 0.92$）的申请者属于立即拒绝范围。在这个范围内，很多申请者都是违约者，因此没有申请可被接受。

- 得分介于两条分界线之间（如介于 0.55～0.92）属于委员会决策范围，需要由信贷主任进一步进行分析。申请者被要求提供更多信息以支撑开展一个更彻底的信用分析。例如，可能要求提供更近期的有关当前薪酬的信息，还可能要求额外的抵押品或担保人，或从一个信用机构购买其他的信息，以帮助进行一份更精准的基于人本身的评估。

图 6.1 所示为双分界点策略。与表 6.3 一致，图 6.1 中的图形不仅展示了违约者的准确度（即敏感度），还展示了模型使用的总体成本，等于平均错误分类成本与观察对象数量的乘积。第一个分界值可设置的得分，如果高于这个得分，由模型所提供的关于申请者为不良的概率，其确定性就不够；第二个分界值设置所在的得分，如果接受申请，其风险和预期损失很高是非常确定的，因为其敏感度太低。

另外，第二个分界得分还可以设置为 0.85。这只是会轻微影响潜在利润，但会显著减小委员会进行决策的范围。由委员会审查的申请者数量显著减少，这代表着，在这个分析中没有被明确评估的成本可能非常可观。

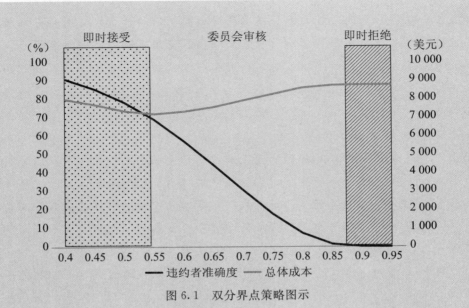

图 6.1 双分界点策略图示

如果将委员会的评估成本及金融机构具备对申请者进行决策的委员会的相应能力包括在分析中，评估策略可能会进一步被扭曲。在本例中，大概一半申请者将送到委员会决策，这看起来好像有点太多了，通常值范围应该介于 25%～35%。终归，这个决策不具统计性，但具商业性，取决于既定的商业目标和企业预算条件下模型的用户所想要遵循的策略是什么。

在本案例研究中，我们已经展示了如何进行分界点的调优及如何使用具有自我处置权的最简单的利润驱动测算指标：平均错误分类成本。使用这个测算指标，需要制定一些前提假设，其中最重要的是，在不同产品组合之间平均值将保持相对不变的事实。这个假设在一个变化并竞争的环境中看起来并不能得到保证，需要我们转向更为复杂的方法。一个通常的做法是，为了同时分析多个分界点并找到利润方面表现最佳的那个，需要对ROC 曲线进行调整。

6.2.3　基于 ROC 曲线的测算法

在第 2 章介绍过**接受者运行特征曲线下面积**（area under the receiver operating characteristic curve，AUC）的概念。这种测算方法源自 ROC 曲线，它由对测试集中观察对象的计算指标对（1-特异度、敏感度）构成，或者当存在很多分界点时对其进行的细分群。如图 6.2 所示，是第 2 章中所讨论过的 ROC 曲线示例。要注意，使用 ROC 曲线对分类模型的性能进行评估，相当于对一个大型的分界点集的性能进行刻画。很长时间以来，ROC 分析在商业分析中已经具备标准的模型评估方法。对分类模型评估的适当性分析，以及对可能缺点的判断和处理，都已经有对 ROC 曲线特征和表现的相应深入研究。Flach（2011）解释说，ROC 曲线可用于确定在分界范围的哪个区域一个分类器表现好过另一个分类器，在哪个区域一个分类器比随机表现更差。更重要的是，从本书的角度来看，其可用来确定一个分界点，在成本分布未知时，实现（预期）误差率或一些给定的错误分类成本最小化。

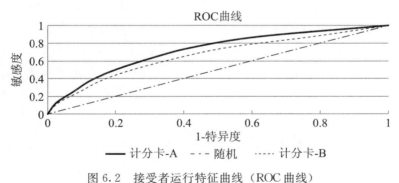

图 6.2　接受者运行特征曲线（ROC 曲线）

通常，ROC 曲线配合以曲线下面积，也可被解释为考虑了所有可能特异度的平均敏感度的 AUC 的分析。更正式的是，假设一个计分函数 $s(x) = p(1 \mid x)$，其对于阴性和阳性观察对象的累计分布 $F_0(s)$ 和 $F_1(s)$ 分别对应于密度 $f_0(s)$ 和 $f_1(s)$，于是 AUC 可被表示为

$$AUC = \int_{-\infty}^{\infty} [1 - F_1(s)] f_0(s) \mathrm{d}s$$

这就意味着，AUC 本质上认为所有的误差成本是相等的，这显然与利润敏感

性分析的目标相背离。AUC 的这个特征可能导致在现实世界中应用的问题。例如，在欺诈监测中，处于**排序底端**（也即，对于 1-特异度的值来说，ROC **曲线右边**接近 1，这反映的是交易模型的敏感度，其通过模型表现出欺诈的可能性极小）交易的模型表现可能其现实实用性和重要性都不大。事实上，这关联到在第 4 章和第 5 章中更早的讨论，在那里我们指出，在大多数商业应用中，对实体进行排序的目的是为了使一小部分具有高概率阳性（如具欺诈性）的实体能够被选择出来进行进一步处理（如欺诈调查）。因此，是处于**顶端部分**而不是具有较低概率阳性的处于底端的部分，更具现实重要性。处于**排序顶端**（即对于 1-特异度的值来说，ROC **曲线左边**接近 0）的模型性能需要对高分界得分（high cutoff score）的评估——事实上，是只针对高分界得分的评估，因为低分界得分只与排序底端的性能有关。

因此，已经有人提出对 ROC 和 AUC 曲线的修正，通过计算与这些特定应用更匹配的局部曲线，这使得能够将这些模型与 ROC 曲线和 AUC 有关的现实使用意义考虑进去（Dodd, Pepe, 2003；McClish, 1989）。这些修正版的 ROC 曲线，其缺点是有关 AUC 客观性的缺失。就所选定的分界点的所选定范围来说，其能将一些主观性包括进模型评估中。数据科学家执行模型时可能要确定分界值得分的相关范围，这直接关系到标签为阳性并选定为要做进一步处理的潜在实体所占的比例，介于 0.3～0.6。然而，另外一个数据科学家可能确定范围介于 0.2～0.7，如在有关模型的选择方面，就可能得到本质上不同的结论。因为范围是否合适，取决于商业应用及开发和实施模型的企业的确切特征，所以对有关分界得分合适范围确定并不存在现成可用的通用指导。

将 AUC 作为评估测算指标使用，还有另外一个关键问题，正如 Hand 所定义的（2009）：

AUC 相当于将错误分类成本对于成本占比的分布进行平均，而成本占比的分布取决于得分分布……"以及"……使用 AUC，相当于利用在不同分类器之间存在测算变化的装置对分类器性能进行测算。

选择最优分界值，从而计算得到综合损失，再从综合损失计算得到 AUC 测算指标是可能的。基于分类器所产生的混合得分，将损失最小化，就得到分界值。从更简单的角度来说，AUC 将对从分类器本身所得到的不同分布，来对比不同的分类器，所以可能给出并不一致的前后矛盾结果。当对不同测试集进行分类器对比时，这个问题尤其严重，因此现在普遍接受这种测算方法并不适用于这些环境的看法。

要解决这些问题，近些年有人提出了两种相关的测算方法，两种方法均是对支撑成本分布的得分分布用法的修正。这些测算方法都适用于二元分类问题，一个是 **H-测算法**（H-measure），另一个是**（预期）最大利润测算法** [（expected）maximum profit measure]。在下一部分，我们对两种方法进行详细研究。

1. H-测算法

H-测算法由 Hand 提出（2009），是在对分类模型评估中对成本的影响进行确切评测的首个基于 ROC 曲线的测算法。要得到 H-测算结果，我们从定义属于阳性类别（$y=1$）或阴性类别（$y=0$）的先验概率 π_1 或 π_0 开始，因此 $\pi_1 + \pi_0 = 1$。

得分为 $s(x)$，如果 $s(x)$ 等于或通过分类模型 $f(x)$ 估算得出观察对象 x 为阳性的概率 $p(1 \mid x)$，大于分界值 T，那么就可接受这个观察对象被分类为阳性，即如果 $s(x) > T$，那么 $\hat{y}=1$；相反，如果 $s(x) \leqslant T$，那么 $\hat{y}=0$，则被分类为阴性。对于这里的分析，新增加的一个输入是成本矩阵 $\boldsymbol{C}$，正如上一章所介绍过的。要简化 H-测算法的推导过程，我们要么采用简化后的成本矩阵，或假设正确分类不发生成本，得到 $\boldsymbol{C}(0,0) = \boldsymbol{C}(1,1) = 0$。为了标识方便，我们还会对错误分类成本采用以下缩写符号：$\boldsymbol{C}(1,0) = c_0$ 是对一个阴性类别观察对象错误分类的成本，$\boldsymbol{C}(0,1) = c_1$ 是对一个阳性类别观察对象错误分类的成本。从第 5 章，我们还记得要对 c_0 和 c_1 的值进行准确估计可能存在很大挑战，因为这些经常取决于复杂市场的相互作用或者取决于特定商业应用及模型运行所在的环境。但是，我们发现在大多数应用中，对于这些成本的分布情况是可以大致估算出来的。针对这个问题，在前面那章已经对一些方法进行过探讨。另外，从图形分析也可以得到成本分布情况，就像我们在下面案例研究中将要展示的。这里的做法是，为所观察到的成本配置一个参数分布。

对于不同的应用，H-测算法在成本分布的指定方面采用一码通用方法，而将在稍后部分讨论的无论是 MP 还是 EMP 测算法，在成本分布的指定方面都会更灵活一些。这也就表现出了 MP 和 EMP 测算法的优势，因为无论模型将在哪里运行，都有可能调整这些测算指标以准确地适应特定的商业环境。但是这也是一个劣势，因为它们需要将利润等式公式化，以符合应用。这很有可能是挑战。反之，H-测算法具有更用户友好的优势、更方便应用，但话说回来，在匹配真（ture）的成本分布方面灵活性不够，因此可能并不能完全适应具体的应用特征。这可能导致 H-测算结果不太准确或正确。

按照 Hand 的阐述（2009），对于一个分界值 T 来说，总体错误分类成本 Q 由以下函数提供：

$$Q(T; c_0, c_1) \triangleq c_0 \pi_0 [1 - F_0(T)] + c_1 \pi_1 F_1(T)$$

最优分界值，如将损失最小化的 T，则通过以下 c_0 和 c_1 的函数来确定：

$$T(c_0, c_1) \triangleq \arg_T \min \{ c_0 \pi_0 [1 - F_0(T)] + c_1 \pi_1 F_1(T) \}$$

因为最优分界值只取决于错误分类成本占比，正如上一章所讨论过的，所以将数对 (c_0, c_1) 转换成数对 (b, c) 就很方便，由 $b = c_0 + c_1$ 及 $c = \dfrac{c_1}{c_0 + c_1}$ 所确定，这样，我们就只有一个参数 c，它取决于成本所占比率并因此决定最优分界值。然后从最优分界值 T^* 的参数得到最小成本，可以简化为函数 c：

$$T^*(c) = \arg_T \min \{ (1 - c) \pi_0 [1 - F_0(T)] + c \pi_1 F_1(T) \}$$

对于任何分界值的总体错误分类成本，就可以写为

$$Q(T; b, c) \triangleq \{ (1 - c) \pi_0 [1 - F_0(T)] + c \pi_1 F_1(T) \} b$$

如果得分分布 $F_0(T)$ 和 $F_1(T)$ 是可微分的，那么对以上等式进行微分后我们可以得到满足等式的最优分界值 T^*：

$$(1 - c) \pi_0 f_0(T) = c \pi_1 f_1(T)$$

并且 $\dfrac{\mathrm{d}^2 Q}{\mathrm{d} t^2} > 0$。对于最优分界值要唯一来说，要确保得分分布为内凹型，是 H-测算法研发的第一步。ROC 曲线的内凹性已经表现为 AUC 分析的重要特性，如果曲线不具内凹性——因为通常情况下案例是根据经验来构建——那么结果 AUC 就不具向其他数据集的推广性（Flach，2011）。较对从经验性的 ROC 曲线得到的 AUC 值的使用来说，最好是考虑对 ROC 曲线的凸包[2]（convex hull）的使用，如下所述。

① $(1 - F_0(T), 1 - F_1(T))$，当 c 处于区间 $[0, 1]$ 时，对于一些 c 来说，所有 T 值满足 $\arg T' \min Q(T; b, c)$；如果 c 不是处于区间 $[0, 1]$，T 值不能使 T 成为最优分界值，并将损失 $Q(T; b, c)$ 最小化，这涉及 ROC 的非内凹的部分。

②对于 ROC 的这些非内凹的部分来说，凸包由点 $(1 - F_0(T_L), 1 - F_1(T_L))$ 和 $(1 - F_0(T_U), 1 - F_1(T_U))$ 区间的连接线上的点构成，由分界值 T_L 和 T_U 得到曲线上确定非凹型部分的边界的最高端点和最低端点。

图 6.3 所示为一个基于经验构建的非内凹性的 ROC 曲线的凸包示例。Provos 和 Fawcett（1999）及 Flach（2003）展示了凸包使用的好处。如果有一个点落在凸包上，那么由这个点所代表的分类器就在任何基础数据的分布假设下都将为最优。这使得通过对多个模型和测试集进行比较而实现最优。H-测算法即是对 ROV 曲线

的凸包进行计算，其为分段凹函数（piecewise concave function），因此可以得到分界值的唯一最优值。

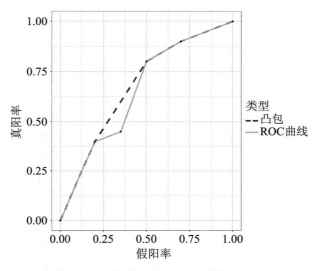

图 6.3　一个非内凹的 ROC 曲线的凸包

要得到 H-测算值的第二步，即下一步要确保最优分界值是唯一的，涉及要做出一个恰当的成本比率分布（cost ratio distribution）的有关假设。该假设在 H-测算中要明确做出，而不像在 AUC 测算中假设是隐性的。Hand（2009）证明了在 AUC 要使用到隐性的成本比率分布，其取决于得分分布，因此在不同分类器之间存在不同。这当然是荒谬的。H-测算法相反，其显性地采用错误分类成本占比的分布，由参数表示为 $c = \dfrac{c_1}{(c_0 + c_1)} = \left(1 + \dfrac{c_0}{c_1}\right)^{-1}$。因为错误分类成本 c_0 和 c_1 通常很难准确估算，或因为它们本身是随机的，所以 Hand（2009）提出采用对有关真实成本占比的不确定性进行描述的函数 $u(c)$。该函数即为概率密度函数（probability density function），用于计算 ROC 曲线的凸包的**预期**损失，如下：

$$L = \int Q[T(c); c] \cdot u(c)\,\mathrm{d}c \tag{1}$$

要得到 H-测算值的第三步也即最后一步是，对于参数 c 选择一个合适的分布，即选择错误分类成本的比率。为达此目的，鉴于其多功能性，Hand（2009）提出对 β 分布的使用。β 分布的函数形式等于：

$$h(x;\alpha,\beta)=\frac{\Gamma(\alpha+\beta)}{\Gamma(\alpha)\Gamma(\beta)}\,x^{\alpha-1}\,(1-x)^{\beta-1}$$

式中，α 和 β 为形状参数，$\Gamma(x)=\int_0^\infty x^{x-1}\,\mathrm{e}^{-x}\mathrm{d}x$，$\Gamma$ 函数是连续值的阶乘运算子的扩展。

β 分布可以采用很多种形状，因此可以适配很多种不同的分布。如图 6.4 所示，是对于参数 α 和 β 的变量值，β 函数的不同形状。一般来说，按照如下关系式，利用矩量法（method of moments）可以对这些参数进行估算，以匹配随机变量 x 的分布（这里是成本占比参数 c）：

$$\mu=\frac{\alpha}{\alpha+\beta}$$

$$\sigma^2=\frac{\alpha\beta}{(\alpha+\beta)^2(\alpha+\beta+1)}$$

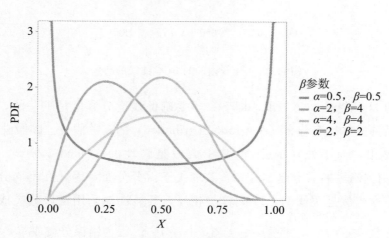

图 6.4　α 和 β 的不同参数值的不同 β 分布

通过用无偏估算值、样本均值和目标变量的样本方差代替 μ 和 σ^2 的值，解这个方程组，得到 α 和 β 的近似值，得到符合目标变量 x 的 β 分布的形状。另外，按照最大似然估计，可以得到 α 和 β 的参数值（Griffiths，1973；Paolino，2001；Smithson，Verkuilen，2006），这样提供的值更稳健。

事实上，Hand（2009）并不建议利用矩量法和最大似然估计得到参数 α 和 β 的值，而是通过对 α 和 β 设置代表阴性和阳性事件之间成本不平衡的不确定性的相应数值（有些主观地）而选定一个分布，这些事件或可以从数据中观察到，或预期在未来会发生。例如，选择 $\alpha=2$，$\beta=4$，得到预期 $1:3$ 的单峰分布（unimodal distribution），这对于 $c_1 > c_0$ 的案例来说，可以说是一个很好的拟合。类似地，还可以设定一个参数，当预计 $c_1 \approx c_0$ 时，或者当手头对于成本分布没有什么认知时，可做出 $\alpha=4$，$\beta=4$ 或者 $\alpha=2$，$\beta=2$ 的选择。图 6.4 是对 α 和 β 的值进行以上这些不同设置时的分布结果。

从利用 AUC 曲线（考虑到成本分布的隐性使用取决于分类器的得分分布）对分类器性能进行比较所已证明的主观性，转为对 $u(c)$ 分布进行选择所具有一定程度的挑战性和可能的主观性，支撑此转变的理由，是要制定透明且明确的基本假设，因此使得能对分类器之间进行正确的比较。虽然 AUC 测算将假定的成本结构隐藏在得分分布中，H-测算显然迫使数据科学家要做出有关成本分布 $u(c)$ 函数形式自觉有意识的选择。一旦分布得以选定，所有的在多个分类器之间及在数据集之间的比较应该就可以保持一致性了。

H-测算将分布 $u(c)$ 整合进最小损失的表达式的最终形式，即等式（1）所表达的 c 的函数式中。对 $u(c)$ 假定一个 β 分布，最大损失的估算也就成为可能，这发生在当 ROC 曲线是一条完美的直线时：

$$L_{\max} = \pi_0 \int_0^{\pi_1} (1-c) \cdot u(c)\,\mathrm{d}c + \pi_1 \int_{\pi_1}^1 c \cdot u(c)\,\mathrm{d}c \tag{2}$$

普通 H-测算法，正如等式（3）所定义的，就可以用 1 减去如等式（1）所表示的预期损失率和如等式（2）所表示的最大损失进行计算。因此，一个更高的 H-测算值表示更好性能，H=0，类似于 AUC=0.5，表示得到一个随意得分分布的随机模型的性能。

$$H = 1 - \frac{L}{L_{\max}} = 1 - \frac{\int Q[T(c);c] \cdot u(c)\,\mathrm{d}c}{\pi_0 \int_0^{\pi_1} (1-c) \cdot u(c)\,\mathrm{d}c + \pi_1 \int_{\pi_1}^1 c \cdot u(c)\,\mathrm{d}c} \tag{3}$$

案例研究

　　贯穿本章，我们详细讲述的案例研究，其使用的数据是在之前案例研究中介绍过的 MicroCredit 示例数据集。通过评估和对比基于这个数据集上开发的五个分类模型，我们将展示在本章介绍过的不同的性能测算方法的使用。我们还将展示如何对性能测算方法的参数进行估算，如 H-测算法中的参数 α

和 β。本案例将首先展示 AUC 测算法在利润驱动模型评估条件下具有的局限性。AUC 测算法的缺陷激发了更高级性能指标比 H-测算指标和最大利润测算指标的开发和运用，这将在接下来进行讨论。在本案例中采用的这些测算法，将表现出如何达成最佳模型的选定并具备利润最优的最佳含义。MicroCredit 数据集，以及对于基本性能测算和高级性能测算如何进行估算的部分代码，都可在本书的同步网站得到，可供读者实验。

案例涉及小额借贷商对将用以实施和运营的分类模型的选择。小额借贷商聘用咨询顾问，并提供 MicreCredit 数据集。顾问开发五个逻吉斯回归模型，利用包含 70％观察对象的随机训练集估算小额借贷申请者的违约概率。因为所有的模型涉及的部署成本相等，所以最终的选择就是对于未来的申请来说，考虑哪个表现最佳，对于性能的评估则是利用包含 30％观察对象的测试集。事实上，对于最佳如何进行定义，依照的是我们所采用的评估测算法。比较分类模型性能的首选和通常的方法是，对 ROC 曲线进行分析，图 6.5 所示是对所有五个模型所刻画的 ROC 曲线。

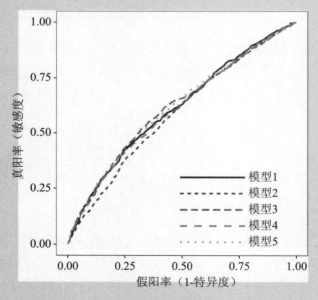

图 6.5　五个信用风险模型的 ROC 曲线

从图 6.5 我们可以立马看到曲线横贯 x 轴上的假阳性率的完整范围。在整个范围中，没有曲线在全部其他曲线之上，即没有曲线表示具备随机主导性（stochastic dominance）。因此，没有模型能够就此下结论完全优于其他模型，因此我们不得不继续我们的分析以得到一个最终方案。

在这时，我们可以计算基本性能指标，以决定选择哪个模型。表 6.4 所示为两个这样的性能指标，它们通常在实践中用于实现这一目标：当分界值 $T=0.50$ 时的准确度，以及 AUC。根据表 6.4 中所报告的准确度和 AUC，我们倾向于选择模型 5，其无论准确度还是 AUC 均最高。模型 5 的准确度是 70.8%，与在准确度排第二的模型 3 和模型 4 相比，后者准确度是 70.6%。模型 5 的 AUC 是 0.620，与次优的模型 3 相比，后者 AUC 为 0.618。

表 6.4　五个候选模型的准确度和 AUC

模型	准确度（%）	AUC
模型 1	70.3	0.614
模型 2	70.1	0.591
模型 3	70.6	0.618
模型 4	70.6	0.608
模型 5	70.8	0.620

但是，从利润方面来看，选择模型 5 却是次优决策。为此，从 ROC 曲线还出现一个警告信号。在贯穿整个假阳性率的范围内，每条曲线与其他任何一条都交叉了很多次。这就意味着，没有一个模型一直都是最佳模型，而不同模型可能代表最佳选择，这取决于分界点及所涉及的成本分布。模型 5 作为次优模型的第一个证据是通过计算五个模型 ROC 曲线的凸包 AUC 而得到结论，如表 6.5 所示。观察表 6.5，利用凸包 AUC 对五个模型的性能进行分析，我们看到模型 3 而不是模型 5 成为性能最佳模型。[3]

表 6.5　五个候选模型 AUC 和凸包 AUC

模型	AUC	凸包 AUC
模型 1	0.614	0.622
模型 2	0.591	0.599
模型 3	0.618	0.627
模型 4	0.608	0.615
模型 5	0.620	0.625

本章讨论的凸包 AUC 表示的是一个模型对于全部人群分布的真正模型性能，其较 AUC 更稳健和更准确。但是，凸包 AUC 仍然忽视了真正的成本分布。考虑到在本商业情境中，成本更起作用，我们就可以转向采用 H-测算以实现一个利润最优的模型选择。

在本案例研究中，我们在 hmeasure R 软件包中执行计算 H-测算，这并不需要用户对 β 分布的 α 和 β 的参数值进行指定（当然，如果喜欢，也还是可以自行指定的），只需要用户对严重性比率（severity ratio），即上面定义过的 SR 提供一个数值：

$$SR = \frac{c}{1-c} = \frac{c_1}{c_0}$$

对于成本占比的预期值或平均值，严重性比率提供了相应指征。然后与分布 $u(c)$ 相拟合，类似图 6.4 所示的当 $\alpha = 2$，$\beta = 4$ 时得到的单峰分布。在默认情况下，程序设置 $\alpha = 2$，然后计算 β 值，这样所拟合的分布模式就反映出如严重性比率所表示的预期的平均成本占比。要想了解基础方法更详细的信息，可以查找相应的打包文档（Anagnostopoulos，Hand，2012）。依照之前案例研究对于分界点调整的探讨，严重性比率可以基于以下有关所涉及错误分类成本的假设进行估算：

- 将一个良好申请者错误分类成不良申请者的成本 c_0，之前已经将其定义为一个贷款的全部回报，即等于贷款的投资回报率乘以贷款额度。贷款的 ROI 等于所支付的全部利息，并考虑到金额的时间价值及贷款数额，而有一个适当贴现率进行贴现。根据 Bravo 等（2013），在本案例研究中 ROI 的平均值采用的是等于贷款额度的 26.44%。金融机构一般都知道贷款的平均 ROI，并通常作为一家组织的平衡计分卡的构成部分或作为资产经济估算构成部分进行计算。因为 H-测算考虑的是平均错误分类成本而不是观察对象依赖型错误分类成本，我们利用 26.44% 的平均 ROI 对训练集观察对象进行平均回报的估算。乘以平均贷款额度，我们可以得到对于一个良好申请者错误分类的平均成本，每单贷款 $c_0 = 290.10$ 欧元[4]。

■ 将不良申请者错误分类为良好申请者的成本 c_1，其造成的金额损失等于既定的违约损失，即在采取催款行动之后的贷款损失百分比乘以违约敞口，即当违约发生时借款者所欠的还贷额度。MicroCredit 数据集对于不良观察对象提供了 LGD 值和 EAD 值（因为良好申请者没有违约，所以没有 LGD 值和 EAD 值），使得我们可以基于训练集之上对不良申请者的错误分类计算平均成本，为平均 LGD 和平均 EAD 的乘积。结果是每笔贷款 $c_1 = 82.5$ 欧元。

这样得到以下成本矩阵：

$$C = \begin{bmatrix} 0 & c_1 \\ c_0 & 0 \end{bmatrix} = \begin{bmatrix} 0 & LGD \cdot EAD \\ ROI \cdot A & 0 \end{bmatrix} = \begin{bmatrix} 0 & 82.5 \\ 290.10 & 0 \end{bmatrix}$$

利用这些平均错误分类成本，我们可以计算严重性比率如下：

$$SR = \frac{c_1}{c_0} = \frac{82.50}{290.10} = 0.2844$$

严重性比率因此又使得我们可以对五个候选模型计算 H-测算值，如表 6.6 所示。正如可以从表 6.6 所看到的，模型 3 得到 H-测算最高值。就利润指标作为模型开发和实施的主要目标来说，对于应该选择模型 3，现在又有了一个更可靠的指征。

表 6.6　五个候选模型的 H-测算值，所以选择模型 3 而不是模型 5

模型	H-测算值
模型 1	0.064
模型 2	0.043
模型 3	0.071
模型 4	0.060
模型 5	0.068

2. 最大利润测算法

另外两个以利润驱动方式对分类模型进行评估的测算指标，可以通过最大利润架构（maximum profit framework）来加以表现。第一个扩展了 H-测算的测算法，是由 Verbeke 等提出的最大利润测算法（maximum profit measure，MP）（2012）。MP 测算法使得我们可以考虑更复杂然而更具确定性的成本和利润结构。第二个指标，预期最大利润测算法（expected maximum profit measure，EMP），将在本部分进行探讨，其将 MP 架构拓展到具备随机成本和利润架构的问题。

两种方法都可以根据任何商业实际问题进行调整，并且随着更高级的企业组织因为拥有更成熟的分析技能而有所不同。在公司的成本利润架构中，开发更深层次洞察的需求，以适应这些针对其所应用于特定商业问题的指标。对于之前并没有开展过这种深奥分析或者其本身对分类模型评估具备的洞察有限的数据科学家来说，这可能令人气恼。幸运的是，对于这些通用性的测算法已有标准定义，对客户流失预测模型和信用得分的评估都已经做好准备，且现成可用。

3. MP 测算法

最大利润架构概念由 Verbeke 等（2012）提出并由 Verbraken 等（2013）加以扩展，它考虑了由错误和正确分类分别导致的成本和利润，以及为达到分类模型的未来预期利润的精准测算的相关成本和利润的不确定因素，因此其 H-测算法提供了更大的灵活性。

按照之前所采用的正式的符号约定，MP 测算法的开展基于观察对象集 n，阴性类别观察对象（如非欺诈者、良好付款人、非流失者）所占比例 π_0，阳性类别观察对象（如欺诈者、违约者、流失者）所占比例 π_1，以及通过阳性类别条件概率低于分界值 T，推导出分别描述阴性观察对象和阳性观察对象所占比例的累计分布 $F_0(T)$ 和 $F_1(T)$ 的模型。要注意，所占比例 π_0 和 π_1 是分别属于阴性类别和阳性类别的先验类别概率。这可以得到之前在第 2 章已经定义过的混淆矩阵，如表 6.7 所示。混淆矩阵所表示的是，通过分类模型在分界值 T 的函数中，阴性类别和阳性类别被正确和错误分类的观察对象的数量（即真实阴性、真实阳性、假阴性和假阳性分别的数量）。

表 6.7 二元分类问题的混淆矩阵

	真实阴性	真实阳性
预测阴性	$\pi_0 F_0(T)n$	$\pi_0[1-F_0(T)]n$
预测阳性	$\pi_1 F_1(T)n$	$\pi_1[1-F_1(T)]n$

要对 MP 测算法进行详细阐述，对所采用的有关成本矩阵元素的正负号和简化符号约定如下：

$$C = \begin{bmatrix} C(0,0) & C(0,1) \\ C(1,0) & C(1,1) \end{bmatrix} = \begin{bmatrix} -b_0 & c_1 \\ c_0 & -b_1 \end{bmatrix}$$

收益 b_0 和 b_1 分别从对阴性和阳性观察对象的正确判断而得到，而错误分类成本 c_0 和 c_1 则分别来自将阴性观察对象错误分类为阳性观察对象及相反。b_0、c_0、b_1 和 c_1 的值均为正，否则除非有明确说明。要注意，b_0 和 b_1 与成本矩阵中的对等元素 $C(0,0)$ 和 $C(1,1)$ 分别具有相反的（正负）符号。要记住，我们在上一章已经解释过，成本矩阵中的元素被解释为成本，作为收益实际上就是负成本。

与之前的方法相反，MP 架构明确利用与实体正确分类相关的收益，立足商业视角，将分类模型作为总体收益和总体成本之间的净差异，而不是将损失作为总体成本来执行模型，从而对利润进行计算。利润可以首先通过将表 6.7 所提供的混淆矩阵中的元素与成本－收益矩阵中的相应元素相乘，然后对结果值进行汇总计算得到。除以观察对象数量 n，然后得到分类分界值 T 的函数中每个观察对象的平均分类利润 P：

$$P(T;b_0,c_0,b_1,c_1) = b_0\,\pi_0 F_0(T) + b_1\,\pi_1[1 - F_1(T)]$$
$$- c_0\,\pi_0[1 - F_0(T)] - c_1\,\pi_1 F_1(T)$$
$$= (b_0 + c_0)\pi_0 F_0(T) - (b_1 + c_1)\pi_1 F_1(T)b_1\,\pi_1 - c_0\,\pi_0$$

在分界值 T 的函数条件下，将平均利润最大化得到 MP 测算法（Verbeke，et al.，2012）的定义如下：

$$MP = \max_{\forall T} P(T;b_0,c_0,b_1,c_1) = P(T^*;b_0,c_0,b_1,c_1)$$

式中，T 为给定成本－利润分布条件下的最优分界值：

$$T^* = \arg\max_{\forall T} P(T;b_0,c_0,b_1,c_1)$$

最优分界值 T 满足平均利润最大化的一阶条件：

$$\frac{f_0(T)}{f_1(T)} = \frac{\pi_1(b_1 + c_1)}{\pi_0(b_0 + c_0)} = \frac{\pi_1}{\pi_0}\theta$$

式中，$\theta = \dfrac{(b_1 + c_1)}{b_0 + c_0}$，是为了方便而引入的符号，按照之前定义的成本比率，称为**成本－利润比率**。

成本－利润比率反映的是最优分界值和取决于成本和利润比率关系的最大利润，因此其值不依赖于测算尺度，也符合之前对成本比率的探讨。因为所有的参数 (b_0,c_0,b_1,c_1) 值都为正，所以 θ 的数值范围就是 $0 \sim +\infty$。

要注意，一阶条件等式的右手边只包含先验类别概率和成本及利润参数；而等式的左边则是基于分界值 T 进行评估的概率密度函数的所占比率，对应于 ROC 曲线的一定的斜率。因此，θ 从 0 变化到 ∞，对应于在 ROC 曲线之上的平移

（Verbraken，et al.，2013）。在本案例中，清晰定义最优分界值，以及应该选作进一步处理以使利润最大化的实体对象所占最优比例的计算如下：

$$\bar{\eta}_{MP} = 1 - [\pi_0 F_0(T^*) + \pi_1 F_1(T^*)]$$

当成本和利润是已知和确定的，且从时间来看具稳定性时，MP 测算表示的是更灵活、更具解释性及业务导向性的，备选的分类模型的利润敏感性评估方案。如果在分类模型的执行中，有关确切的成本和利润结果并不具确定性，对非确定性有所认知，并将成本和利润的内在的随机性作为考虑因素，才是有意义的。因此，在对预期最大利润进行估算时，通过考虑成本和利润的分布等因素，EMP 方法架构对 MP 方法进行了扩展。

4. EMP 测算法

Verbeke 等（2012）认为 MP 测算法本身就可以用于决策。当成本—利润参数跨越所有不同分界点 T 及不同时间范围时都是稳定的，在这种情况下，确实可将 MP 测算法用来决策。在一些商业应用中，可能出现这样的情况，如保险的债券组合，每单违约贷款都存在一个超量的固定成本，而利润则是一个固定数额。但是，在很多情况下，成本和利润是不确定的。为处理这种情况，Verbraken 等（2013）创立了预期最大利润（expected maximum profit，EMP）的概念。

EMP 测算法假设成本和收益参数 b_0, c_0, b_1 和 c_1 不是确切已知的，或者可能随着联合概率分布 $h(b_0, c_0, b_1, c_1)$ 而变化。在这种情况下，就可以将测算值作为 MP 测算法的预期值进行估算，如以下等式所表示：

$$EMP = \int_{b_0} \int_{c_0} \int_{b_1} \int_{c_1} P[T^*(\theta); b_0, c_0, b_1, c_1] \cdot h(b_0, c_0, b_1, c_1) \, db_0 \, dc_0 \, db_1 \, dc_1$$

创立者展示了 EMP 对应的是 ROC 曲线范围内的积分，这表示一家公司通过对分类模型的应用而能达到的一个更高的利润上限。再次强调，要对分类为阳性且将选定作为进一步处理对象的实体估算其最优比例 $\bar{\eta}_{EMP}$（例如，一定比例的客户被分类为流失者且作为客户保持活动中的目标对象，或一定比例的信用卡交易被标识为可疑交易需要做进一步调查），也就成为可能：

$$\bar{\eta}_{EMP} = \int_{b_0} \int_{c_0} \int_{b_1} \{\pi_0 [1 - F_0(T^*)] + \pi_1 [1 - F_1(T^*)]\} \cdot h(b_0, c_0, b_1, c_1) \, db_0 \, dc_0 \, db_1 \, dc_1$$

对于成本和利润参数 $h(b_0, c_0, b_1, c_1)$ 的联合概率密度函数（joint probability density function），EMP 测算法需要选择一个函数形式。Verbraken 等（2013）提出了一种用来评估客户流失预测模型的函数形式，而 Verbraken 等（2014）则将这种函数形式用于信用评分进行了估算。下一部分我们会展示最终的 EMP 测算结果，并通过对 MicroCredit 案例研究的进一步拓展，展示 EMP 测算法如何用于信用评分。

5. 用于客户流失预测的 MP 和 EMP 测算法

客户流失预测，正如在第 3 章所探讨过的，是分析在营销中广为人知的应用之一。Verbeke 等（2011）确定了用于客户流失预测的模型，其目标意在监测在一个给定时间窗口中具有高可能性离开的客户。其作用是毋庸置疑的，正如在第 3 章中所讨论到的，要吸引新客户相对于现有客户的保持来说，要昂贵得多。Neslin 等（2006）认为，使用一个低准确率的模型而导致错误处置流失预测的成本额度可能达到成千上万美元，因此得出结论，实战者应该总是不断寻求更好的方法。

一个直接的改善方法可能是，将成本和利润法整合进模型选择阶段，正如 Verbraken 等（2013）和 Verbraken 等（2014）所提出的。在这两份公开发表的文章中，分别对 MP 和 EMP 测算法进行了调整，以适用于客户流失预测问题，并对客户流失管理的成本—利润结构进行了考虑。

在 Neslin 等（2006）中所描述的客户流失管理流程如图 6.6 所示。在一个普通的公司，流失管理是一项常规（如每月进行的）工作，现有客户群中的 n 个客户被细分为即将流失客户群组和非流失客户群组。这些客户就要被包括在其目标明确为维系他们的客户保持活动中，接触成本为 f，运作活动的固定管理成本为 A。另外，向所选定的客户提供挽留的相应激励（如在客户的移动套餐方案上提供 12 个月的折扣），如果客户能够被有效挽留，对于企业来说，这个成本为 d。处于非流失客户细分群（所占比例为 $1-\eta$）的客户不作为目标定位，也不对其提供激励，所以对公司来说不涉及相应直接成本。

本质来说，在营销活动开展之前，存在两群客户：所占比例为 π_0 的客户没有离开公司的意愿，此即为真正的非流失客户；还有所占比例为 $\pi_1 = 1 - \pi_0$ 的客户有离开公司的意愿，即真正的即将流失客户。这么两个原本的客户群体并不会与由客户流失预测模型进行预测的流失客户群和非流失客户群完全吻合。因为模型不可能 100％准确，在所预测流失客户群和非流失客户群中都有真正的即将流失客户和非流失客户。

预测为非流失客户细分群中的客户不会作为目标定位，因此不会改变他们的保持率。而在这个细分群中的真正的即将流失客户就因为没有提供任何保持忠诚度的激励而会流失，而真正的非流失客户则不会流失。另外，已经被包括进营销活动的客户，其行为可能因为与他们的接触，以及因为所提供的激励而改变，但也不一定就是如此：

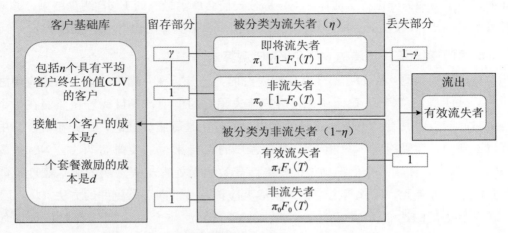

图 6.6 客户流失管理流程［改绘自 Verbraken 等（2013）］

- 接收到优惠的非流失客户如果接受了优惠，就不会流失（就像在第 4 章所定义的，这些是**必买无疑者**）。除了接触成本 f 之外，假设所提供的对所有客户都起作用的激励，其相关成本为 d。

- 然而，接收到优惠的流失客户没有接受优惠。通常假设真正的即将流失客户只有一定比例 γ 的客户接受了优惠，所以不会流失（这些就是**可被说服者**，参见第 4 章）；而剩余的 $1-\gamma$ 比例的客户拒绝了优惠，并因此流失（这些就是**必失无疑者**，参见第 4 章）。

在这种情况下，我们认为如在第 4 章所探讨的，那些对于营销活动采取相反响应行动的**免被打扰者**并不存在，如那些在营销活动中被目标定位因此流失的非流失客户。这类客户可能有力地代表着流失建模中存在的重要问题，尤其是当所制定的优惠本身并不具吸引力时。但是，通常条件下，一般认为**免被打扰者**在客户流失预测中所占比例很小，这使得我们可以假设**免被打扰者**占比为 0，以简化问题。

考虑到每个客户对于公司来说都代表着一个平均 $CLV = \sum\limits_{i}^{n} \dfrac{CLV_i}{n}$，对于公司来说，开展一次客户保持活动的全部利润就可计算如下：

$$利润 = n\eta\{[\gamma CLV + d(1-\gamma)]\pi_1\lambda - d - f\} - A$$

λ 值对应提升系数（lift coefficient）（见第 2 章），在对 MP 和 EMP 的规范确定参数时很关键。假定一个可以生成得分分布 $F_0(T)$ 和 $F_1(T)$ 的预测模型，其提升度取决于用对客户进行细分的分界值 T，因此其定义为，在预测流失客户细分群中的流失率及在整体客户群中的总体流失率：

$$\lambda(T) = \frac{1 - F_1(T)}{\eta(T)}$$

而

$$\eta(T) = 1 - \left[\pi_0 F_0(T) + \pi_1 F_1(T)\right]$$

要将上述利润公式调整为最大利润架构，我们假设与可变成本相比管理成本很小以至于可以忽略不计（$A = 0$）。为标示方便，介绍两个无量纲参数 $\delta = \dfrac{d}{CLV}$ 和 $\emptyset = \dfrac{f}{CLV}$，对于客户流失分类器的平均分类利润，对于客户流失分类器得到以下等式计算平均分类利润 P^{CCP}：

$$P^{CCP}(T; \gamma, CLV, \delta, \emptyset) = CLV(\delta + \emptyset) \cdot \pi_0 F_0(T) - \{CLV[\gamma(1 - \delta) - \emptyset]\} \cdot \pi_1 F_1(T)$$
$$+ \{CLV[\gamma(1 - \delta) - \emptyset]\} \cdot \pi_1 - CLV(\delta + \emptyset) \cdot \pi_0$$

通过以下有关成本和利润的参数定义，该等式与之前定义的平均分类利润 P 的通用定义相匹配：

$$b_1 = CLV[\gamma(1 - \delta) - \emptyset]$$
$$c_0 = CLV(\delta + \emptyset)$$

要注意的是，因为客户保持活动的利润将由预测流失细分群客户相关的成本和利润来决定，如果我们与完全不开展营销活动的基准条件相比，在本案例中的 b_1 和 c_0 等于 0。从活动开展也即所预测的非流失细分客户群中，不存在成本和利润。这样，就确定了对客户流失预测模型进行评估的最大利润测算值（Verbeke，et al.，2012）：

$$MP^{CCP} = \max_{\forall T} P^{CCP}(T; \gamma, CLV, \delta, \emptyset)$$

MP 测算法基于在最优分界值时的性能评估概念，而不是像工业界及学术文献上所经常使用的，选择一个随意的分界值并对在此分界值上的提升度进行的报告（如前面十分位上的提升）。从前面的等式，我们可以用如下方法估算出要接触的客户的最优比例。首先，我们找到最优分界点，其等于使总体客户群中每个客户平均利润最大的分界值：

$$T^* = \arg\max_T P^{CCP}(T; \gamma, CLV, \delta, \emptyset)$$

这就可以使我们计算在客户保持活动中要进行目标定位的最优客户占比，其等于：

$$\overline{\eta}_{MP}^{CCP} = 1 - \left[\pi_0 F_0(T^*) + \pi_1 F_1(T^*)\right]$$

如果成本和利润参数不确定，我们依然可以通过利用 EMP 测算法应用（成本利润）架构。Verbraken 等（2013）认为，接触成本 f 和激励成本 d 都是可以被可靠估算的，因为其源自客户保持活动设计及客户终生价值（参见第 3 章）。但是，接受优惠的客户比例数 γ 就更加不确定。因此，反映客户保持率价值不确定性的分布 $h(\gamma)$ 是可以估算出来的，并可从平均分类利润等式中得到预期最大利润，如下：

$$EMP^{CCP} = \int_{\gamma} P^{CCP}[T(\gamma);\gamma,CLV,\delta,\varnothing]h(\gamma)\mathrm{d}\gamma$$

式中，$T(\gamma)$ 为对于既定 γ 来说的最优分界值；$h(\gamma)$ 为反映参数 γ 其真实值不确定性的概率密度函数。

分布的函数形式 $h(\gamma)$ 有待探讨，但是按照 H-测算法，Verbraken 等（2013）认为，β 分布很适合用于这种情况中。参数 α 和 β 由专家确定，以反映客户保持率 γ 的预期值（μ），以及利用矩量法对这个估算值计算出的不确定性（σ^2）。

6. 信用计分的 EMP 测算法

要对信用计分的案例应用通用 EMP 架构，不得不调整决定最优分界值的条件。这需要指定参数 b_0，c_0，b_1 和 c_1，以及概率分布 $h(b_0,c_0,b_1,c_1)$。按照 Bravo 等（2013）创建的方法论，即确定这些参数。要注意的是，与客户流失预测情况类似，我们通过与用以接受所有申请的基准条件进行比较。因此，在将观察对象分类为阴性并不涉及收益或成本时，这就意味着如果良好就可以接受申请。因此，b_0 和 c_1 等于 0。支撑信用计分的 EMP 测算法的利润公式，只需考虑对借贷者标以不良（客户）其正确或不正确所分别对应的平均收益和成本。b_1 和 c_0 都被表示为相对债务额度 A 的相对值。因此，利润就以每个单位债务额度来表示，这使利用概率密度函数的拟合来表达这些参数的不确定性更方便。事实上，之前在 MicroCredit 案例中，我们已经定义 b_1 和 c_0 如下：

- 对于一个违约者的正确判断的收益 b_1，对应于违约带来的损失，等于违约时敞口的未偿还部分，即 $LGD \cdot EAD$。然后用损失除以债务额度 A，就得到相对于债务额度的损失占比 λ：

$$b_1 = \frac{LGD \cdot EAD}{A} = \lambda$$

要注意 LGD 和损失占比之间的差别，分别表示相对于违约敞口的损失和相对于债务额度的损失。损失占比的分布具有不确定性。类似 LGD，可以假设遵循分别对应 0% 损失率和 100% 损失率概率的两点（two point-masses）p_0 和 p_1 的三部分分布（three-part distribution）。在下面案例研究中的图 6.7 展示了这种函数形式。

分布的其余部分可被假设为可以表示为如下的密度在区间（0,1）的相应均匀分布：

$$h(\lambda) = 1 - p_0 - p_1$$

- 将非违约者错误分类为违约者的成本 c_0 等于债务的投资回报，这里的投资额等于债务额度 A。可能有人认为，与 LGD 相反，利润率变化非常小，所以参数 c_0 可以认为是常量。在现实应用中，可将产品组合的平均值用于对数值的估算，就像本章之前探讨的分界点调整案例中所展示的一样。

这可以得到以下包含 ROI 和 λ 平均值的成本矩阵：

$$\boldsymbol{C} = \begin{bmatrix} -b_0 & c_1 \\ c_0 & -b_1 \end{bmatrix} = \begin{bmatrix} 0 & 0 \\ ROI & \lambda \end{bmatrix}$$

要注意，就像在上一章所解释过的，该成本矩阵可以简化成等值成本矩阵：

$$\boldsymbol{C} = \begin{bmatrix} 0 & c_1 + b_1 \\ c_0 + b_0 & 0 \end{bmatrix} = \begin{bmatrix} 0 & \lambda \\ ROI & 0 \end{bmatrix}$$

这种方法之前在 MicroCredit 案例研究中已经被采用，将 ROI 和 λ 都乘以平均贷款额度得到平均错误分类成本。

因为信用评估是贷款发放流程的强制性构成部分，这就涉及对于全部申请来说申请评估的固定成本。依照以下假设，信用计分的 EMP 测算指标可表示如下：

$$EMP^{CS} = \int_0^1 P[T(\theta); \lambda, ROI] \cdot h(\lambda) \, d\lambda$$

其中

$$P(T; \lambda, ROI) = \lambda \cdot \pi_1 [1 - F_1(T)] - ROI \cdot \pi_0 [1 - F_0(T)]$$

并且 $\theta = \lambda / ROI$（因为 b_0 和 c_1 为 0）。上述利润公式中的因子 $\lambda \cdot \pi_1 [1 - F_1(T)]$ 表示的是真实阳性的全部收益，即已经被监测到的真实的不良客户；而 $- ROI \cdot \pi_0 [1 - F_0(T)]$ 部分则代表假阳性，即良好客户被判定为不良客户而因此被拒绝的全部成本。

在利润表需要体现严密监控之下业务线相关的不确定性的极具挑战性的条件下，EMP 测算法表现为一种有意义的分类模型评估备选方法。Verbraken 等（2013，2014）的文章提供了客户流失预测和信用计分应用的相关有效方法。考虑到支撑利润架构所需的知识，EMP 测算法也可以拓展到其他情况中。

7. 执行

H-测算法已经有现成可用的几种执行工具，如已经用于 MicroCredit 案例研究中的 R 软件包 *hmeasure*（Anagnostopoulos，Hand，2012），它也可以支撑计算 AUC、凸包 AUC 及一些标准性能测算指标。对于客户流失预测模型评估和信用计分模型的 MP 和 EMP 测算工具，通过软件包管理人员 CRAN 或本书的同步网站，可以免费通过开源的 R 软件包 EMP 获取。

案例研究

　　我们再次展示 EMP 测算法在信用计分中的应用，继续 MicroCredit 这个案例的研究。在之前的分析中，凸包 AUC 和 H-测算法都没有考虑利润分布或者使利润最大化的分界点。这里是 EMP 测算所能提供最后一条信息的地方。对于 EMP 测算法的信用计分版本，我们需要对参数 p_0 和 p_1，即对观察对象在 LGD＝0％ 和 LGD＝100％ 两处所占比例进行估算。我们可以研究 LGD 变量分布的直方图，得到对于分布的看法。

　　如图 6.7 所示的 LGD 变量分布，从直方图和数据表都可以看到，大多数观察对象落在 0～0.1 或 0.9～1 两个组，而 LGD 在 0.1～0.9 的分布遵循的是准均匀分布（quasi-uniform distribution）。由 EMP 为信用计分所提供的函数形式拟合出这个形状。这当然不是偶然的，这种函数形式看起来对这个问题拟合得很好。一些 LGD 分布的示例，很多具有这种形状，这在 Loterman 等（2012）中可以看到。我们现在可以确定 EMP 分布的 LGD 参数如下：$p_0 ＝ 0.72$ 和 $p_1 ＝ 0.10$。利用这些参数计算 EMP，得到 EMP 值以及可选择的最优比例，如表 6.8 所示。

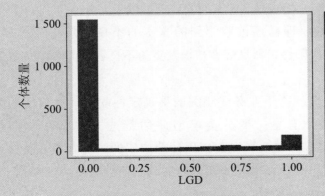

分组	百分比（%）
0.0～0.1	72
0.1～0.2	2
0.2～0.3	1
0.3～0.4	2
0.4～0.5	8
0.5～0.6	2
0.6～0.7	3
0.7～0.8	3
0.8～0.9	2
0.9～1.0	10

图 6.7　LGD 直方图和每个得分组观察对象占比

表 6.8 EMP 和每个模型的选定比例

模型	EMP	占比 η
模型 1	0.017 4	0.141
模型 2	0.016 6	0.158
模型 3	0.017 4	0.146
模型 4	0.017 0	0.155
模型 5	0.017 3	0.141

从表 6.8 我们可以看到以下 EMP 测算指标，模型 3 再次超过模型 5 而被选中。现在，立足盈利能力角度，我们很确定模型 3 是最优选择。另外，测算指标建议我们拒绝全部申请人数的 14.6%。我们可以在这些条件下使用独立测试集应用模型，并对依照这个策略所得到的全部收益和损失因此达到的全部利润进行估算，如表 6.9 所示。正如从这张表中所能看到的，模型 3 生成的利润较次优模型（即模型 5）超出几乎 5% 之多。

表 6.9 基于测试集的收益、成本和利润，模型 3 表现出了更佳性能，符合预期

模型	收益（欧元）	成本（欧元）	利润（欧元）
模型 3	571.061	−111.560	459.501
模型 5	555.190	−127.431	427.759

在这个案例研究中，我们已经明确展示出，当错误分类成本不平衡时，只是通过 AUC 测算来支撑对备选模型的选择的局限性。还有，我们也已经展示出采用最近研发出的基于利润的测算法的用法和好处。

一个重要结论是，对于利润驱动的商业分析模型来说，关键是对于情势的判断，什么时候用 AUC 曲线的凸包、成本驱动或利润驱动等测算法，而不是使用标准 AUC 测算法进行分类模型的评估和选择。这类情形通常如下：

■ 当分类问题涉及每个类别的成本和利润分布不平衡时；
■ 当对模型的 ROC 曲线进行比较存在相交时，如不存在一个模型对其他模型随机占优的情况；
■ 当需要跨不同测试集才能开展比较时。

在所有这些情形下，要对选择哪个分类模型且哪个分类模型才能高效执行进行利润最优决策时，应该选择使用 H-测算法或再加 MP 或 EMP 测算法，而不是选择凸包 AUC。另外，MP 和/或 EMP 测算法的使用为最优分界值和要选择个体所占最优比例提供了具体指标。

6.2.4　利用观察对象依赖型成本法进行利润驱动评估

Fawcett（2006a）研究了根据真实成本结构及类别分布的不同不平衡程度的不同变量条件和应用情况下，ROC 曲线使用的优势和局限性（参见第 5 章）。另外，Fawcett（2006b）分析了 ROC 曲线在对于不同观察对象来说成本矩阵是可变的（即在上一章中所探讨的成本矩阵就具有观察对象依赖性）应用中的使用。

观察对象依赖型成本矩阵由其所在商业环境自然产生。例如，在 MicroCredit 案例研究中，目前我们主要使用的是类别依赖型成本矩阵，而事实上成本矩阵具有观察对象依赖性，正如在分界点调优案例研究中所讲到的。依照之前的讨论，表 6.10 所示为可用的观察对象依赖型成本矩阵，针对贷款 i 所提供的具体贷款分类成本，按照 Verbraken 等（2014）所说，包括贷款额度 A_i、违约敞口 EAD_i、给定违约损失 LGD_i 及投资回报 ROI_i。在 MicroCredit 案例研究中，目前所展示的分析计算的是观察对象依赖型成本矩阵中对于值的分布的平均（the average over the distribution of the values）。Fawcett（2006b）提出了一个与观察对象依赖型成本矩阵的平均相比更完善的方法，以得到类别依赖型成本矩阵。所提出的方法拓展了 ROC 曲线的分析，因此被称为 ROCIV，是对于实时变动成本（instance-varying costs）的 ROC 的缩写。

表 6.10　信用评分的观察对象依赖成本矩阵

	真实良好	真实不良
预测良好	0	$LGD_i \cdot EAD_i$
预测不良	$ROI_i \cdot A_i$	0

ROCIV 分析中的第一步是将表 6.10 中的成本矩阵转化成，对分类模型所采用的成本或利润与基线模型或基线条件进行比较的矩阵。要记住，在对客户流失预测和信用计分模型评估的 MP 和 EMP 测算法的成本和利润参数进行指定中，我们也是与基线条件——在客户流失预测中的基线条件是不开展任何客户保持活动（所有客户都被预测为非流失者），在信用计分中的基线条件定义为所有申请者都被接受（所有申请者都预测为良好）——进行比较。基线模型在这里通常被定义为，将所有观察对象都分类为阴性的模型。

正式起见，并且为了与本书其他地方所采用的约定保持一致，我们定义阳性类别观察对象目标变量的值为 1（$y=1$），阴性类别观察对象的值为 0（$y=0$）。而对

于每一个观察对象 i 来说，其成本矩阵 C_i 具有如下元素 $C_i(\hat{y}, y)$：

$$C_i = \begin{bmatrix} C_i(0,0) & C_i(0,1) \\ C_i(1,0) & C_i(1,1) \end{bmatrix}$$

然后，用于 ROCIV 分析的转换矩阵 C_i^*，对于每个观察对象来说，通过将第一行和第二行减去第一行而得到。另外，在 Fawcett（2006b）中，元素 $C_i^*(1,1)$ 的符号是相反的，其解释是，通过将成本矩阵转换成成本－收益矩阵，现在元素 $C_i^*(1,1)$ 被理解为利润而非成本，所以其值为正。在之前讨论过的 MP 方法架构中也采用相似的方法。颠倒元素 $C_i^*(1,1)$ 的符号，得到负的成本值，在之前讨论过的因此表现为收益。对一个阳性观察对象的正确预测应该确实得到一个收益，或者说负的成本。

转换成本矩阵表示的是，与每个观察对象都标签为阴性类别成员（例如，在信用计分示例中，将所有申请者预测为良好）相比，真实分类函数中的所包含的成本和收益：

$$C_i^* = \begin{bmatrix} 0 & 0 \\ C_i(1,0) - C_i(0,0) - 1 & \cdot (C_i(1,1) - C_i(0,1)) \end{bmatrix} = \begin{bmatrix} 0 & 0 \\ C_{i,0} & b_{i,1} \end{bmatrix}$$

为标识便利，对于转换成本矩阵中的非零值，我们规定了一下缩写符号：$C_i^*(0,0) = c_{i,b}$ 和 $C_i^*(0,1) = b_{i,1}$。在信用计分示例中，表 6.10 中的成本矩阵就变成以下转换成本－收益矩阵：

$$C_i^* = \begin{bmatrix} 0 & 0 \\ ROI_i \cdot A_i & LGD_i \cdot EAD_i \end{bmatrix}$$

当利用观察对象依赖的转换成本－收益矩阵，计算由模型所做出预测的总成本时，我们基本上都是与基线模型进行比较，来计算模型使用的利润。

信用计分情境中的基线模型将所有观察对象分类为良好，导致所有申请对象都可被接受。当模型将所有观察对象分类为良好时，其与由基线模型所做的预测就不存在差别。因此，在转换成本矩阵中，将一个观察对象分类为良好的成本或利润等于 0，无论其真实类别是良好还是不良。只有当基线模型所做预测与模型预测不同时，即当模型预测出一个申请者为不良时，才会出现不同。当观察证明了一个不良申请者是有效的时，所获得收益就等于原本将要发生的成本。当观察对象实际上却是良好的话，那么与基线模型进行比较，所产生的成本等于本可发生贷款所带来的回报。

因此 ROCIV 曲线通过以下方式进行创建。首先，通过汇总全部阴性类别观察对象的观察对象依赖型成本，计算模型使用的全部假阳性潜在成本。当模型将全部阴性观察对象都分类为阳性时，如在信用计分示例中，如果所有良好都被预测为不良，则发生全部假阳性潜在成本。类似地，通过对全部阳性类别观察对象的观察对象依赖型收益进行汇总，计算全部真阳性潜在收益，这表示的是通过使用模型可以达到的最大收益。如果模型分类器将全部阳性都分类为阳性，如将所有的不良对象预测为不良，就可达到最大收益。

假阳性总体潜在成本和真阳性总体潜在收益被用于衡量已经实现的假阳性成本和真阳性收益，这取决于根据模型所预测的条件类别概率，用于对观察对象进行分类的分界点。因此对于全部可能分界点，我们可以计算出分别与总体假阳性潜在成本和总体真阳性潜在收益相关的假阳性成本和真阳性收益的数对。而最终的数对集合就构成 ROCIV 曲线。算法 6.1 提供了对建构 ROCIV 曲线的程序描述。

算法 6.1　ROCIV

输入：

1. 数据集 D 中观察对象 i。n_0 个阴性类别和 n_1 个阳性类别（$n_0 + n_1 = n$）。

2. $p_i = p(1 \mid x_i)$：对于 $x_i \in D$，属于阳性类别的概率估算，在列表 D_0 中，从高到低排序。

3. 对于具有真实标签 y_i 的每个观察对象 i，成本为 $C_{i,0}$ 和收益为 $b_{i,1}$。

1: For $i \in D$：

2:　　if $y_i = 1$：$Pos_{\text{Total}} = Pos_{\text{Total}} + b_{i,1}$

3:　　else $Neg_{\text{Total}} = Neg_{\text{Total}} + c_{i,0}$

4: $FP_{\text{cost}} = 0$，$TP_{\text{benefit}} = 0$，$ROCIV = \{\ \}$，$p_{\text{prev}} = -1$

5: While $i \leqslant n$

6:　　if $p_i \neq p_{\text{prev}}$

7:
$$ROCIV = ROCIV \cup \left(\frac{FP_{\text{cost}}}{Neg_{\text{Total}}}, \frac{TP_{\text{benefit}}}{Pos_{\text{Total}}} \right)$$

8:　　　　$p_{\text{prev}} = p_i$

9:　　if $y_i = 1$：$TP_{\text{benefit}} = TP_{\text{benefit}} + b_{i,1}$

10: else $FP_{\text{cost}} = FP_{\text{cost}} + c_{i,0}$

11: $k = k + 1$

12: $ROCIV = ROCIV \cup \left(\dfrac{FP_{\text{cost}}}{Neg_{\text{Total}}}, \dfrac{TP_{\text{benefit}}}{Pos_{\text{Total}}} \right)$

ROCIV 曲线以下的面积称为 AUCIV，其支撑在考虑观察对象依赖（observation-dependent）的成本矩阵的基础上对分类模型进行评估。对于 ROCIV 曲线以下的面积还有一种更直观的解释：AUCIV 所对应的概率，分类模型依此将随机所选的阳性类别观察对象优于随机所选的阴性类别观察对象进行排序，将阳性和

阴性类别观察对象的概率选择作为它们成本的相应比例。这是一个对 AUC 直观解释的拓展，概率相同，只是使每个（阳性或阴性）观察对象具有同样被选择的概率。

AUCIV 是应用普遍的测算法，可使我们将观察对象依赖型成本和收益包括进 ROC 分析中，并执行我们在本章探讨过的其他测算法。

6.3 回归模型的利润驱动评估

在第 2 章，回归被定义一种关于对可观察的变量，更确切地说是关于一个目标变量 y 和一组预测因子变量之间关系进行研究的预测分析法。在回归情境中，目标变量本质上是定量的，具有连续性（如需求）；而在分类情境中，目标变量本质上是定性的，具有离散性，并假设数值处于一个有限数据集中。在预测（forecasting）情境中，目标变量和时间之间的关系被明确测评。有监督学习指的是分类和回归，包括预测，因为本质上类似，所以作为一个任务分组。

在有监督学习中，目标变量是根据一系列历史观察对象并将其作为预测因子变量函数进行的建模（即一个模型是对包含目标和预测因子变量的同步观测数据的拟合）。对于这么一个模型进行估算的目标，是建立预测因子变量和目标变量之间的关系或探测其间的依存性，这通常可能存在两个目的，或者对可观察到的变化或行为加以**解释**，或者对经常不可观察或作为预测因子变量函数的目标变量的未来价值进行**预测**（Breiman，2001；Shmueli，Koppius，2011）。本章的探讨主要落实在针对预测的有监督学习领域，虽然当建立回归模型以对可观察行为进行解释时，它也有实际的用处。

对于无论哪个目的，在运用模型之前对其**质量**进行评估通常都至关重要。利用在第 1 章讨论过的不同标准可以进行质量评估，这依赖于确切的问题设定或手头现有的应用、用户需求及管理偏好。重要的质量标准包括统计性能或预测误差、推广性、经济成本和收益、模型显著性、复杂性和稳定性、可理解性和合理性、运营效率、合规性及相关性。这些质量标准在第 1～3 章已经有过广泛探讨（Martens, et al., 2010）。

当模型的目标是要进行预测时，统计性能通常是模型质量测评中最重要指标，虽然它经常也并非唯一可用的标准。在本章第一部分，我们对在第 2 章中对于模型评估的概述部分所展示的分类模型的标准性能测算方法进行了相应拓展。我们详细探讨了性能评估可以如何考虑与实际运营环境中分类模型的运用和执行相关的真实成本和收益，提供更切实的最优性能指标以适应应用特性。在本部分，我们也会进一步拓展在回归情境中的有关性能测算的讨论，进一步拓展对第 5 章中的成本敏感性回归方法的讨论。

6.3.1 损失函数和基于误差的评估测算法

从形式上来说，回归函数被定义为通用函数 $f(x)$，$f: X \to Y$，其 $X \subset \mathbb{R}^V$ 且 $Y \in \mathbb{O}$，$\mathbb{O}$ 是输出空间且 $\mathbb{O} \subset \mathbb{R}$。利用观察对象样本框 $D \subset X$ 且 $D = \{x_i, y_i\}_{i=1}^n$，拟合回归函数以估算可观察的输出 $Y \in \mathbb{O}$。对于样本框 D 中的任何一个观察对象，可以计算出误差 $e(x)$ 等于估算目标值与观察目标值之间的差异，$e(x) = Y - f(x)$，$e: E \subset \mathbb{R} \to \mathbb{R}$，$\forall x \in D$。损失或成本函数 $\ell[Y, f(x)]$ 决定了在对回归模型的推广性能进行评估中分配给误差 ℓ 的惩罚或严重性（Hastie，Tibshirani，Friedman，2001；Provost，Fawcett，2013）。对于损失函数的典型选择是对误差求平方及对误差损失函数求绝对值：

$$\ell[Y, f(x)] = [Y - f(x)]^2$$
$$\ell[Y, f(x)] = |Y - f(x)|$$

对误差求平方表现的是对越大的误差配置二次增长（即大于比例增长）的重要性，绝对误差则对每个单位的误差配置相等的重要性。回归评估测算因此对个体损失或误差项（即对测试集中的全部观察对象）进行合计而得到一个单一值，来表示回归模型在粗略估计可观察的输出值方面的质量。

一些被广泛采用的传统的评估测算方法已经总结在表 6.11 中，这些测算方法已经在第 2 章讨论过。在对个体误差的惩罚和合计过程中，这些测算方法关于个体误差相对重要性的（隐含）假设也将在下面进行详细探讨。要注意，表 6.11 中的 MSE 和 MAD 性能测算是以具体单位并以具体规格的方式来表示的，而 R^2 和皮尔逊相关系数则不是。平均绝对偏差测算法的单位和规格与目标变量的单位和规格相同，而平均平方误差的单位和规格是目标变量单位和规格的分别求平方。反之，R^2 和皮尔逊相关测算则独立于目标变量的单位和规格。它们是无单位的，所采取的值在 0~1 和 -1~1 的范围之间，使得可对不同的应用进行比较。

表 6.11 标准回归评估测算法总览

测算法	缩写	公式
平均平方误差	MSE	$\dfrac{1}{n}\sum\limits_{i=1}^{n}(y_i-\widehat{y}_i)^2$
平均绝对偏差	MAD	$\dfrac{1}{n}\sum\limits_{i=1}^{n}\left|y_i-\widehat{y}_i\right|$
判定系数	R^2	$1-\dfrac{\sum\limits_{i=1}^{n}(y_i-\widehat{y}_i)^2}{\sum\limits_{i=1}^{n}(y_i-\overline{y}_i)^2}$
皮尔逊相关系数	ρ	$\dfrac{\sum\limits_{i=1}^{n}(\widehat{y}_i-\overline{\widehat{y}})(y_i-\overline{y}_i)}{s(\widehat{y})s(y)}$

　　回归模型在多个应用领域被用于实际估算目的，从对供应链中客户需求的预测，到对软件开发所需能力的成本评估和定价能力的估算，再到信用风险建模情境中既定违约的损失预测（Dejaeger, et al., 2012; Loterman, et al., 2012）。针对回归模型推广性能的纯粹的统计视角（见前述）在统计框架内颇有意义，即当以通用的抽象的方式进行性能评估时是极具意义的。

　　但是，从应用的角度，上面部分介绍的统计测算方法并不对回归模型提供具洞察性的或定制化的评估，因为它们没有考虑模型的实际使用或现实目的。事实上，更有甚者，关于个体误差的相对重要性，统计测算做出了重要的前提假设。这些假设通常不符合特定的问题设定，因此导致不恰当的评估及次优的模型选择。本质来说，从统计角度看良好的拟合度并不等同于应用角度的良好的拟合度。

　　正如一些著作者所指出的（Christoffersen, Diebold, 1996, 1997; Crone, Lessmann, Stahlbock, 2005; Granger, 1969; Luis Torgo, Ribeiro, 2007），在金融、欺诈监测、供应链管理、气象学和生态学等现实世界的应用中，对于连续性目标变量的错误预测可能导致成本非对称性，如它们可能随着误差的正负符号而不同，以及导致成本的不一致性（即成本取决于目标变量的真实值大小）。要注意，上述所定义为真实值和预测值之间差异的平方和绝对值的 MSE 和 MAD 损失函数，及其他在表 6.11 中所定义的评估测算方法，都是假设成本的非对称性和不一致性。如果忽视误差的正负符号，对不同目标变量业务域的误差指定统一的惩罚，人们已经开发出几种备选方法以生成损失函数。这些测算方法中的两个——REC 曲线和曲面提供了可供落地的用法，可使我们以利润导向的方式进行回归模型的评估。

6.3.2　REC 曲线和曲面

在 Luis Torgo（2005）书中，将由 Bi 和 Bennett（2003）提出的回归误差特征（regression error characteristic，REC）曲线，通过在不同目标变量业务域添加误差的分布，从而扩展成 REC 曲面。REC 曲线是对误差的累计分布进行可视化，因此，以类似于将二元分类模型进行特征刻画的接收者运行特征曲线（ROC）的方式，对回归模型的预测性能进行特征刻画。REC 曲线刻画的是 x-轴上的误差容忍度，与在 y-轴上的容忍度范围内的预测点所占百分比进行对比。然后，结果曲线对误差累计分布函数进行估算。x-轴上的误差可被定义为平方误差 $(y_i - \widehat{y_i})^2$ 或绝对误差 $|y_i - \widehat{y_i}|$。正如 ROC 曲线一样，完美模型坐落于左上角。因此，曲线越快到达这个点，模型就越好。那么曲线上方的面积就应该是代表尽可能小的最好总体误差测算值。举个例子，思考表 6.12 所示的数据，对应的 REC 曲线如图 6.8 所示。

表 6.12　REC 曲线数据

容忍度（MAD）	容忍度范围内预测	累计准确度（%）
0	60	30
0.05	118	59
0.1	164	82
0.2	182	91
0.5	200	100

通过画出误差累计分布，REC 曲面通过绘制误差的累积分布作为误差大小和目标变量值的函数来扩展 REC 曲线，并因此对模型性能提供更多信息。当不均匀成本与作为目标变量真实值的函数的误差存在相关时，通过误差分布中所提供的更多洞察可能为模型评估带来更大提升。REC 曲面的提出（Luis Torgo，2005）由应用驱动，相应应用情境中，误差成本严重依赖于目标变量的真实值。更确切地说，当目标变量很大如出现异常值或极端预测值时，在这种应用情境中，小误差更能接受。如图 6.9 所提供的 REC 曲面示例，是通过对如图 6.8 中的 REC 曲线增加目标变量作为图中的一个维度，并充分利用对回归模型的更细节分析，拓展而成。要注意，本示例中的目标变量只有四个可能结果。

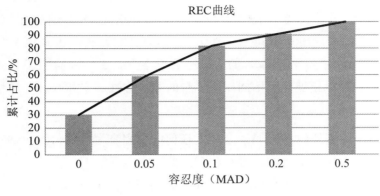

图 6.8　REC 曲线

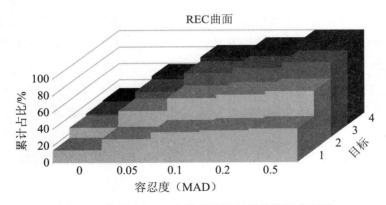

图 6.9　依照表 6.13 中数据的回归误差特征曲面图

表 6.13　REC 曲面图的数据

		容忍度（MAD）				
		0	**0.05**	**0.1**	**0.2**	**0.5**
目标	**1**	15％	28％	36％	38％	40％
	2	27％	47％	62％	66％	70％
	3	29％	55％	77％	83％	90％
	4	15％	28％	36％	38％	40％

作为对整个 REC 曲面的替代，可对曲面的局部做进一步分析，如对目标价值最感兴趣的范围、对预测准确最具价值的部分。

还有人已经提出一个更详细的基于效用的评估框架，支撑对考虑成本和收益的回归模型所做预测进行差异化得分的分配，以确定应用的偏好偏差（Ribeiro，Torgo，2008；Luis Torgo，Ribeiro，2007）。所提出的方法再次聚焦于跨目标变量域（domain of the target variable）的非统一的成本上，虽然没有明确表明，也没有详细阐述，但它可以拓展到跨不同误差分布的非对称性成本和收益，满足不同问题的设置。

要实现一个效用函数 $U(\hat{Y},Y)$，其对任何一个当真实目标值为 y 估算值为 $\hat{y}$ 时的数对进行相应效用值的分配，可对两个函数做出定义如下。

①一个是关联函数 $\phi(Y)$：$\mathbb{R} \rightarrow 0 \sim 1$，其将目标变量域映射到 $0 \sim 1$ 的相关范围中，1 表示最大相关性。$\phi(Y)$ 表示跨目标变量域的目标变量值的相对重要性，这可使跨目标变量域对非统一成本进行考虑。对于 $\phi(Y)$ 没有函数形式设定，希望用户利用其自身的业务知识来加以指定。开发者表示，整个过程中相关函数的指定是最具挑战的步骤，需要对应用的洞察和选择合适函数表达相关性实现映射的数学技能。在 Torgo 和 Ribeiro（2007）一书中，因为假定相关性与稀缺性相关，所以采用了目标变量概率密度函数的反比例函数。价值越稀缺，与预测准确性的相关性越强。这是一个异常值预测案例，如异常天气条件、高利润率的客户或高变化率的股票价格。

②一个函数是 ξ：$\mathbb{R}_0^+ \rightarrow [-B,B]$，对特定的误差指定相应效用值，这实际上是一个损失函数，它将一个错误的重要性作为错误大小的函数来进行分配。

$$\xi[L(\hat{Y},Y)] = \mathrm{sgn}[t - L(\hat{Y},Y)] \cdot B \cdot [1 - e^{-\eta \cdot |t - L(\hat{Y},Y)|}]$$

函数 ξ 从最大效用值 B 均匀地减少预测值 $\hat{Y}$ 的效用值，直到最小收益为 $-B$，而 B 由用户自行指定，即对于误差 0 而言。除值 B 之外，对于固定函数 ξ，还需要指定两个参数，可对其预定义为误差和效用之间的负指数关系：

a. 衰减参数 η。

b. 分界值 T。高于约定分界值的误差，为负效用；低于 T，则为正效用。换言之，T 是可容许的误差幅度。

对于真实值 y，其预测值为 $\hat{y}$ 的最终效用函数 $U(\hat{Y},Y)$，通过另外考虑由关联函数所表达的 y 和 $\hat{y}$ 的相关性，进一步拓展上述所定义的效用函数 ξ。最终效用值取决于得到的是正的收益 $[L(\hat{Y},Y) \leqslant T]$ 还是负的收益 $[L(\hat{Y},Y) > T]$，即当误差低于或高于可容许的误差幅度 T 时，分别可由函数描述如下：

$$U(\hat{Y},Y)=\begin{cases}\min\{\phi(Y),\phi(\hat{Y})\}\cdot\xi[L(\hat{Y},Y)] & \text{对于 } L(\hat{Y},Y)\leqslant T\\[2mm][(1-p)\cdot\phi(\hat{Y})+p\cdot\phi(Y)]\cdot\xi[L(\hat{Y},Y)] & \text{对于 } L(\hat{Y},Y)>T\end{cases}$$

在第一种情况下，对于 $L(\hat{Y},Y)\leqslant T$，因为低于分界值 T，误差被认为是可容许的，因此估算足够准确。那么其效用正如由上面定义的函数 ϕ 所表示的，与 y 和 $\hat{y}$ 的最小相关性成一定比例。这里的看法是，这两者中最小的那个确定我们从预测中获得的最终效用或收益值。

在第二种情况下，对于 $L(\hat{Y},Y)>T$，误差被认为大到导致获得负收益，因为它高于分界值 T。那么我们承担的相关成本正如关联函数 ϕ 所表示的，占到对 y 和 $\hat{y}$ 两者相关性加权平均数的一定比例，其中的权重是对假警告（false alarm）和错失事件（missed event）两种类型的误差的相对重要性而进行的相应设置。例如，在异常监控情境下的事件就是作为目标变量的极端值出现。

函数 $U(\hat{Y},Y)$ 定义的是基于综合了目标变量全部预测值和真实值之上的效用曲面（utility surface），因此可以认为是成本矩阵的一个连续的平滑的版本。事实上，这个函数是对误差进行惩罚的二维损失函数，作为测试观察对象的目标变量真实值和预测值的函数。对测试集中全部观察对象的个体效用进行平均，类似于进行 MSE 和 MAD 的计算；但是基础损失函数却有所不同，得到的评估值表示的是每个测试个例的平均效用。

在对损失函数进行指定及从所产生平均效用方面进行概念上实用的评估测算方法定义的情况下，平均效用测算方法识别并支撑将目标变量域的非统一性作为重要维度进行考虑。但是，在设置不同参数及要对手头问题详细说明个性化的相关性及效用函数时，所展示的方法可能都存在实践上的困难。但是，任何意在考虑回归问题的确切成本和收益结构的方法都不得不解决将相关关系明确表达的挑战问题。另外，虽然这些测算法适合对极端值的预测，这是提出这种方法的著作中的一种主要应用（Ribeiro，Torgo，2008），但很多回归问题都不是针对由分界值 T 所确定的二元错误分类结构；相反，它们天生具有连续性。

总 结

利润驱动模型评估可能是建立利润驱动分析模型的最直接的方法。各种测算法已经开发出来并可被实践者用于不同问题设置中。一个明智的数据科学家，如本书的读者们，将能够利用本章所探讨的测算法进行性能评估，这些测算法是应用导向型的，在从商业角度分析模型性能方面更有效。

以利润驱动的方式评估模型最直接的方法是对每个客户或被分析的事件估算其成本和收益值（这并非易事），然后计算出模型的平均分类错误成本。当模型应用经过较长时间运行后，假定最初用于模型开发的样本对整个人群具有代表性，且人群在长时间运行中保持稳定性，该平均值就能表示利润的平均值。

要在更复杂的商业情境下进行性能评测，平均分类错误方法可能过于简单。基于 ROC 的利润测算法是对 ROC 分析的自然延展，其显性地而不是隐性地包含成本和收益因素，这有助于处理成本和收益相关的分布问题。在这些测算方法中，H-测算法是最被认同的方法。H-测算法通过用 β 分布对 ROC 曲线加权，使得其可以适应不同成本结构。即使测算法不明确包括收益，但如果成本和收益的联合分布是已知的，那么问题也可以消除。这样，这种测算法就非常灵活，对于利润敏感性分析来说是一个不错的起点。

在收益和成本更复杂的情况下，MP 或 EMP 等测算法就可以提供更多的灵活性以考虑特定的问题特征。EMP 测算法的随机特征，使得可以评测复杂的成本分布，从而支撑大多数商业场景中的利润驱动的分析。这是以不得不研究利润分布的细节为代价的，对于小型组织来说这可能很困难，代价很大。

最后，本章专门用这部分介绍了回归模型评估的利润驱动测算法。REC 曲线和 REC 曲面可以对标准的评估测算方法进行补充，并提供与回归模型性能和收益能力相关的更多的洞察。总之，有很多可用的选择可以推导得出预测分析模型的利润驱动的评估方法。一个将利润驱动作为建模目标的组织应该为其商业流程研究和实施最合适的方法论。合适的模型评估注定可以带来实实在在的收益增长，并转而为整个业务带来 ROI 的提升，正如我们在第 7 章将要探讨的。

复 习 题

一、多项选择题

1. 以下陈述中，正确的是（　　）。

    A. 平均错误分类成本测算方法只适合二元问题

    B. 问题的最恰当分界值取决于二元问题的得分分布

    C. 从被选中的模型中得到的平均利润是唯一需要用来计算 EMP 测算值的值

    D. 模型利润必须由数据科学家而不是由模型来估算和决定。

2. 考虑以下关于利用平均错误分类成本来设定模型分界点的论述：

    Ⅰ. 对每个分界值进行成本和收益估算很重要。

    Ⅱ.（接受活动的观察对象的数量）的覆盖范围应该包括进分析中。

    Ⅲ. 最佳分界值总是具备最小的平均错误分类成本。

    Ⅳ. 需要一个大型的训练集才能支撑用户计算出真正的平均错误分类成本。

    这些陈述中，为真的是（　　）。

    A. Ⅰ、Ⅲ、Ⅳ　　　　　　　　　　　　B. Ⅰ、Ⅱ、Ⅳ

    C. Ⅱ、Ⅲ、Ⅳ　　　　　　　　　　　　D. Ⅰ、Ⅱ、Ⅲ、Ⅳ

3. 以下关于基于委员会的双分界点策略的陈述中，不正确的是（　　）。

    A. 确定分界值时，将带给公司更大的灵活性

    B. 因为委员会的成本将由可避免的损失所补偿，所以它能带来盈余

    C. 要制定更明智的决策，需要一个经验老到的分析团队

    D. 只需要流程的利润结构知识即可

4. MP 测算法因为以下（　　）区别于 H-测算法。

    A. MP 测算法基于利润，H-测算法基于成本

    B. H-测算法不能沿着曲线实现成本最小化

    C. MP 测算法不考虑任何利润上的变化

    D. MP 测算法并不利用 ROC 曲线

5. 以下关于 EMP 的陈述中，不正确的是（　　　）。

    A. 它考虑利润的一般分布，因此它适合于变化中的环境

    B. 它基于 ROC 曲线的上凸包进行计算

    C. 它是 H-测算法和 MP 测算法两种方法的拓展

    D. 它只能应用于流失和信用评分

6. 基于 ROC 的测算法全都使用 ROC 曲线的上凸包，因为（　　　）。

    A. 它更易于计算 ROC 曲线凸包而不是 ROC 曲线本身

    B. 上凸包对于所有测试集来说都是同样的，所以现在它们就具可比性（与
AUC 测算法相反）

    C. 给定凸包凹度，可以从 ROC 曲线每个细分段得到最小成本或最大利润值

    D. 计算凸包 AUC 较计算 ROC 曲线的 AUC 更容易

7. 在确定信用评分模型应用的利润时，以下陈述中，正确的是（　　　）。

    A. 可以利用贷款的 ROI 估算收益

    B. 损失是最具相关性的因素

    C. 损失分布趋向于遵循 β 分布

    D. 良好观察对象数量及其利润和违约者数量及其损失之间必须达成平衡

    E. 违约者通常来说代价更高过非违约者

8. 在思考流失模型的利润评估时，（　　　）。

    A. 成本结构只取决于某段时期内流失的客户

    B. 客户接触成本通常较客户损失成本要高

    C. 都希望客户保持措施对于潜在流失者是成功的，所以需要好好设计

    D. 客户保持措施一般不方便开展，因为成本总是太高

9. 当在测试集基础上比较不同的数据集时，AUC 测算法并不能给出足够的结
果。这是因为（　　　）。

    A. 对于每一个模型来说，ROC 曲线都不同

    B. 定义 AUC 的积分不能通过不同的数据集进行测算

    C. AUC 的测算是利用每个测试集的得分分布来进行的

    D. 测试集有不同的规模，因此有不同的成本占比

10. 思考以下关于 ROCIV 测算法的陈述：

    Ⅰ. 当成本因每个观察对象而变化时，它可使我们计算出等同 AUC 测算值

的值。

Ⅱ. 它是最大利润测算法。

Ⅲ. 在成本分布未知的情况下，它与环境相关。

Ⅳ. 它较基于分布的测算法需要有关被分析对象行为的更多的洞察。

这些陈述中，为真的是（　　　）。

A. Ⅰ 和 Ⅱ

B. Ⅰ 和 Ⅲ

C. Ⅰ 和 Ⅳ

D. Ⅱ 和 Ⅲ

二、开放性问题

MicroCredit 示例数据集准备用来解决以下问题。可以从本书同步网站免费下载。数据集包括从用于 Bravo 等（2013）中真实 MicroCredit 数据集中得到的模拟案例，具有以下变量：

- 额度：贷款以欧元计价的金额。
- 期限：贷款期限。
- 年龄：申请人在申请时间的年龄。
- 地区：申请人在申请时居住的所在国家的区域。
- 经济部门：借款发生时申请运转所在的经济部门分组。
- 目标：目标变量，如果申请人在贷款的开始 12 个月之内违约。
- EAD：违约发生时的敞口。
- LGD：给定贷款违约损失。

前面五个变量可用于创建数据模型。接下来，我们假定非违约者的 ROI 等于贷款额度的 30%。

1. 训练一个逻吉斯回归模型，记录以下测算指标：

（1）准确度。

（2）AUC。

（3）H-测算值。

（4）信用评分的 EMP。

关于你的模型，你有什么要说的？它好在哪里？

2. 对于问题 1 中所建立的模型，创建一个分界点数据表，并确定以下内容：

（1）最小成本分界值。

（2）最大利润分界值。

（3）最大准确度分界值。

对每一个分界值进行比较，并探讨每个分界值的商业含义。

3. 根据你在问题 2 中得到的结果设计一个双分界点策略，假设每个委员运作成本都是每个评估贷款 100 欧元。你的策略会发生什么变化？在这个案例中值得利用委员会吗？

4. 对于信用评分数据集，另一个观点是，（除每个类别之外）每个观察对象都有不同的错误分类成本。对于 MicroCredit 数据集来说，（总的来说对大多数贷款申请者），错误预测非违约者将包含一个成本 $ROI_i \cdot A_i$，而违约者所涉及的错误分类成本为 $LGD_i \cdot EAD_i$。

执行由 Fawcett（2007）提出的 ROCIV 策略并对你的模型进行评估。你的结果改变了吗？通过对这个模型基于单个案例的评估，你制定的决策有什么不同吗？对比另外的基于利润或基于成本的分析，讨论什么时候这可能与 AUCIV 的选择有关。当使用不同的测试数据集时，AUCIV 的结果具有可比性吗？

注　　释

1. 对所有客户收取相同利率的原因，是出于微金融公司的社会目标，如其目标是向从来未曾从传统信贷机构获得过一笔贷款的人们提供得到银行服务的机会。例如，这使得企业家能够创建一个小型企业，帮助他们改善现状。

2. 要注意，凸面和凹面被创建了凸包概念，以及机器学习社区的数学家以相反的方式使用，因为凸包使得 ROC 曲线产生凹陷（Hand，2008）。

3. AUC 分析法可以进一步通过对模型运用自举法（bootstrapping）而得以扩展，这使得可以对 AUC 进行估算，并基于凸包通过置信区间实现 AUC，并利用健壮性统计测试对所得值进行比较。

4. 要注意，对于一位良好申请者和不良申请者的平均错误分类成本都是比较低的，因为示例数据库涉及的是微贷款，通常它包括的是很小的贷款额度及相应的很小的回报或损失。

5. 观察对象依赖在文献中也指的是不同实例、特定实例或实例依赖。

参 考 文 献

Anagnostopoulos, C., and D. J. Hand. 2012. "hmeasure: The H-measure and Other Scalar Classification Performance Metrics." R Package version 1.0. Available Online https://cran.r-project.org/web/packages/hmeasure/index.html.

Baesens, B. 2014. *Analytics in a Big Data World: The Essential Guide to Data Science and Its Applications*. Hoboken, NJ: Wiley and SAS Business.

Baesens, B., D. Roesch, and H. Scheule. 2016. *Credit Risk Analytics: Measurement Techniques, Applications, and Examples in SAS*. Hoboken, NJ: Wiley and SAS Business.

Bravo, C., S. Maldonado, and R. Weber. 2013. "Granting and Managing Loans for Micro-Entrepreneurs: New Developments and Practical Experiences." *European Journal of Operational Research*, 227 (2): 358-366.

Bravo, C. and Vanden Broucke, S. and Verbraken, T. 2015. EMP: Expected Maximum Profit Classification Performance Measure. R package version 3.0.0. Available Online: http://cran.r-project.org/web/packages/EMP/index.html.

Dodd, L. E., and M. S. Pepe. 2003. "Partial AUC Estimation and Regression." *Biometrics*, 59: 614-623.

Domingos, P. 1999. "MetaCost: A General Method for Making Classifiers Cost-Sensitive." Proceedings of the Fifth ACM SIGKDD International Conference on Knowledge Discovery and Data Mining, 155-164. San Diego, California, August, 15-18.

Dragos D. M., and T. G. Dietterich. 2000. "Bootstrap Methods for the Cost-Sensitive Evaluation of Classifiers." In Proceedings of the Seventeenth International Conference on Machine Learning (ICML' 00), Pat Langley (Ed.). San Francisco: Morgan Kaufmann Publishers Inc., 583-590.

Drummond, C., and R. C. Holte. 2000. "Explicitly Representing Expected Cost: An Alternative to ROC Representation." In Proceedings of the Sixth ACM SIGKDD International Conference on Knowledge Discovery and Data Mining (KDD' 00). ACM, New York, 198-207.

Fawcett, T. 2006a. "An Introduction to ROC Analysis." *Pattern Recognition Letters*, 27 (8): 861-874.

Fawcett, T. 2006b. "ROC Graphs with Instance Varying Costs." *Pattern Recognition Letters*, 27

（8）：882-891.

Flach，P. A. 2003，January. "The Geometry of ROC Space: Understanding Machine Learning Metrics through ROC Isometrics. " In *Proceedings of the Twentieth International Conference on Machine Learning*，pp: 194-201. Washington，DC.

Flach，P. A. 2011. "ROC Analysis. " In *Encyclopedia of Machine Learning*. New York: Springer，pp. 869-875.

Griffiths，D. A. 1973. "Maximum Likelihood Estimation for the Beta-Binomial Distribution and an Application to the Household Distribution of the Total Number of Cases of a Disease. " *Biometrics*，29 (4)：637-648.

Hand，D. 2009. "Measuring Classifier Performance: A Coherent Alternative to the Area under the ROC Curve. " *Machine Learning*，77：103-123.

Loterman，G. ，I. Brown，D. Martens，C. Mues，and B. Baesens. 2012. "Benchmarking Regression Algorithms for Loss Given Default Modeling. " *International Journal of Forecasting*，28 (1)：161-170.

McClish，D. K. 1989. "Analyzing a Portion of the ROC Curve. " *Medical Decision Making* 9，190-195.

Neslin，S. A. ，S. Gupta，W. Kamakura，J. Lu，and C. H. Mason. 2006. "Defection Detection: Measuring and Understanding the Predictive Accuracy of Customer Churn Models. " *Journal of Marketing Research*，43 (2)：204-211.

Paolino，P. 2001. "Maximum Likelihood Estimation of Models with Beta-Distributed Dependent Variables. " *Political Analysis*，9 (4)：325-346.

Provost，F. J. ，and T. Fawcett. 1997，August. "Analysis and Visualization of Classifier Performance: Comparison under Imprecise Class and Cost Distributions. " *In* KDD，Vol. 97，pp. 43-48.

Smithson，M. ，and J. Verkuilen. 2006. "A Better Lemon Squeezer? Maximum-Likelihood Regression with Beta-Distributed Dependent Variables. " *Psychological Methods*，11 (1)：54.

Sullivan Pepe，M. ，and T. Cai. 2004. "The Analysis of Placement Values for Evaluating Discriminatory Measures. " *Biometrics*，60 (2)：528-535.

Verbeke，W. ，D. Martens，C. Mues，and B. Baesens. 2011. "Building Comprehensible Customer Churn Prediction Models with Advanced Rule Induction Techniques. " *Expert Systems with Applications*，38 (3)：2354-2364.

Verbeke，W. ，K. Dejaeger，D. Martens，J. Hur，and B. Baesens. 2012. "New Insights into Churn Prediction in the Telecommunication Sector: A Profit Driven Data Mining Approach. " *European Journal of Operational Research*，218 (1)：211-229.

Verbraken，T.，W. Verbeke，and B. Baesens. 2013. "A Novel Profit Maximizing Metric for Measuring Classification Performance of Customer Churn PredictionModels." *IEEE Transactions on Knowledge and Data Engineering*，25（5）：961-973.

Verbraken，T.，C. Bravo，R. Weber，and B. Baesens. 2014. "Development and Application of Consumer Credit Scoring Models Using Profit-Based Classification Measures." *European Journal of Operational Research*，238（2）：505-513.

7

第 7 章

经济影响

7.1　概述

　　大数据和分析的投资承受着各种不同的经济挑战，本章我们将对此进行讲述。首先我们通过聚焦所有权总成本（total cost of ownership，TCO）和投资回报（ROI），详细讲述两种技术的经济价值。在目前条件下，很显然，要准确量化这两个关键投资是很困难的。接下来，我们会回顾内包与外包比较、预置与云平台比较及开源与商业软件解决方案比较等关键经济考虑因素。显然，要从这些选项中进行选择，应该根据对 TCO 和 ROI 影响的尽职调查才能完成。本章通过对如何提升 ROI 给出一些相关建议而进行最后总结，如可以考虑一些新的数据源、提升数据质量、引进高级管理、选择合适的组织形式及在业务单元之间建立交叉协同关系。

7.2　大数据和分析的经济价值

7.2.1　所有权总成本

　　分析模型的所有权总成本指的是在其预期生命周期间拥有并运行分析模型的成本，从开始到退出。应该考虑定量和定性两种成本，这是制定如何实现分析的最优投资的战略性决策的关键输入。所涉及的成本可被分解为获得成本、拥有成本、运营成本和拥有后成本，如表 7.1 所示的一些示例。

表 7.1　计算所有权总成本（TCO）的示例

获 取 成 本	所有权和运营成本	拥有后成本
■ 软件成本，包括初始购买、升级、知识产权及授权费 ■ 硬件成本，包括初始购买价格和维护 ■ 网络和安全成本 ■ 数据成本，包括购买外部数据的成本 ■ 模型研发人员成本，如薪酬和培训	■ 模型迁移和变化管理成本 ■ 模型设置成本 ■ 模型运行成本 ■ 模型管控成本 ■ 支撑成本［故障发现并排除、（中客服）帮助坐席等］ ■ 保险成本 ■ 模型人员配置成本，如薪酬和培训 ■ 模型升级成本 ■ 模型停工成本	■ 模型卸装和清理成本 ■ 替代成本 ■ 归档成本

　　TCO 分析的目标是对于所涉及的全部成本获得一个综合视图。从经济的角度看，如应该还包括通过利用合适的贴现来体现成本的时效性，如以加权平均资本成本（weighted average cost of capital，WACC）作为贴现因子。还有，它应该有助于识别任何潜在的隐性的和/或沉默成本。在很多分析项目中，硬件和软件的综合成本从属于人力资源成本，其来自模型的研发和使用，如培训、执行和管理成本（Lismont，et al.，2017）。人工成本所占份额的高涨可以归功于三种现象：数据科学家人数的上升、开源工具的更多使用（见下文），以及数据存储和分享解决方案费用的更趋廉价性。

　　TCO 分析使得成本问题在其实现之前能被准确描述。例如，从一个现有模型向一个新分析模型的迁移，其变化管理成本（change management cost）通常被大大低估。TCO 分析对于厂商选择、内包和外包比较、预置和云平台方案比较、总体预算及资本计算等战略决策都是关键输入信息。要注意，当制定这些投资决策时，将收益包括进分析非常重要，因为 TCO 只考虑成本的方面。

7.2.2　投资回报

　　投资回报（ROI）定义为，净收益或净利润占产生回报所投入资源的比率。后者本质上包括所有权总体成本（见上）及随后的全部费用，如营销活动成本、欺诈处理、坏账回收及其他成本。对于任何金融投资决策来说，ROI 分析都是基本的输入信息，它提供了企业层面共同的语言，对多个不同的投资机会进行对比，并最终决定选择哪个。

对于 Facebook、Amazon、Netflix、Uber 和 Google 等公司来说，得到一个正的 ROI 是显而易见的，因为本质上他们在数据和分析方面做得很好。因此，他们持续对新的分析技术进行投入，因为即使新增一个小小的的洞察，也能转化成竞争优势和显著利润。Netflix 竞赛就是对此的一个很好注解，Netflix 提供了一个用户电影评分的匿名数据库，设立 100 万美元的奖项，任何数据科学家团队只要将其性能有 1% 的提升，能够战胜其自有的推荐系统，就能赢得奖金。

对于金融服务、制造、健康保健和制药诸如此类的传统公司来说，大数据和分析 ROI 的界限可能不太清楚，难以判定。虽然通常成本构成估计起来不会那么困难，收益要精准量化却困难得多。原因之一是收益可能会贯穿不同时间（短期、中期、长期）并分布在组织的不同业务单元。分析模型提供了这些好处：

- 销售增长（如作为响应建模或交叉/向上销售活动的结果）。
- 欺诈损失降低（如作为欺诈监测模型的结果）。
- 信用违约减少（如作为信用评分模型的结果）。
- 新客户需求和机会的识别（如作为推荐系统的结果）。
- 人工决策制定的自动化或增强（如作为推荐系统的结果）。
- 新的数据驱动业务和商业模型开发（如采集收据并销售分析结果的数据池）。

如果人工决策制定实现完全自动化，当前和未来雇员的消失使得最终收益实现定量评估成为可能。但是，当人工能力仅仅是有所改善时，收益就更不具说服力，因此难以进行量化。事实上，很多分析模型所获得的收益并不具体，这很难被充分包括进 ROI 分析中。对于口碑效应（word-of-mouth effects）（如在流失或响应情境中）的建模从分析意义上可能有确凿的经济效果，但是因此所带来的确切的价值却很难量化。收益可能分布在不同时间的不同产品和渠道中。思考一下抵押贷款的响应模型。成功吸引一个抵押贷款客户的效果，是为其他银行产品（如活期存款、信用卡、保险）创造交叉销售的机会。而且，因为抵押贷款是一种长期协议，合作关系可以随时间进一步深化，因此对客户 CLV 做出贡献。将所有这些利润贡献进行厘清很显然是一件极具挑战的任务，这使得初始抵押贷款响应模型的 ROI 计算更为复杂化。

大量的大数据和分析的实施项目都已经报告且回报显著。由 Nucleus 研究公司[1] 2014 年开展的一项研究发现，组织每投入一美元所获得回报从 2011 年的仅为 10.66 美元增加到 13.01 美元。PredictiveanlytticsToday.com[2] 开展的一个从 2015 年 1 月到 2015 年 3 月的调查获得了 96 个有效响应，结果如图 7.1 所示。从这个饼图可以得出结论，只有一小部分（10%）响应者报告，大数据和分析的 ROI 为 0。其他也有研究已经报告获得巨大的正回报，虽然范围变化幅度很大。

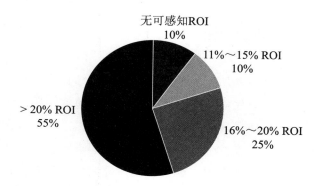

图 7.1　大数据和分析的 ROI（*PredictiveanlytticsToday.com* 2015）

批评的声音也时有所闻，甚至质疑对大数据和分析中投资的正回报问题。其原因通常可以归并到优质数据、管理支撑及全公司范围的数据驱动决策文化等的缺乏，正如我们在后面部分将要探讨的。

7.2.3　利润驱动的商业分析

前文部分所定义的 ROI 是净收益或净利润占产生回报所投入资源的比率。资源的投入基本等于本章前面部分所探讨的所有权的总成本。ROI 要增加，降低 TCO 是切实可行的机会，如通过外包或者采用云平台或开源的解决方案，在后面部分我们将对此详细探讨。但是，我们相信，对于 ROI 助推，最大的潜力隐藏在对其开发的目的，即为实现净收益或净利润最大化的分析模型的调优中。而本书的主要目标就是对此提供相应方法和指导。就像在概述一章中所明确表达的，我们的目的是围绕商业中的分析应用问题，推进和支撑利润驱动方面的应用。为达此目的，探讨了大量以价值为中心的方法，贯穿如第 1 章所探讨的分析过程模型中的后续步骤，这使得我们可以明确考虑并实现最终分析模型的盈利能力最大化。本书提供了有图表说明的示例，更多的则放在本书的同步网站，通过比较并展示与目前常用的标准分析方法不同因而在最终利润方面存在的差异，探讨了如何将这些利润驱动的方法应用在现实场景中。

7.3 关键经济考虑因素

7.3.1 内包与外包的对比

大数据和分析的不断发展所产生的作用和需求，结合西欧和美国具备相应技能人才和数据科学家的短缺，激发了是否将分析工作外包的问题。因为产品投放市场时间的缩短和成本降低的竞争压力，使这种需求又得到进一步放大。内包，或称企业内部建立分析技能库，或在企业层面或业务线层面进行外包，或寻求一种中间解决方案，只是将部分分析工作外包，公司需要在此间做出选择。在外包分析市场中的主力军是印度、中国和西欧，也有其他一些国家（如菲律宾、俄罗斯、南非）获得了一定发展。

不同的分析工作可以考虑外包，范围从耗费人力的粗笨工作（如数据采集、清洗和预处理）、分析平台构建（硬件和软件）、培训和教育，到更复杂的分析模型开发、可视化、评估、监控和维护等。公司可以选择保守发展，从对分析逐步外包开始，或者也可以立刻寻求分析服务的整体打包方案。显而易见的是，后面这个策略会更具风险，因此应该更谨慎，需进行严格评估。

尽管外包分析好处诸多，但还是应该有一个清晰的战略愿景规划并对所涉及全部风险的认知进行批判性反思，谨慎加以实现。首先，外包分析和传统 ICT 服务之间的不同在于，分析涉及的是一个公司的前端战略问题，而很多 ICT 服务只是公司后端运营的一个构成部分。另外一个重要的风险是机密信息的交换。知识产权（intellectual property，IP）所有权和数据安全问题应该被清晰明确地研究、处置并达成一致。还有，所有公司已经实现的分析技术都相同，所以它们只能通过数据实现其差异化。因此，对于知识财产和数据将如何管理并保护（利用加密技术和防火墙等），外包公司应该提供清晰的指导和保证，尤其是当外包公司还要与同处相同行业领域的其他公司进行合作时。另外一个重要的风险涉及合作关系的持续性问题。离岸外包公司经常受制于合并和收购，往往因为竞争而与其他外包公司形成合作，所有已经实现的竞争优势会因此被稀释。还有，因为工作安排强度大，员工日复一日从事的低级工作的枯燥性，加上积极主动的猎头永远在追寻难得一见的数据科学相关人才信息，很多这些外包公司面临着员工高流动问题。员工流失问题严重地阻碍了对客户分析的业务流程和需要的全面的长期的理解和认识。另外一个通常被提到的复杂性是关于服务购买主与外包公司之间文化不匹配的问题（如时间管理、语言不通、地域和全球比较问题）。还应该对退出策略达成明确一致。很多分析外包合同存在一个 3～4 年的期限问题。当这些合同到期时，应该明确规定相应分析模型和知识如何能够转移到服务购买主，因此确保业务的可持续性。最后，美国和西欧数据科学家的短缺也将对在这些国家内提供外包服务造成限制，或者还更糟糕。这些国家通常拥有提供较好的统计学教育和培训课程的大学，但是他们的毕业生缺乏必要的对分析构成决定性作用的商业技能、洞察和经验。

鉴于以上这些考虑，很多公司对于外包存在很大疑惑，宁愿全部在内部开展大数据和分析工作；还有的公司则采用部分外包策略，通过将查询和报表、多维数据分析和 OLAP 等基础的运营性的分析工作进行外包，而内部则对高级描述性分析、预测性分析及社交网络分析技能进行开发和管理。

7.3.2 企业预置与云平台的对比

很多企业开始利用预置（on premise）架构、平台和解决方案的方式，开发他们的第一个分析模型。但是，鉴于对这些环境的安装、配置、升级和维护等方面投资巨大，很多公司已经开始寻求基于云平台的解决方案作为 ROI 进一步提升的预算友好（budget-friendly）的备选方案。接下来，我们将对基于云平台进行大数据和分析运作的有关成本及其他方面的内容进行详细讲述。

关于预置分析（on-premise analytics）的一个经常提到的优势，是能够将你的数据保存在企业内部，因此给了你对数据的完全控制权。但是，这是一把双刃剑，因为它还需要企业对高端安全解决方案的持续投入，以防黑客对数据进行破坏和攻击，而这些正变得越来越复杂。正是因为安全的问题，很多公司已经开始寻求云平台解决方案。另一个驱动力涉及由云平台提供商所提供的可扩展性和规模经济问题，因为他们向客户保证提供最先进的平台和软件解决方案。所需要的计算能力实际上完全按照客户进行定制，无论其是财富500强公司或中小企业（small or medium-sized enterprise，SME）。更多的能力（如服务器）也可以随时需要随时添加。预置解决方案需要对所需计算资源进行认真预设并据此进行相应投资，因为投入过高或投入不足的风险都将对分析项目的 ROI 造成极大危害。换言之，对于企业预置方案来说，提高规模或降低规模的扩展工作都是一件非常烦琐且浪费成本的事情。

另外一个关键优势是关于分析环境的维护。预置系统的平均维护周期通常范围大概是 18 个月。因为向后兼容性问题、新功能添加、旧功能退出及所需新的集成能力等问题，可能导致成本非常高昂并为业务持续性带来困难。当使用基于云平台的解决方案时，所有这些问题都可以认真对待，且维护或项目升级甚至可能做到让用户毫无察觉的程度。

数据管理和分析能力的低足迹（low footprint）访问，也因为节省时间而对价值和可访问性形成正面影响。正如前面所谈到的，没有必要建立昂贵的架构设施（如硬件、运营系统、数据库、分析方案）、上载和清洗数据或者整合数据。利用云平台，所有的东西都现成可用。它将大大降低分析实验的准入门槛，实验新方法和模型，并以透明的方式整合不同的数据源。所有这些都有助于分析建模的经济价值，还能促进对有趣模式的偶然拾得。

基于云平台的解决方案促进了跨不同业务部门和不同地理位置之间合作的更趋完善。很多预置系统之间松散关联或完全未经整合，因此严重妨碍了经验、洞察和发现在企业范围内的任何分享。其所产生的大量重复劳动在全企业层面对 ROI 造成负面影响。

从以上探讨越来越清晰地看到，基于云平台的解决方案对分析项目的 TCO 和 ROI 均有很大影响。但是，作为任何新技术来说，建议进行全面的战略远景规划并采取必要的审慎态度来最终达成。此即大多数企业已经开始采用一种混合方式的原因，通过将他们的一些分析模型以渐进的方式迁移到云上，这样可以先"沾湿他们的脚趾"看看，有关这项技术的潜力是什么，需要防患的又是什么。但是，鉴于已经提供的很多（成本方面的）优势，基于平台云的大数据和分析将得到持续发展，这也是可以预见到的。

7.3.3 开源软件与商业软件的对比

R 和 Python 等开源分析软件的流行，已经引发对 SAS、SPSS 和 Matlab 等诸如此类的商业工具的相关增值问题的争论。事实上，商业软件和开源软件都各有其优点，在制定任何软件的投资决策之前，都应该进行全面评估。要注意的是，它们当然也可以组合成一种混合的配置模式。

首先，开源软件的关键优势显然是它们是免费的，这大大降低了对其使用的进入壁垒。这可能尤其适合于那些比较小的企业，他们想要开展分析工作，却没有做出太大投资的能力。但是，这也表现出一种危险，因为任何人都可以对开源加以贡献而无须任何质量保证或大量之前的测试。在信用风险（巴塞尔协议，the Basel Accord）、保险（偿付协议，the Solvency Accord）和制药（FDA 监管，the FDA regulation）等法规严格的行业环境中，因为它们对社会的决定性影响——当今较以往更为巨大——分析模型受制于外部监督审查。因此，在这些情境中，很多企业宁愿依赖那些已经完全工程化且经广泛测试的成熟的有效的而且有完整文档的商业化解决方案。很多这些解决方案还包括在上述提到过的任何一种情境下能够生成合规报告的自动报表工具。开源软件方案因为不具备任何种类的质量控制和保证，增加了在法规化环境中使用它们的风险。

商业化解决方案的另外一个关键优势是，所提供的软件不再专注于以分析工作台，如数据处理和数据挖掘为中心，而是以经良好工程化后聚焦业务的使工作能够端到端自动化进行的解决方案为中心。举个例子，考虑做一个信用风险分析，从最初架构业务问题开始，到数据处理、分析模型建立、模型监控、压力测试，再到监管资本的计算（Baesens, et al., 2016）。要利用开源将整个工作链实现自动化，需要很多不同脚本，如取自不同数据源数据，进行匹配，建立连接，最终形成"软件熔炉"中的结果，而总体功能却并不稳定也不明确。

与开源软件相反，商业软件厂商还提供广泛的帮助工具和手段，如 FAQ、技术支持热线、时讯通报和专业培训课程等。商业软件厂商的另外一个关键优势是业务的连续性。更确切地说，有集中式的 R&D 团队可用（与全世界范围松散连接的开源开发者正相反），这为紧密跟进新的分析和监管开发提供了更好的保证，使得新的软件升级能提供所需要的工具手段。在开源环境中，你需要依赖社区的义务贡献，而这能够提供的保证并不多。

商业软件的劣势是，其通常预打包在黑盒子中，虽然它经过了大量测试并形成了文档，但还是不能被经验更老到的数据科学家进行检验。这与开源解决方案正好相反，后者对于所贡献的每一个脚本的源编码都可以提供完全的访问。

鉴于上述讨论，很显然，商业软件和开源软件都是既有优势也有劣势。因此，看起来两者都会继续共存，并彼此为对方提供合作界面，如就像 SAS 和 R/Python 的目前情况。

7.4　大数据和分析的 ROI 提升

7.4.1　新数据源

分析模型 ROI 与其预测性和/或统计能力直接相关，正如在本书第 4～7 章所大量讨论的。分析模型做的预测对客户行为描述得越好，效果越好，最终活动的盈利能力越强。除了利润驱动分析方法的采用之外，还有一种进一步促进 ROI 的方式是，进行新数据源的投入，这有助于对复杂客户行为的进一步阐明，并促进关键分析洞察。为了从分析模型获得更大经济价值，接下来，我们对一些值得追究的不同类型的数据源进行大致探索。

首要选择的是通过对客户之间关系的认真研究，探索有关网络数据。这些关系可能是外显的，也可能是内隐的。外显的网络例子是客户之间的电话呼叫、企业之间的共同董事会成员及社会连接关系（如家庭或朋友）。外显网络可以事先从基础数据源（如电话呼叫记录）中进行提取，它们的关键特征就可以利用特定功能性程序进行总结，正如在第 2 章中所讨论过的。在我们之前的研究中（Verbeke, et al., 2014；Van Vlasselaer, et al., 2017），我们发现网络数据对客户流失预测和欺诈预测都具有高度预测性。要界定并对内隐式网络或虚拟网络（pseudo network）进行特征刻画则更具挑战性。

Martens 和 Provost（2016）创建了一个客户网络，其连接的界定利用来自大银行的数据，基于哪个客户转了钱给同样的实体（如零售商）。当与非网络数据进行合并时，这种基于相似性而不是外显社会连接的对网络进行界定的创新方式创造了更好的提升，对几乎所有目标预算生成了更高利润。在另外一个获奖的案例中，它们基于移动通信环境中位置访问数据在用户中创建了一个地理相似性网络（Provost, et al., 2015）。更特别的是，两台设备被认为具有相似性，当它们共享至少一个被访问位置时，并因此建立连接。如果它们具备更多共享位置并且当这些位置被很少人访问时，它们就越相似。这种内隐性网络可以用来将广告推送给持不同设备的同一用户，或者给那些具有相似品位的用户，或者通过选择具有相似品位的用户而提升线上交互。这两个例子都明确表明了内隐网络作为重要数据源的潜力。这里的一个关键挑战是，要基于分析目标积极主动地思考如何对这些网络进行界定。

数据经常被标榜为"新石油"。因此，数据蓄水池公司通过采集各种类型数据，以创新和创造性方式分析数据并将其结果通过销售的方式来实现数据的资产化。最广为人知的例子有 Equifax、Experian、Moody's、S&P、Nielsen 及 Dun&Bradstreet 等。这些企业整合了公开可获得的数据，从网站或社交媒体抓取数据、调查数据及由其他公司提供数据。通过这样做，他们能够执行所有种类的汇总分析（如一个国家中发生信用欺诈率的地域分布、不同行业的平均流失率），建立通用性评分（如美国的 FICO），并将这些销售给感兴趣的团体。因为投资方面的进入壁垒较低，更小型企业（如 SME）采取的是从外部购买分析模型的方式，开启他们分析的第一步。除了可获得的外部商业性数据，公开数据也可以是很有价值的外部信息源。举些例子，如产业和政府数据、天气数据、新闻数据和搜索数据（如 Google Trends）。商业数据和外部公开数据都可以大大促进分析模型的性能并因此带来的经济回报。

宏观经济数据是另外一个有价值的信息源。很多分析模型通过某一特定时刻的拍照数据进行开发。这显然有赖于那个时刻的外部环境条件。宏观经济的上升和下降都对模型的性能以至 ROI 有极大影响。宏观经济状况可以通过利用国内产品总值（GDP）、通货膨胀率和失业率等测算指标来进行总结。结合这些因素，可使我们进一步提升分析模型的性能并使其对外部影响更具健壮性。

文本数据也是一种有趣的可以考虑的数据类型，如产品评论、脸书发帖、推特推文、书籍推荐、投诉和法律条文等。文本数据很难通过分析来处理，因为它们是非结构化的，不能直接以矩阵形式来表示。另外，这些数据依赖于语言结构（如语言类型、字词间关系、否定式结构等），通常因为语法或拼写错误、合成词和同形异义词而造成严重噪数据。但是，它们却包含了对于分析建模实践来说极具相关意义的信息。就像对于网络数据一样，发现如何将文本文档特征化并将其与你的其他结构化数据进行合并，这非常重要。要完成这些工作的一种普遍方式，是通过利用文档字词矩阵，显示哪些字词（类似变量）出现过，以及在哪个文档（类似观察对象）中出现的频次如何。很显然，这个矩阵会很大且很稀疏。因此，降维显得非常重要，就如在以下所采取的行动中展示出来的：

- 以小写字母表示每一项（如 PRODUCT、Product 和 product 都变成 product）。

- 移除停止词和冠词等不提供信息的项（如 the product、a product 和 this product 都变成 product）。

- 利用同义词将同义项映射为一个唯一项（如 product、item 和 article 都变成 product）。

- 将所有项都归到他们的词干上（如 product、products 都变成 product）。

- 移除只在唯一一篇文档中出现过的项。

即使在执行过以上行动后，维度数量可能依然太大而不能开展实际的分析。奇异值分解（Singular Value Decomposition，SVD）为降维提供了一种更高级的方法（Meyer，2000）。SVD 工作方式类似于主成分分析（principal component analysis，PCA），将文档的项矩阵总结成一组奇异向量（也称潜在概念），其为初始项的线性组合。这些经过降低的维度就可以作为新特征添加进现有的结构性数据集中。

除了文本数据外，其他类型的如音频、图片、视频、指纹、GPS 和 RFID 数据等非结构化数据也是可以考虑的。要在分析模型中成功地利用这些数据类型，认真思考将其进行特征化的创造性方法非常重要。当这样做时，建议要将任何同步的元数据都一并加以考虑。例如，不仅图片本身是相关的信息，而且谁、在哪里及何时采集的信息也是相关信息。对于欺诈监测来说，这些信息非常有用。

7.4.2 数据质量

要从数据中打造竞争优势并创造经济价值，除了数据量和数据多样性之外，数据的真实性也是关键成功因素。数据质量是任何分析实践工作成功的关键，因其对分析模型质量造成直接的可衡量的影响，并影响其经济价值。数据质量的重要性由著名的 *GIGO* 一词，或称**垃圾进垃圾出**（garbage in，garbage out）原则所完美概括：糟糕的数据导致糟糕的分析（参见第 2 章）。

数据质量通常定义为，其表达了概念的相关本质，满足了使用要求（Wang，et al.，1996）。满足一种应用的数据质量未必适合另一种应用。例如，对于欺诈监测来说，其所需要数据准确性和完整性的程度不一定符合响应建模的需求。更一般来说，数据在一种应用中其质量是可接受的，而在另外一种应用中，其质量可能被认为很糟糕，即使是由同样的用户来使用。这主要是因为数据是多维的概念，其中每一种维度代表一个单一的结构，而且还包含了主观和客观两种因素在内。因此，根据表 7.2 所示的维度来定义其质量含义（Wang，et al.，1996）。

表 7.2　数据质量维度

类别	维度	定义：到……程度
本质	准确性	数据被认为是准确的
	可信性	数据的真实性、现实性和可信性被认可，可被接受
	客观性	数据不偏不倚，不片面
	信誉度	数据可信，在数据源和内容方面被高度认可
上下文	增值性	数据对其应用是有益的，能提供优势
	完整性	数据价值是现成的
	相关性	数据对于手头任务是可用而且有用的
	及时性	数据对于手头任务在恰当的时候可获得
	适当的数据量	可获得的数据量或容量是适当的
表达性	可解释性	数据的语言和单位合适，数据定义清晰
	表达一致性	数据的表达口径一致
	表达简洁性	数据以简洁方式表达
	易于理解	数据清晰不模糊，容易理解
可访问性	可访问性	数据可获得，或者容易检索且迅速
	安全性	数据访问严格，因此保证安全

大多数组织和企业越来越认识到数据质量的重要性并寻求方式改善质量。但是，这通常会发现比所希望的要难得多，比预算要付出更大代价，并且肯定不是一次性项目，而是要面对持续的挑战。数据质量问题的根源通常深深地植根于组织的核心流程和文化，以及 IT 基础设施和架构中。

虽然总是只有数据科学家直接面对糟糕数据质量的后果并解决这些相关问题，但重要的是，他们的工作通常需要来自组织内部几乎每个层级和每个部门的合作和贡献。更确定的是，它需要来自最高级行政管理的支持和资助，才能增强认知、设置数据管控计划、高效持续性地处理数据质量问题，并设立相应激励使组织中的每个人都承担起其责任。

例如，对缺失值、重复数据或异常值等进行的数据预处理工作，都是对数据质量问题进行处理的纠正方法。但是，这些都是成本低廉、回报一般的短期补救措施。数据科学家将不得不一直应用这些补救措施，直到问题的根本原因以结构性方式被解决。为了这样做，需要开展相应数据质量计划方案，目标是监测关键问题。这将包括对有关问题的产生源自哪里有一个全面的调查，以通过引进预防措施对纠正式方法加以补充，而在问题根源发现并解决问题。这显然需要持续性投资，并对因此带来的价值增加和回报有强烈的信念。理想来说，应该建立数据管控计划，对有关数据质量明确配置相应的岗位和职责。这个计划要运行，两个岗位是基本要配制的，一个是数据管家，一个是数据所有者。

数据管家是通过执行大量的常规数据质量检查负责对数据质量进行评测的数据质量专家，他们根据需要负责随时采取补救行动。首先要被考虑的行动类型，是已经讨论过的短期纠正性测算方法的应用。但是，数据管家不负责纠正数据本身：这是数据所有者的任务。组织中的每个数据库的每个数据字段都应该由数据所有者所有，只有数据所有者才能够输入或更新其值。换言之，数据所有者具备有关每个数据字段的含义的知识，能够查阅其正确的当前值（如通过接触客户、通过查阅文件）。数据管家可以请求数据所有者查看或完成字段数值，从而对问题进行纠正。行动的第二种类型是，由数据管家发起，对监测到的数据质量问题的根本原因进行更深入的调查。了解了这些原因，可以帮助对目标为纠正数据质量问题的相应预防措施的设计。预防措施通常由对数据所采自的运营信息系统的认真审查开始。基于审查，可以采取不同的行动，如对特定数据字段进行强制性规定（如社会保险号码）、提供下拉型的可能数值列表（如日期）、使接口合理化或简化界面，以及确定有效值（如年龄应该在18～100岁）。执行这些预防措施还需要负责应用的IT部门的密切参与。虽然预防措施的设计和实施在投资、承诺和参与等方面较纠正措施的应用需要投入更多能力，但它们是唯一一种能够以持续的方式提升数据质量的措施，因此才能保证大数据和分析的长期投资回报。

7.4.3 管理支持

大数据和分析要全面实现资本化，其应该首先在董事会占有一席之地。这可以通过多种方式实现。可以让现有的首席级别的主管（如CIO）负责，或设置一个新的CXO职能，如首席分析官（CAO）或首席数据官（CDO）。要保证最大的独立性并在组织具有影响力，后者直接向CEO而不是其他的C级别的主管报告，这一点非常重要。CEO及其下级制定决策时身体力行，由数据结合业务敏锐性而激发的自上至下和数据驱动的文化，将对整个组织的基于数据进行决策具有涓流渗透效应（trickledown effect）。

应该使董事会和高管积极参与进分析模型建立、运行和监控流程中。当然，不能指望他们能够理解所有底层技术细节，但是他们应该负责对分析模型进行有效管控。如果没有适当的管理支持，分析模型注定要失败。因此，董事会和高管都应该对分析模型有一个总体的了解。他们应该表现出持续积极的参与，进行明确职责配置，并且让组织化流程和政策到位，保证分析模型开发、运行和监控的顺畅。模型监控工作的结果必须与高管进行沟通，如果有必要，还要配以合适的（战略性）对策。显然，对于如何优化组织中嵌入式的大数据和分析，需要进行认真的思考和反省。

7.4.4 组织方面

在 2010 年，Davenport、Harris 和 Morison 写道：

对于如何组织你的分析工作可能并不存在唯一的正确答案，但是错误的答案却有很多。

正如前面所说的，只有当全公司范围的数据文化到位，能够真正利用全部这些新的数据驱动洞察做事情之后，对大数据和分析的投资才可能结出果实。如果你只是将一个数据科学家团队塞进一个房间，并提供给他们以数据和分析软件，那么他们的分析模型和洞察能够为企业增加新的经济价值的可能性很小。有关数据的首要障碍就是，数据并不总是现成可用的。一个精心组织的数据管控计划是良好的起点（参见上面）。一旦数据可得，任何数据科学家都可从数据中获得统计意义的分析模型。但是，因为它可能与业务目标并不同步，所以这并不一定就意味着模型能够增加经济价值（参见第 3 章）。假设它是同步的，我们如何才能将它销售给业务人员，这样他们才能理解它、信任它并真正地在他们的决策制定中开始使用它？这意味着要通过简单语言或直观图表等以容易理解和使用的方式将洞察传达出去。

鉴于大数据和分析在全企业层面的影响，其对公司文化和决策流程进行逐步渗透非常重要，只有这样才能成为公司 DNA 的构成部分。这需要在认知和信任方面的大量投入，而就像前面谈到的，这应该从管理层自上而下开始。换言之，企业需要全面思考，他们应该如何将大数据和分析嵌入组织中，以通过利用两种技术实现竞争制胜。

　　Lismont 等（2017）开展了一个对企业高管的全球范围跨行业的关于组织中分析的最新趋势如何的调查。他们发现，不同公司对于分析的组织有多种不同的形式。两种极端的方式是，一种是集中型方式，这种方式中数据科学家所处的中心部门处理所有的分析请求；另一种是分散型方式，这种方式中所有的数据科学家被直接指派到各个不同的业务单元。大多数企业更倾向于采取一种混合方式，将集中型协同化的分析卓越中心（center of analytical excellence）与分布在业务单元层面的分析组织进行结合。卓越中心提供的是企业范围的分析服务，并在模型开发、模型设计、模型运行、模型建档、模型监测及隐私管理等方面实行全面指导。1～5 个数据科学家组成分散型团队，然后被添加到每个业务单元，以实现效果最大化。建议在具体实践中，将数据科学家轮换着部署到不同的业务单元和卓越中心，这样能够在不同团队和应用中促进交叉繁殖的机会。

7.4.5　交叉繁殖

　　大数据和分析在一个组织的不同业务单元中发展成熟程度不同。受所采用法规指导（如 Basel Ⅱ/Ⅲ、Solvency Ⅱ）的触发及受回报/利润的驱动，很多企业（尤其是金融机构）当前针对风险管理已经在大数据和分析上投入很长一段时间。例如，对保险风险、信用风险、运营风险、市场风险和欺诈风险等非常复杂模型多年的分析经验和渐趋完善的投入。生存分析、随机森林、神经网络及（社交）网络学习等大多数高级分析技术也已经在这些应用中被采用。还有，这些分析模型已经辅以强有力的模型监控平台和压力测试的相应程序，充分发挥出其潜在价值。

　　营销分析成熟程度稍次些，很多企业已经开始运行他们最初的流失预测、响应建模或客户细分模型。这些模型通常基于逻辑回归、决策树或 K-means 聚类等较简单的分析技术。其他的如 HR 和供应链分析等应用领域也开始获得关注，虽然已经报告出来的成功的案例研究并不多。

　　因为所处的成熟程度不同，这对模型开发和监控经验方面的交叉繁殖创造了巨大潜力。总归，要对一位客户进行分类，判断其在风险管理中是否有偿还能力，从分析上看，类似于在营销分析中对一位客户将响应抑或不响应进行分类，或在 HR 分析中对员工将流失抑或不流失进行分类。数据预处理问题（如缺失值、异常值、分类）、分类技术（如逻辑回归、决策树、随机森林）和评估测算法（如 AUC、提升曲线）其实都是相似的。只有模型的解释和作用是不同的。另外，在条件设置和采集"正确的"数据方面还可以进行一些调整/适应——对于员工流失哪些特征具有预测性？我们如何定义员工流失？我们预先有多少时间不得不/可以进行预测？交叉繁殖也可用于模型监控，因为大多数挑战和方法本质上是相同的。最后，利用压力测试对宏观经济形势的影响进行测量（这在信用风险分析中是一项普通的工作）可能是跨不同应用分享有用经验的另外一个例子。

总之，不太成熟的分析应用（如营销、HR 和供应链分析）可以通过对更成熟应用（如风险管理）的学习获得更大的收益，这样就可以避免很多低级错误，避免昂贵的新手陷阱。因此，执行轮岗策略（就像前面部分所述）生成最大经济价值和收益，其重要性显而易见。

总　结

在本章中，我们聚焦在分析模型的经济效益。我们首先通过对所有权总体成本（TCO）、投资回报（ROI）及利润驱动的商业分析等的探讨，提供了一个有关大数据和分析的经济价值的视角。我们对一些关键经济考虑因素进行了详细阐述，如内包与外包对比、预置与云平台配置对比及开源与商业软件对比。我们还对通过探索新的数据源、数据质量的管理支持的保障、将大数据和分析深入潜入组织内部，以及促进交叉繁殖的机会等有关如何提升大数据和分析的 ROI 给出了一些建议。

复　习　题

一、多项选择题

1. 以下（　　）应该包括进分析的所有权总体成本中。

  A. 获得成本　　　　　　　　　　B. 拥有和运营成本

  C. 拥有后成本　　　　　　　　　　D. 以上全部

2. 以下陈述中，不正确的是 （　　　）。

A. ROI 分析提供了一种企业范围内通用的语言，以对多个投资机会进行对比，并决定最终采取哪个

B. 对于脸书、亚马逊、奈飞及谷歌等公司来说，因为它们本质上从数据和分析有所收获，所以它们的 ROI 是正的

C. 虽然构成收益的组成要估计起来通常并不困难，但成本要确切量化却困难得多

D. 大数据和分析的 ROI 为负，通常可归结为良好质量的数据、管理支持和全公司范围数据驱动决策文化等的缺乏

3. 当对大数据和分析进行外包时，以下 （　　　） 不是风险。

A. 需要对所有的分析工作进行外包

B. 机密信息的交换

C. 合作关系的持续

D. 因为如合并和收购，导致竞争优势的稀释

4. 以下 （　　　） 不是对于分析来说开源软件的优势。

A. 免费可得

B. 全球范围的开发者网络都可在此工作

C. 它经全面工程化，并经大量测试、证实，并有完整的文档

D. 它可用于与商业软件进行合并

5. 以下陈述中，正确的是 （　　　）。

A. 如果使用预置方案，维护和升级项目甚至可被忽略

B. 基于云平台的解决方案的一个重要优势涉及扩展性及所提供的规模经济。根据需要随时可在运行中添加更多容量 （如服务器）

C. 对数据管理和分析能力的大足迹访问，是基于云平台的解决方案的严重缺点

D. 预置解决方案催化了不同业务部门和不同地理区域的协同提升

6. 以下 （　　　） 可以考虑用来促进分析模型性能的有趣的数据源。

A. 网络数据　　　　　　　　　　B. 外部数据

C. 文本和多媒体等非结构化数据　　D. 以上都是

7. 以下陈述中，正确的是（　　）。

    A. 数据质量是一个多维度的概念，其中每个维度都代表一个单一的构成，还隐含着主观和客观因素在其中

    B. 缺失值、重复数据或异常值的处理等数据预处理工作，都是处理数据质量问题的预防性方法

    C. 数据所有者是数据质量专家，负责通过执行大量的常规数据质量检查来对数据质量进行评测

    D. 数据管家可以请求数据科学家检查或完善字段值，因此对问题进行纠正

8. 要保证分析的最大独立性和最大的组织效果，重要的是（　　）。

    A. 首席数据官（CDO）和首席分析官（CAO）向 CIO 或 CFO 报告

    B. CIO 负责全部有关分析的责任

    C. CDO 或 CAD 被添加到执行委员会，直接向 CEO 报告

    D. 分析只在业务单元局部受监管

9. 从成熟度方面看，以下分析应用的排序中，正确的是（　　）。

    A. 营销分析（最成熟）、风险分析（中度成熟）、HR 分析（最不成熟）

    B. 风险分析（最成熟）、营销分析（中度成熟）、HR 分析（最不成熟）

    C. 风险分析（最成熟）、HR 分析（中度成熟）、营销分析（最不成熟）

    D. HR 分析（最成熟）、营销分析（中度成熟）、风险分析（最不成熟）

10. 以下措施中，（　　）被认为能够促进大数据和分析的 ROI。

    A. 投资在新数据源　　　　　　B. 提升数据质量

    C. 包括高层管理者　　　　　　D. 选择合适的组织形式

    E. 以上全部

二、开放性问题

1. 对以下投资决策开展一个 SWOT 分析：

（1）内包与外包分析活动的对比。

（2）预置的分析平台与云上的分析平台的对比。

（3）开源分析软件与商业分析软件的对比。

2. 举出有关分析应用的例子，让以下外部数据能够发挥作用：

（1）宏观经济数据（如 GDP、通货膨胀率、失业率）。

（2）天气数据。

（3）新闻数据。

（4）谷歌趋势搜索数据。

3. 探讨数据质量的重要性。关键维度是什么？在短期和长期如何解决数据质量问题？

4. 管理支持和组织形式如何对大数据和分析的最终成功起作用？讨论产生交叉繁殖效应的办法。

5. 阅读以下文章：B. Baesens，S. De Winne，and L. Sels，"Is Your Company Ready for HR Analytics?"（你的公司为 HR 分析做好准备了吗？）*MIT Sloan Management Review*《麻省理工斯隆管理评论》（2017 年冬季刊）。参见 mitsmr. com/2greOYb。

（1）总结出在客户分析和 HR 分析之间重要的交叉繁殖机会。

（2）来自客户流失预测中的哪些技术可以用于员工流失预测？

（3）关于客户细分又如何？

（4）与客户分析比较，HR 分析有哪些不同的模型需求？

（5）以举例的方式加以展现。

注　　释

1. http：//nucleusresearch. com/single/analytics-pays-back-13-01-for-every-dollar-spent/。

2. http：//www. predictiveanalyticstoday. com/return-of-investment-from-predictive-analytics/。

3. www. profit-analytics. com。

参 考 文 献

Ariker M. ，A. Diaz，C. Moorman，and M. Westover. 2015. "Quantifying the Impact of Marketing Analytics. " *Harvard Business Review* （November）.

Baesens B. ，D. Roesch，and H. Scheule. 2016. *Credit Risk Analytics—Measurement Techniques*，

Applications and Examples in SAS. Hoboken，NJ：John Wiley & Sons.

Davenport T. H. ，J. G. Harris，and R. Morison. 2010. *Analytics at Work：Smarter Decisions，Better Results*. Boston：Harvard Business Review Press.

Lismont，J. ，J. Vanthienen，B. Baesens，and W. Lemahieu. 2017. "Defining Analytics Maturity Indicators：A Survey Approach. " submitted for publication.

Martens D. ，F. Provost. 2016. "Mining Massive Fine-Grained Behavior Data to Improve Predictive Analytics. " *MIS Quarterly*，40（4）：869-888.

Meyer，C. D. 2000. *Matrix Analysis and Applied Linear Algebra*. Philadelphia：SIAM.

Provost F. ，D. Martens，and A. Murray. 2015. "Finding Similar Mobile Consumers with a Privacy-Friendly Geosocial Design. " *Information Systems Research*，26（2）：243-265.

Van Vlasselaer，V. ，T. Eliassi-Rad，L. Akoglu，M. Snoeck，and B. Baesens. 2017. "GOTCHA! Network-based Fraud Detection for Security Fraud. " *Management Science*，forthcoming.

Verbeke，W. ，D. Martens，and B. Baesens. 2014. "Social Network Analysis for Customer Churn Prediction. " *Applied Soft Computing*，14：341-446.

Wang R. Y. ，and D. M. Strong. 1996. "Beyond Accuracy：What Data Quality Means to Data Consumers. " *Journal of Management Information Systems*，12（4）：5-34.